高等院校课程设计案例精编

计算机组装与维护

经典课堂

钱慎一　王治国　主　编

清華大學出版社
北　京

内 容 简 介

本书遵循“理论够用，重在实践”的原则，通过介绍计算机硬件与软件的作用、主要参数、选购方法、常见故障及故障排除等知识，为用户打开一扇通向计算机硬件的大门。

本书采取基础知识与实际操作紧密结合的方式，将重点放在对基础知识和操作技能的讲解上，突出时效性、实用性、操作性，注重对学生创新能力、实践能力和自学能力的培养。通过对本书的学习，除了可以达到自己攒机的目的，还可以学习到计算机常见故障排除的思路和方法。

本书内容选择得当、结构明了、图文并茂、浅显易懂，适合作为本专科院校相关专业教材，也可作为各类计算机培训班以及广大DIY爱好者的参考用书。

图书在版编目(CIP)数据

计算机组装与维护经典课堂 / 钱慎一，王治国主编. —北京：清华大学出版社，2020.7
高等院校课程设计案例精编
ISBN 978-7-302-55649-7

Ⅰ. ①计… Ⅱ. ①钱… ②王… Ⅲ. ①电子计算机—组装—课程设计—高等学校—教学参考资料 ②计算机维护—课程设计—高等学校—教学参考资料 Ⅳ. ①TP30

中国版本图书馆CIP数据核字（2020）第101118号

责任编辑：李玉茹
封面设计：张　勇
责任校对：周剑云
责任印制：杨　艳
出版发行：清华大学出版社
　　网　　址：http://www.tup.com.cn，http://www.wqbook.com
　　地　　址：北京清华大学学研大厦A座　　**邮　　编：**100084
　　社 总 机：010-62770175　　**邮　　购：**010-62786544
　　投稿与读者服务：010-62776969，c-service@tup.tsinghua.edu.cn
　　质量反馈：010-62772015，zhiliang@tup.tsinghua.edu.cn
印 装 者：小森印刷（北京）有限公司
经　　销：全国新华书店
开　　本：185mm×260mm　　**印　　张：**17.75　　**字　　数：**427千字
版　　次：2020年8月第1版　　**印　　次：**2020年8月第1次印刷
定　　价：79.00元

产品编号：087149-01

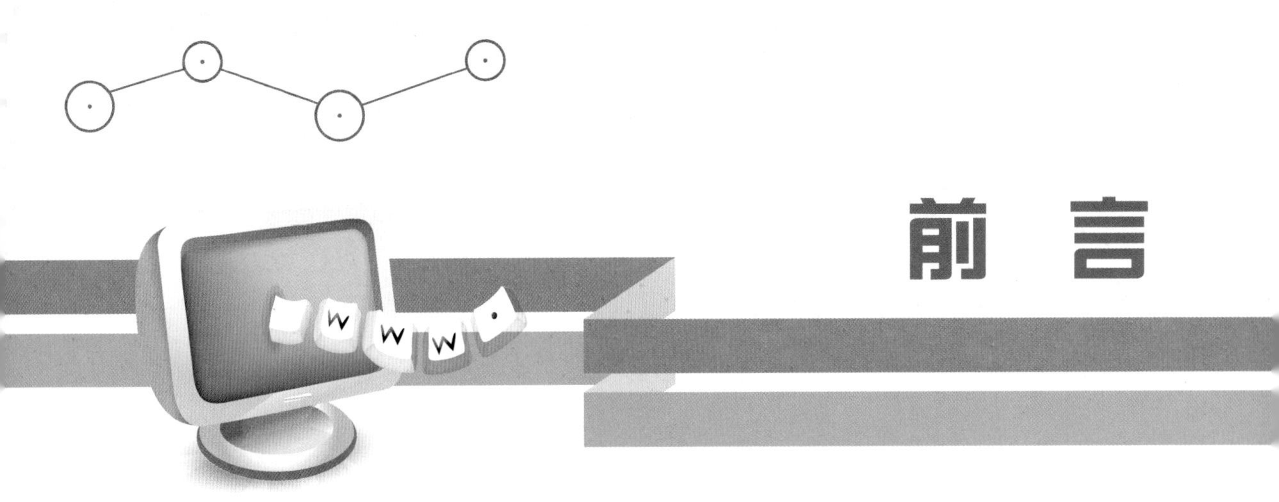

前　言

经典课堂系列新成员

继设计类经典课堂上市后，我们又根据读者的需求组织具有丰富教学经验的一线教师、网络工程师、软件开发工程师、IT 经理共同编写了以下图书作品：

《计算机组装与维护经典课堂》

《局域网组建与维护经典课堂》

《计算机网络安全与管理经典课堂》

《ASP.NET 程序设计与开发经典课堂》

《C# 程序设计与开发经典课堂》

《SQL Server 数据库开发与应用经典课堂》

《Java 程序设计与开发经典课堂》

……

为什么要学这些课程

随着科技的飞速发展，计算机市场发生了翻天覆地的变化，硬件产品不断更新换代，应用软件也得到了长足发展，应用软件不仅拓宽了计算机系统的应用领域，还放大了硬件的功能。那些用于开发应用软件的基础语言便成为大家热烈追求的香饽饽。如 3D 打印、自动驾驶、工业机器人、物联网等人工智能都离不开这些基础学科的支持。

问：学计算机组装与维护的必要性是什么？

答：计算机硬件设备正朝着网络化、微型化、智能化方向发展。不仅计算机本身的外观、性能、价格越来越亲民，而且它的信息处理能力也将更强大。计算机组装与维护是一门提高动手能力的课程，读者不仅要掌握理论知识，还要在理论的指导下亲身实践。掌握这门技能后，将为后期的深入学习奠定良好的基础。

问：一名合格的程序员应该学习哪些语言？

答：需要学习的程序语言包含 C#、Java、C++、Python 等，要是能成为一个多语言开发人员将是十分受欢迎的。学习一门语言或开发工具，语法结构、功能调用是次要的，最主要的是学习它的思想。有了思想，才可以触类旁通。

问：学网络安全有前途吗？

答：目前，网络和 IT 已经深入到日常生活和工作当中，网络速度飞跃式增长和社会信息化的发展，突破了时空的障碍，使信息的价值不断提高。与此同时，网页篡改、计算机病毒、系统非法入侵、数据泄露、网站欺骗、漏洞非法利用等信息安全事件时有发生，这就要求有更多的专业人员去维护。

问：没有基础如何学好编程？

答：其实，最重要的原因是你想学！不论是作为业余爱好还是作为职业，无论是有基础还是没有基础，只要认真去学，都会让你很有收获。需要强调的是，要从基础理论知识学起，只有深入理解这些概念（如变量、函数、条件语句、循环语句等）的语法、结构，吃透列举的应用示例，才能建立良好的程序思维，做到举一反三。

系列图书主要特点

◆ 结构合理：从课程教学大纲入手，从读者的实际需要出发，内容由浅入深，循序渐进逐步展开，具有很强的针对性。

◆ 用语通俗：在讲解过程中安排更多的示例进行辅助说明，理论联系实际，注重其实用性和可操作性，以使读者快速掌握知识点。

◆ 易教易学：每章最后都安排了具有针对性的练习题，读者在学习前面知识的基础上，可以自行跟踪练习，同时也达到了检验学习效果的目的。

◆ 配套齐全：包含了图书中所有的代码及实例，读者可以直接参照使用。同时，还包含了书中典型案例的视频录像，这样读者便能及时跟踪模仿练习。

获取同步学习资源

本书由钱慎一、王治国编写，由于水平有限，书中难免会有不妥和疏漏之处，恳请广大读者给予批评指正。

适用读者群体

- 本专科院校的老师和学生
- 相关培训机构的老师和学员
- 步入相关工作岗位的“菜鸟”
- 程序测试及维护人员
- 程序开发爱好者
- 初中级数据库管理员或程序员

第 1 章 计算机的组成及启动

第 2 章 计算机的内部组件

第10章 修复各组件常见故障

第1章 计算机的组成及启动

知识概述

计算机(一般指个人计算机或微型计算机，在日常应用中，可视为计算机的俗称，在本书中对“计算机”和“电脑”一般不作区分)正常运行，不仅需要满足硬件要求，还需要相关软件的支持。在购买计算机后，需要用户自行进行主机与外部设备的组装连接，才能使用。在用户看来，计算机的启动只要按下开机按钮即可，但是作为维修人员或者硬件工程师，需要了解计算机从按下开机按钮到进入桌面，计算机到底做了哪些事情。本章详细介绍计算机的组成、连接、启动过程以及如何在启动过程及进入桌面后查看硬件信息。

要点难点

- 计算机内外部设备
- 计算机软件的功能
- 主机与输入、输出设备的连接
- 计算机自检过程
- 计算机操作系统启动过程
- 计算机硬件信息查看

1.1 计算机的组成

计算机是由众多硬件组合而成。可以分成主机部分和外设部分。

1.1.1 主要外部构成

通常，除了主机外，用户使用的部分即看得见摸得着的都属于计算机外部的组成。一台多媒体计算机主要由以下外部设备组成。

1. 显示器

显示器的作用是将视频源的电子信号还原成肉眼可以看到的画面呈现给用户，属于输出设备。从本质上来说电视、手机或平板电脑的液晶屏也属于显示器一类，都属于输出设备。计算机显示器如图 1-1 所示。

2. 鼠标

鼠标是主要的输入设备。鼠标包括有线鼠标及无线鼠标，无线鼠标如图 1-2 所示。

图 1-1 计算机显示器

图 1-2 无线鼠标

3. 键盘

键盘也是主要的输入设备，用于字符及命令的输入。键盘分为传统薄膜式键盘和机械键盘，另外特制的键盘还具备防水和背光的功能。图 1-3 所示为机械背光键盘。

图 1-3 机械背光键盘

4. 打印机

打印机也是主要的输出设备，作用是将计算机的文本文档或照片打印到纸上。打印机分为喷墨打印机、激光打印机、针式打印机等。打印机如图 1-4 所示。

5. 音箱

音箱是多媒体计算机声音的输出设备。现在在网吧或者其他环境中，使用耳机代替了音箱，但家庭用户一般会使用音箱作为声音的主要输出介质。多媒体音箱如图 1-5 所示。

图 1-4　打印机

图 1-5　多媒体音箱

1.1.2 主要内部构成

主机是计算机的核心。打开主机箱的盖板后，会发现内部是由很多独立硬件组成的。

1. CPU

中央处理器 (Central Processing Unit，CPU)，是计算机的运算核心及控制核心。它的功能主要是运算、解释计算机指令以及处理计算机软件中的数据。CPU 的档次很大程度上也决定了计算机的档次。CPU 如图 1-6 所示。当然 CPU 上的风冷或水冷散热设备也是必备的。

2. 内存

内存属于内部存储器，在计算机开机时进行数据的存储，关机后存储的数据消失。内存具有体积小、速度快的特点，现在计算机内存的标配为 8GB 及以上。内存如图 1-7 所示。

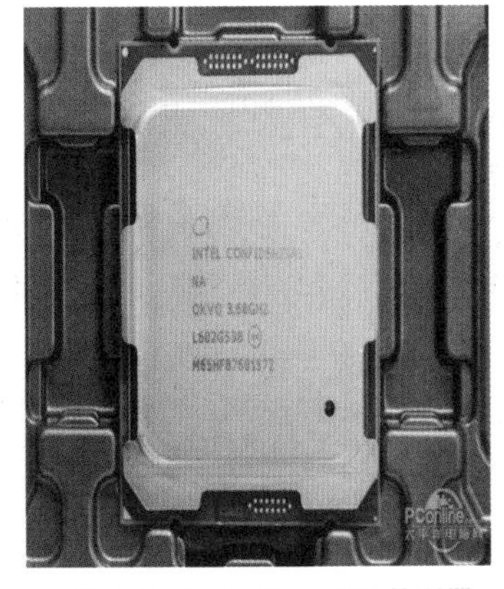

图 1-6　Intel　I7　6950 处理器

图 1-7　带散热鳍片的 DDR4　3200 内存

3. 硬盘

硬盘属于外部存储器，用来存储数据。与内存相比，具有容量大、速度慢于内存、但断电后数据不会消失的特点。传统硬盘属于磁盘一类；现在流行的固态硬盘使用固态电子存储芯片阵列进行存储，更快、更稳定。传统硬盘如图 1-8 所示，固态硬盘如图 1-9 所示。

图 1-8 2TB 的机械硬盘

图 1-9 256GB 的固态硬盘

4. 显卡

顾名思义，显卡起到主机对外进行显示控制的功能。显卡通过计算显示数据，并将最终数据转换成可以显示的数字信号或模拟信号，传输到显示设备上。现在除了独立的显示卡外，也可以使用 CPU 集成的显示核心进行显示计算，通过主板的显示接口进行输出，这叫作核心显卡。显卡如图 1-10 所示。

5. 主板

主板是固定在机箱上，用于接驳各主机部件的大型集成电路板。所有计算机内部组件都需要直接或通过线缆与主板相连才能运行，外部组件与计算机的连接实际上就是与主板或主板上的各功能组件进行的连接。主板外观如图 1-11 所示。

图 1-10 带风扇的超大显卡

图 1-11 Z270 系列主板

6. 电源

计算机电源是指将220V的交流电压转换成直流低压电，为计算机主机各设备进行供电的设备。计算机的电源通常安装在主机中，通过电源线连接插座，并通过各种输出线连接各种设备。电源外观如图1-12所示。

7. 光驱

光驱是多年前计算机的标准配置，主要作用是读取光盘资源，安装系统。现在逐渐被U盘所取代。现在提到光驱，准确地说应该是刻录机，并且有外置的。主要作用是刻录一些重要资料，充当多种备份工具中的一种。光驱已经不再是标配。刻录机如图1-13所示。

图1-12 1000W机箱电源

图1-13 外置刻录机

8. 其他设备

除了以上主要的计算机内部组件外，用户也可以自行配置其他非主要功能部件，包括可以获得更高音质的声卡、实现复杂网络功能的网卡、机箱风扇等。图1-14所示为主机内部图。

图1-14 主机内部图

1.2 计算机的软件组成和功能

软件指运行在计算机硬件上，用于实现计算机各种功能的程序。用户通过软件才能对计算机进行控制和实现各种高级功能。软件主要存储在外部存储器中。软件一般分为操作系统软件、程序设计软件以及应用软件三类，另外还有一些底层的软件如 BIOS。

1.2.1 操作系统软件

操作系统处于硬件设备之上的底层，是用户和计算机的接口，同时也是计算机硬件和其他软件的接口。操作系统向下直接管理计算机硬件资源，起到对用户的命令进行解释，并驱动硬件设备以实现用户需求的作用。主要提供资源管理、程序控制、人机交互、用户接口及用户界面的功能。

现在比较常用的操作系统有 Windows 系列，其中桌面操作系统有 Windows 7、Windows 10(其界面如图 1-15 所示) 等。服务器操作系统有 Windows Server 2012、Windows Server 2016 等。除了 Windows 系列外，还有 UNIX 操作系统，以及以 UNIX 及 Linux 为内核进行开发的操作系统，如 SUN Solaris、FreeBSD、Debian、Ubuntu(其界面如图 1-16 所示)、Red Hat 等，最常见的即苹果主机的系统。现在常用的智能手机系统，也是基于 Windows、Linux、UNIX 内核进行开发并按照各品牌进行优化后的产物，如小米公司的 MIUI、魅族的 Flyme、华为公司的 EMUI 等。

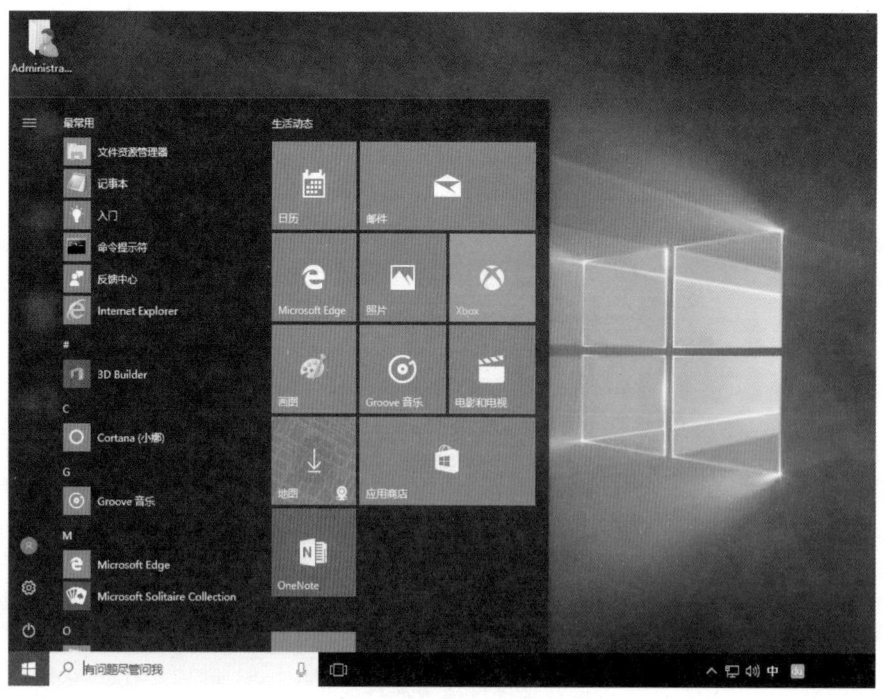

图 1-15 Windows 10 界面

图 1-16 Ubuntu 系统界面

1.2.2 程序设计软件

程序设计软件是指由专门的软件公司编制，用来进行编程的计算机语言。程序设计软件主要包括计算机语言、汇编语言和高级语言等，如 VC++、Delphi、Java 等。

1.2.3 应用软件

计算机中的游戏、上网、聊天等操作，所使用的软件都是应用软件。应用软件是已经进行了编译操作，并为用户提供了友好界面的程序。用户不需要懂得编程，只需要使用应用软件进行简单操作，应用软件则会使用操作系统的各种功能接口，来控制计算机硬件完成各种数据的处理，并将各种返回的数据通过输出设备反馈给用户。常用的应用软件有 Office 系列办公软件 (参见图 1-17、图 1-18)、游戏软件、杀毒软件、办公财务软件等。

图 1-17 Office 2016

图 1-18 Office 2016 各组件

1.2.4 BIOS

BIOS 是英文 Basic Input Output System 的缩略词，即“基本输入输出系统”，它是一组固化到计算机内主板上的一个 ROM 芯片上的程序，它保存着计算机最重要的基本输入输出的程序、开机后自检程序和系统自启动程序，其主要功能是为计算机提供最底层的、最直接的硬件设置和控制。图 1-19 所示为老式的 BIOS，图 1-20 所示为新式的 UEFI 图形化 BIOS。

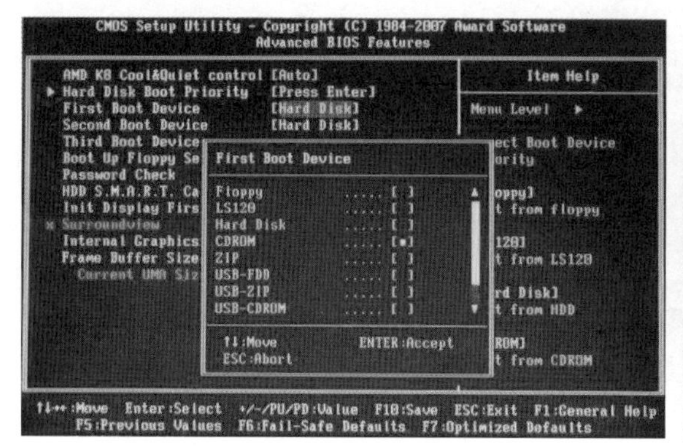

图 1-19 传统 BIOS 界面

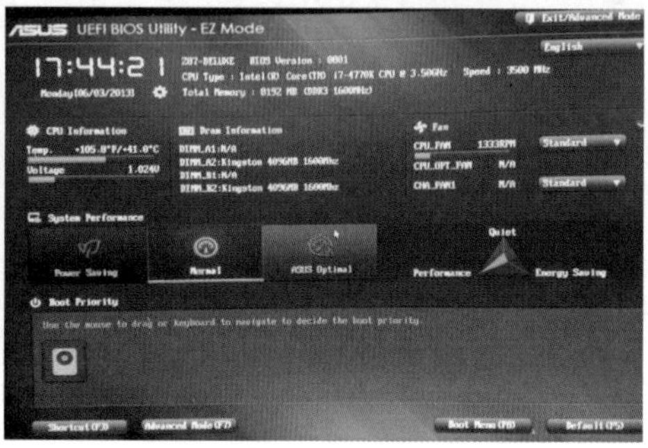

图 1-20 UEFI BIOS 界面

CMOS 是微机主板上的一块可读写的 RAM 芯片，主要用来保存当前系统的硬件配置和操作人员对某些参数的设定。CMOS RAM 芯片由系统通过一块后备电池供电，因此无论是在关机状态中，还是遇到系统掉电情况，CMOS 中的信息都不会丢失。所以，BIOS 相当于系统，而 CMOS 则是存储的 BIOS 的配置信息，这是两者的区别，不能混为一谈。

1.3 计算机配置的原则

计算机配置要根据实际情况决定，下面介绍一些选购原则。

1.3.1 制订方案的原则

1. 买计算机做什么

不同的需求也决定了选择不同的计算机类型。如老年人、办公室文员等，可以选择入门级计算机；设计人员可以选择专业级设计型计算机；游戏人士可以选择中高配，带有专业级显卡的计算机；而专业 DIY 用户可以选择发烧级配置。

2. 资金状况

在资金不是特别充裕的情况下，可以有倾向地选择性价比相对较高的计算机，或者根据使用情况，将购机款向某些主要设备倾斜。

3. 个人硬件水平

这主要取决于个人对计算机硬件的了解程度，可以在品牌机和组装机之间进行综合考虑。

1.3.2 品牌机的选购

1. 确定品牌

对于品牌计算机首先要选择的就是品牌，尽量选择国内外知名的厂商。国际品牌如HP、DELL 等，国内品牌如联想、方正等。

小厂的技术实力往往不如大厂，但在配置、价格上有特别大的优势，但用户一定要将维修、退换货途径等售后的因素考虑进来，最终确定购买的产品。

2. 看配置与价格

在配置一定的情况下，在各个厂商间比较价格，或者在价格相同的情况下，选择更好的配置。现在除了在销售商的品牌店可以买到价格略高的产品外，在各大厂商的官网，同样可以进行产品的购买。有时，网上渠道的价格或者促销比销售商或品牌店更有诱惑力。

3. 比较售后服务

因为品牌计算机最大的优势在于售后服务，所以除了比较产品的保修期、收费标准、上门服务标准外，还需要了解本地售后服务的情况，如网点位置、服务态度、技术力量等。

购买品牌机后一定要向经销商索要发票，这是在产品出现问题时最有力的证据。

1.3.3 买品牌机还是组装机

品牌机优点在于外观时尚、兼容性强、经过严格的测试后出厂、售后服务完备。缺点就是价格较高、升级比较麻烦、配置不灵活。品牌机适合对维护不是特别在行的人群使用。

组装机优点在于性价比较高、配置灵活。缺点在于兼容性不如品牌机、售后服务基本要自己搞定。组装机适合 DIY 一族、计算机发烧友、对计算机的日常维护有一定经验的人士。

所以用户应根据自身特点、经济水平，尤其是对计算机维护的熟悉程度等进行综合考虑。

1.4 输入/输出设备的连接

1.4.1 输入设备的连接

计算机与输入设备的连接主要使用的是机箱后部的接口，提供各接口的主要设备就是前文提到的主板。用户可以仔细观察机箱后的各种接口，如图 1-21 所示，以方便此后的连接工作。

键盘和鼠标分为有线的与无线的两种，有线鼠标通常为 PS/2 接口或者 USB 接口。如果是 PS/2 接口，可以直接与主机后面的 PS/2 接口相连，如图 1-22 所示；如果是 USB 接口，可以直接与机箱后面的 USB 接口相连，如图 1-23 所示。当然，如果用户为了节约 USB 接口，可以使用 USB 转 PS/2 转接器与 PS/2 接口相连，如果 PS 接口损坏，也可以使用两个 PS/2 转 USB 转接器来转接。

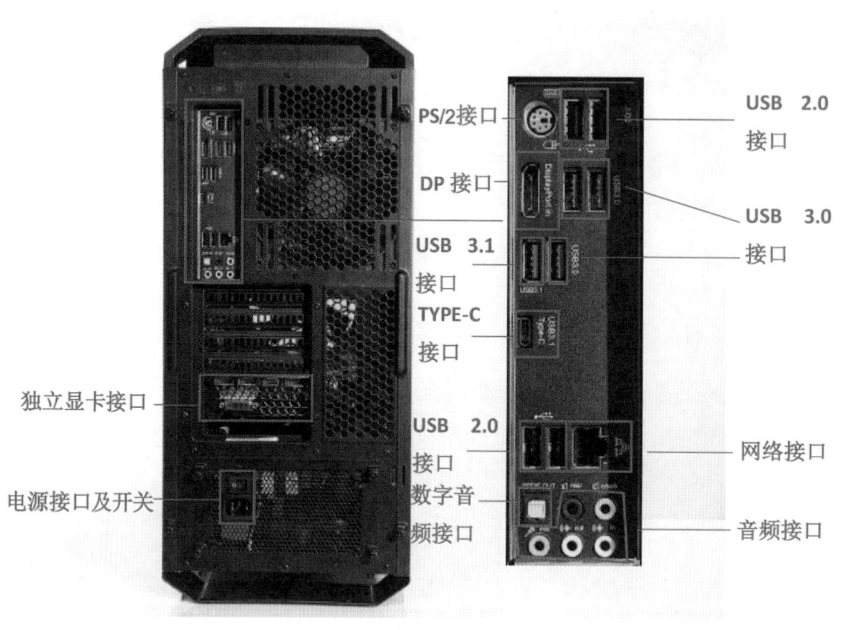

图 1-21　主机后面的各种接口

图 1-22　PS/2 键盘鼠标端接口

图 1-23　USB 接口鼠标

如果使用了无线键盘，或者无线鼠标，仅需要将接收器插入 USB 接口，安装驱动后，即可使用无线键盘和鼠标。图 1-24 所示为无线接收器。

在这里需要注意 PS/2 接口在接入设备时，一定要注意插针的方向，如图 1-25 所示。否则极易折断键盘鼠标连线的插针或者损坏 PS/2 接口。

图 1-24　无线接收器

图 1-25　USB 母口

1.4.2 显示器的连接

首先，显示器一般都需要电源供电，所以用户需要将显示器电源线一端与显示器的电源接口相接，如图 1-26 所示，另外一端与电源插座（或插线板）相接，如图 1-27 所示。

图 1-26 显示器电源接口

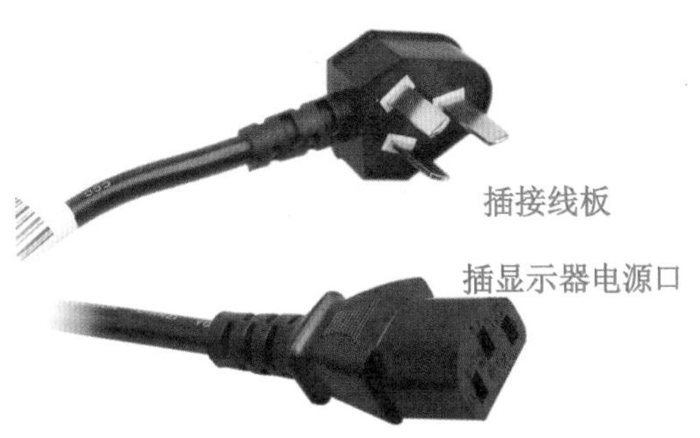

图 1-27 电源线接口及插法

1. 直接连接

一般显示器及主机后端都有 VGA、DVI、HDMI 接口中的一种或者几种，用户可使用相对应的视频连接线进行连接，如图 1-28、图 1-29 所示。

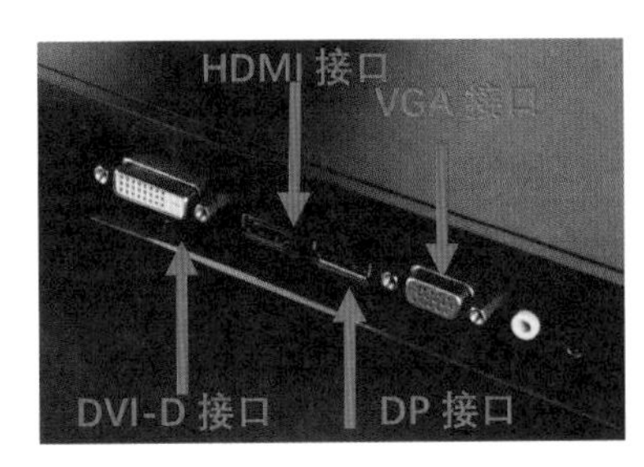

图 1-28 显示器视频输入接口

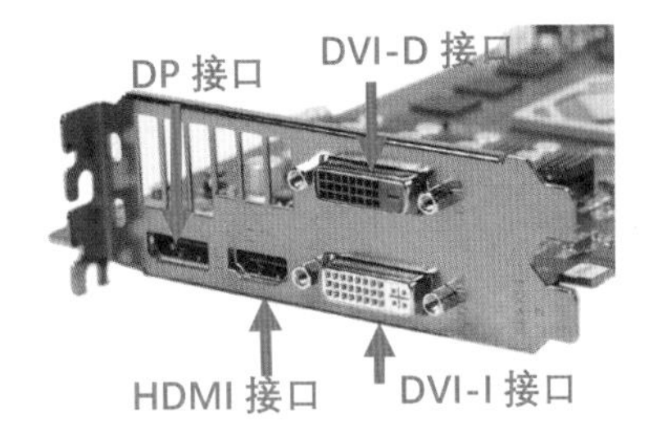

图 1-29 显卡视频输出接口

显示器与主机连接时，所需的连接线如图 1-30 ～图 1-32 所示。

需要注意的是，这 3 种接口，虽然有防呆设计，用户在使用时，仍需要注意插入方向，以免造成插针弯曲或折断，造成显示故障。

图 1-30 VGA 连接线

图 1-31 DVI 连接线

DP(Display Port，显示器端口)的分辨率最高支持 4K × 2K/60 帧(注：4K 为 40%，2K 为 2160)，这个比 HDMI(High Definition Multimedia Interface，高清多媒体接口)高些，HDMI 支持 4K × 2K/24 帧； 在超高清下，DP 优于 HDMI；DP 也支持 3D、音频。图 1-33 所示为 DP 连接线。

图 1-32　HDMI 连接线

图 1-33　DP 连接线

虽然 HDMI 在最高分辨率的性能不如 DP，其最佳画质是 180P-1600P，4K × 2K 只有 24 帧；支持 3D、以太网、音频(比 DP 更好)。

DVI，24+5 或 24+1(双链模式)，分辨率最高 (3840 × 2400)33 Hz，与 HDMI 差不多。没有音频传输，只有视频。DVI-I(24+5)，可传送数字及模拟信号。

VGA，模拟信号，分辨率最高为 1600 × 1200。相对于以上三种，就差很多，并将逐渐被淘汰。

总的来说，DP 与 HDMI 差不多，但显示器有可能向 DP 发展，主要原因是分辨率更高，并且授权免费，但现在显示器正在走向的主流是 HDMI。DVI 将慢慢被以上两种淘汰。

2. 转接连接

如果显示器没有机箱后部显卡对应的显示接口，那么就需要转接器进行转换连接。这在传统显示器 + 新计算机主机或者传统显示器 + 网络电视盒子的组合中尤其常见。

虽然 VGA 接口在被淘汰的道路上越走越远，但是在很多传统显示器或者电视机上属于标配。如果显示的信号源上没有 VGA 接口，那么就需要使用转接器进行转换连接。最常用的转接器如图 1-34、图 1-35 所示。

图 1-34　HDMI 转 VGA 接口

图 1-35　DP 转 VGA 接口

DVI 接口现在逐渐开始被淘汰，但很多显示器上仍将 DVI 作为标准配置，用户可以通过购买转接线，将 DP 接口转换为 DVI 接口。

HDMI 作为现在主流的标准视频接口，需要转换的情况更多，用户可以参考图 1-36、图 1-37 来购买需要的转接器。

图 1-36 DVI 与 HDMI 互转线

图 1-37 DP 转 HDMI 转接线

1.4.3 音箱的连接

桌面级的音箱，一般属于 2.1 声道，即左右声道音箱，加上低音炮。而主板在很多年前就已经支持了 5.1 或者 7.1 声道。先来看看机箱后的音频接口都有哪些功能，如图 1-38 所示。

图 1-38 计算机音频接口及功能

1. 2.1 声道音箱的连接

2.1 声道的音箱连接方法很简单，只需要将音箱的绿色音频线连接主板后的绿色插孔即可。别忘了给音箱连接电源插头，打开音箱电源即可听到美妙的音乐。

2. 5.1 声道音箱的连接

5.1 声道的音箱连接分为：前置两个音箱接绿色接口、后置两个音箱接黑色接口、中置音箱以及低音炮接橙色接口。

3. 7.1 声道音箱的连接

7.1 声道的音箱比 5.1 声道的音箱多了两个侧面音箱。所以有些用户会问，为什么没有该音箱的接口？其实，声卡厂商已经考虑了。原因是过多的接口会增加制造成本，而普通用户根本不会使用那么多接口。通过安装高清音频管理器软件，用户可以自定义所有接口的功能。也就是说，计算机音频接口的功能并不是绝对的，通过颜色区分功能仅仅是为了方便一般用户使用默认的连接方式进行连接。这样的话，用户可以将暂时不用的“线路输入”接口或“麦克风”接口设置为侧面音箱的音源，如图 1-39、图 1-40 所示。

图 1-39　音频管理器控制 7.1 声道

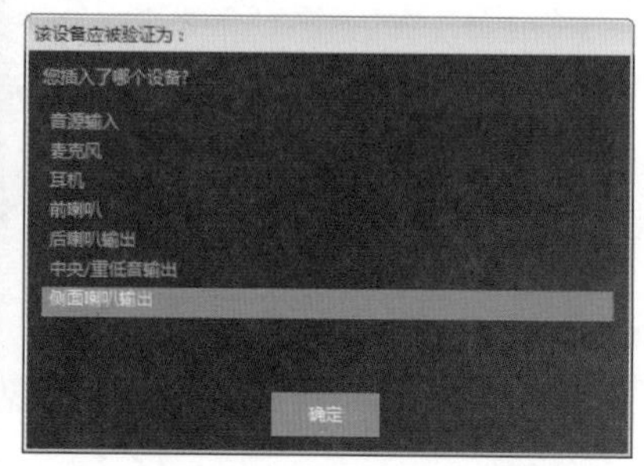

图 1-40　设置音频接口输出的音源

有些用户会问，机箱后部仅有 3 个接口是怎么回事？如图 1-41 所示，3 个接口是厂商按照 5.1 声道的最低要求进行制造，基本上满足大部分用户的需求。但是，这样就无法实现 7.1 声道的高品质要求了吗？别忘了，通过机箱前面板跳线，在机箱前面还有两个接口，如图 1-42 所示。这样，用户就拥有了 5 个接口，基本上能满足用户的需求。如果用户仍需要大量音频接口，可以采用外接声卡的办法；或者查看主板是否支持更多音频模块，通过跳线的方法增加更多的接口即可。

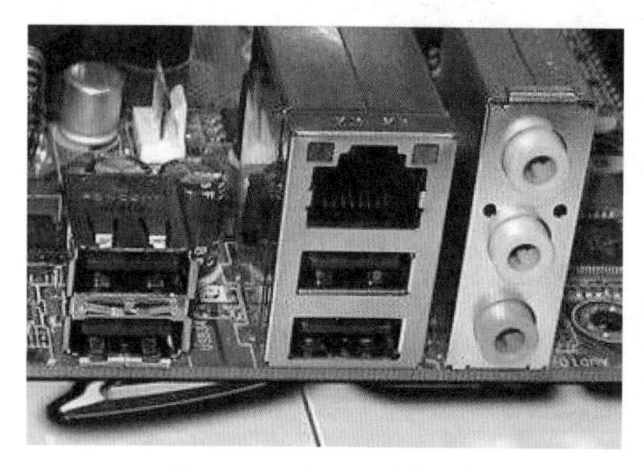

图 1-41　仅有 3 个音频接口的主板

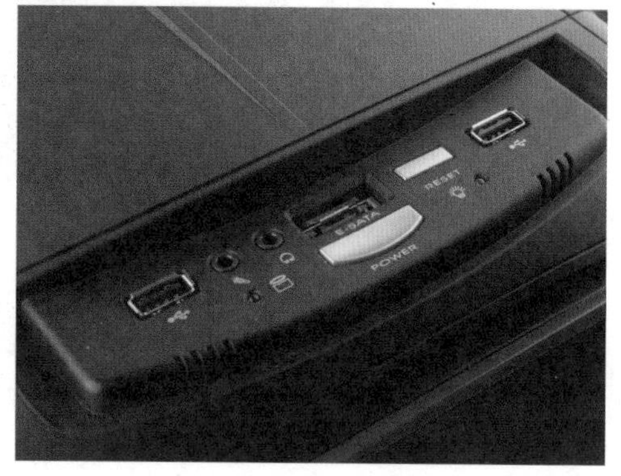

图 1-42　前面板音频接口

4. 耳机的连接

耳机分为带独立声卡的 USB 接口耳机，仅需要将耳机接入到计算机的 USB 接口即可。使用前需要安装驱动程序。一般该耳机带有虚拟 7.1 声道、带有震动，可以为消费者带来震撼的听觉感受，如图 1-43 所示。

普通的头戴式耳机一般带有音频线和麦克风线，如图 1-44 所示。仅需将音频线接入绿色接口，麦克风线接入粉红色接口即可使用。有些耳机只有一根线，尤其是入耳耳机，这种在手机上比较常用，那么就仅需要接入绿色的音频接口即可。

图 1-43 USB 接口发烧级耳机

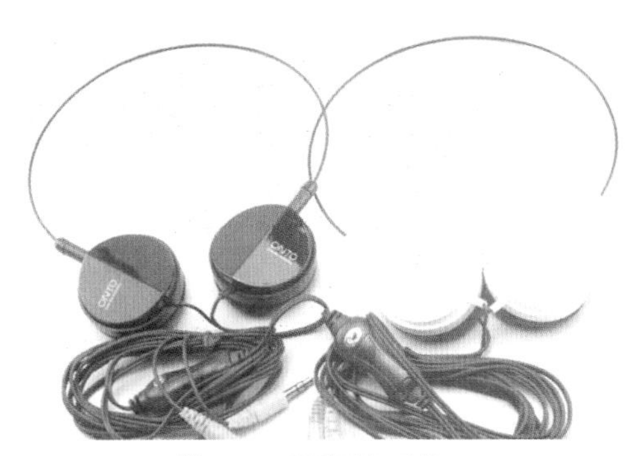

图 1-44 普通耳机及接口

1.4.4 打印机的连接

打印机是比较常用的输出设备。随着科技的发展，无线一体机出现了，它集打印、复印、扫描、传真、电话等功能于一体，用户仅需要设置一体机连接到无线局域网，并在每台计算机上安装客户端即可无线打印、扫描文档或照片了。

普通打印机的话，仅需要将一体机数据线的 USB 接口接入到计算机的 USB 接口上，数据线的另外一端接到打印机上，注意方向即可，如图 1-45、图 1-46 所示，即可完成一体机的连接。

老式打印机因为型号及接口类型过多，而且已经逐渐被淘汰了，这里仅说明的是主流打印机的连接方法。连接完成后，开机即可使用，某些打印机还需要用户安装驱动程序。

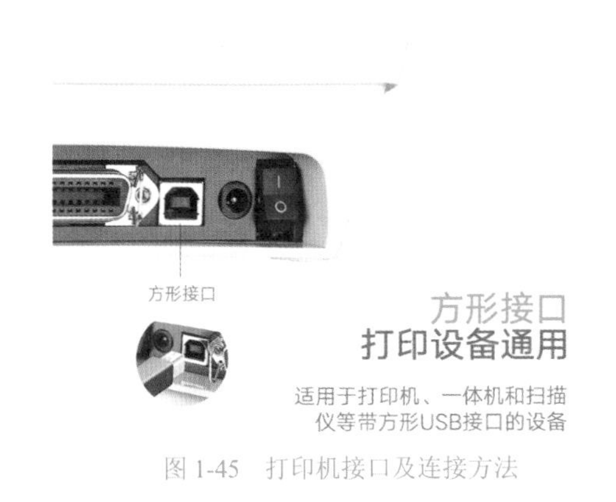

图 1-45 打印机接口及连接方法

图 1-46 打印机数据线

1.4.5 网线的连接

虽然现在用户使用的多是无线网卡，省去了布线的麻烦，但是使用网线的连接，可以避免信号的衰减、不稳定、延时等。这些因素在进行游戏时往往更加被玩家所重视。另外，一些特殊情况下，用户只能使用网线进行连接，如初次配置路由器、调试各种设备等。

网线的连接比较简单。网线的一端连接网络设备或者网络模块，另一端连接计算机后面的网线接口即可，如图 1-47、图 1-48 所示。

图 1-47　计算机网络接口

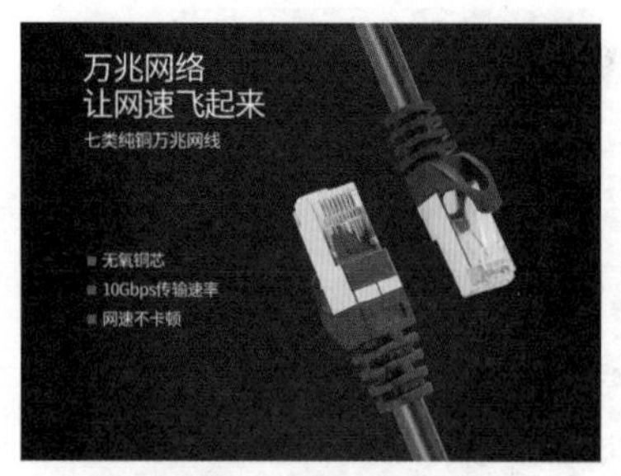

图 1-48　万兆网线

一般家庭或学校宿舍内用五类线就行了，它适用 100Mbps 的网络。超五类线及以上用于网吧、政府、企业等数据流量大的场所。类别越高，受影响和衰减越小，传输距离也更远，但价格也会比较贵，超五类及以上都可以达到 1000Mbps 的速度。七类网线 (CAT7) 是 ISO 7 类 /F 级标准中最新的一种双绞线，它主要为了适应万兆位以太网技术的应用和发展。

1.5　计算机的启动

计算机的启动从硬件及顺序上，可以分为以下两个阶段。

1.5.1　BIOS 阶段

BIOS 阶段是第一个阶段，主要是解决硬件的初始化问题。这个阶段可分为以下 10 个 步骤。

第一步：CPU 初始化

当按下电源开关按钮时，电源就开始向主板和其他设备供电，此时电压还不太稳定，主板上的控制芯片组会向 CPU 发出并保持一个 RESET(重置) 信号，让 CPU 内部自动恢复到初始状态，但 CPU 在此刻不会马上执行指令。当芯片组检测到电源已经开始稳定供电了，它便撤去 RESET 信号，CPU 马上就从地址 FFFF0H 处开始执行指令。

第二步：初步检测

系统 BIOS 的启动代码首先要做的事情就是进行 POST(Power－On Self Test，加电后自检)，POST 的主要任务是检测系统中一些关键设备是否存在和能否正常工作，例如内存和显卡等设备。如果系统 BIOS 在进行 POST 的过程中发现了一些致命错误，例如没有找到内存或者内存有问题，系统 BIOS 就会直接控制喇叭发声来报告错误。

第三步：初始化显卡

接下来 BIOS 将查找显卡的 BIOS，系统 BIOS 找到显卡 BIOS 之后就调用它的初始化代码，由显卡 BIOS 来初始化显卡，此时多数显卡都会在屏幕上显示出一些初始化信息，介绍生产厂商、图形芯片类型等内容，不过这个画面几乎是一闪而过。

第四步：显示 BIOS 信息

查找完所有其他设备的 BIOS 之后，系统 BIOS 将显示出它自己的启动画面，其中包括系统 BIOS 的类型、序列号和版本号等内容，如图 1-49 所示。

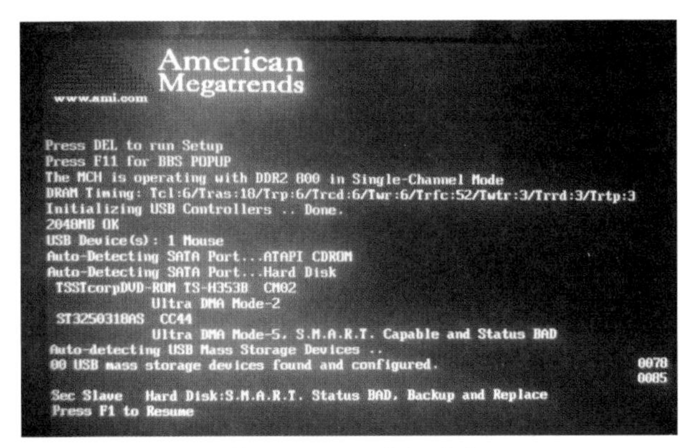

图 1-49 BIOS 信息画面

第五步： 检测 CPU 和 RAM

接着系统 BIOS 将检测和显示 CPU 的类型和工作频率，然后开始测试所有的 RAM，并同时在屏幕上显示内存测试的进度。

第六步： 检测其他设备

内存测试通过之后，系统 BIOS 将开始检测系统中安装的一些标准硬件设备，包括硬盘、CD－ROM、串口、并口、软驱等设备等。

第七步： 检测即插即用设备

标准设备检测完毕后，系统 BIOS 内部的支持即插即用的代码将开始检测和配置系统中安装的即插即用设备。

第八步：显示硬件参数

多数系统 BIOS 会重新清屏并在屏幕上方显示出一个表格，其中概略地列出了系统中安装的各种标准硬件设备，以及它们使用的资源和一些相关工作参数。

第九步： 更新 ESCD

接下来系统 BIOS 将更新 ESCD(Extended System Configuration Data，扩展系统配置数据)，并进行显示。

第十步： 读取 MBR

ESCD 更新完毕后，系统 BIOS 的启动代码将进行它的最后一项工作，即根据用户指定的启动顺序从软盘、硬盘或光驱启动。系统 BIOS 将读取并执行硬盘上的主引导记录 (MBR)，并将控制权交给主引导记录。

1.5.2 MBR 及内核阶段

本阶段将加载磁盘，并读取内核，可分为以下 3 个步骤。

第一步：查找分区表并开始加载

MBR 会搜索 64B 大小的分区表，找到 4 个主分区 (可能没有 4 个) 的活动分区并确认其他主分区都不是活动的，然后加载活动分区的第一个扇区 (Bootmgr) 到内存。

第二步：选择启动系统

Bootmgr 寻找并读取 BCD，如果有多个启动选项，会将这些启动选项反映在屏幕上，由用户选择从哪个启动项启动，如图 1-50 所示。

第三步：加载内核

如果选择从 Windows 7 启动后，会加载 C:\windows\system32\winload.exe，并开始内核的加载过程。

1.5.3 启动桌面环境及应用软件阶段

本阶段将加载整个操作系统及软件。

第一步：加载系统

内核加载完毕后，操作系统开始加载硬件驱动、操作系统程序等，完成后，进入桌面环境，如图 1-51 所示。

第二步：启动应用软件

接下来，用户按照需要启动应用软件即可。

图 1-50　操作系统选择画面

图 1-51　Windows 10 的桌面环境

1.6 计算机硬件信息的查看

计算机配置的各种数据及信息，可以通过多种渠道进行查看。

1.6.1 启动计算机时查看硬件信息

启动计算机时，用户可以在启动画面中，快速浏览硬件的信息，如图 1-52 所示。此时显示的信息包括 BIOS 信息、CPU 信息、内存信息、硬盘信息等。用户可以在信息显示时，按键盘上的 Pause 键暂停信息的刷新，以方便查看。

启动计算机时用户可以进入 BIOS 设置界面，查看设备信息，如图 1-53 所示。

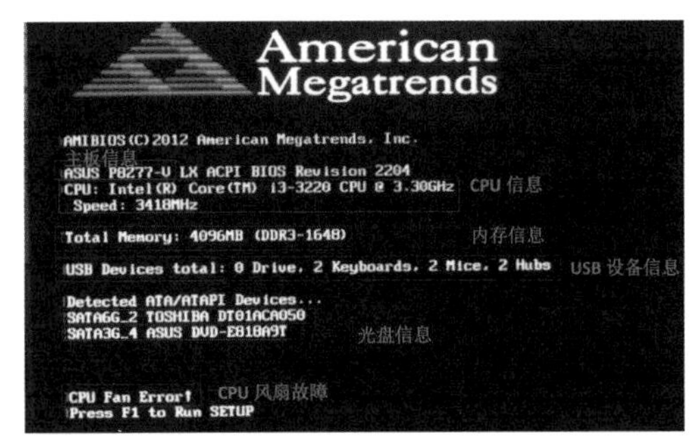

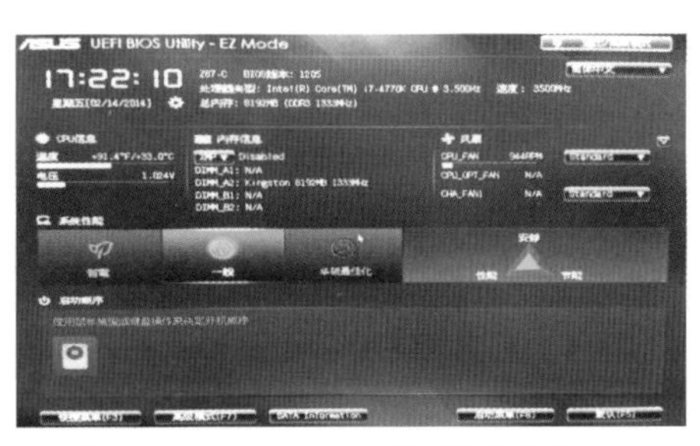

图 1-52　启动画面信息　　图 1-53　UEFI　BIOS 界面设备信息

1.6.2 通过设备管理器及第三方软件查看硬件信息

启动计算机后，可以在“设备管理器”窗口中，查看到硬件的信息，如图 1-54 所示。用户也可以使用第三方检测工具，检测硬件综合信息，如图 1-55 所示。

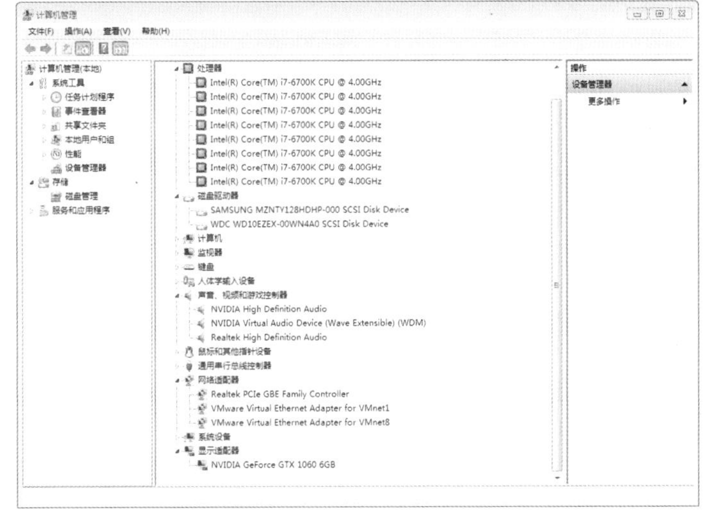

图 1-54　设备管理器中的设备信息

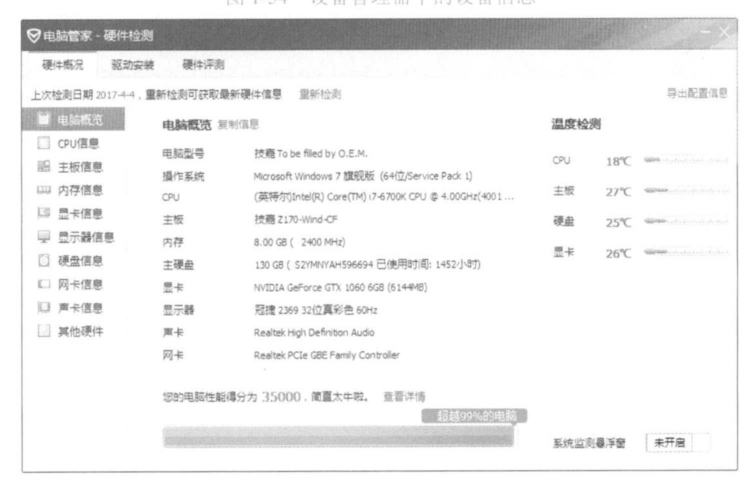

图 1-55　使用第三方工具查看计算机配置信息

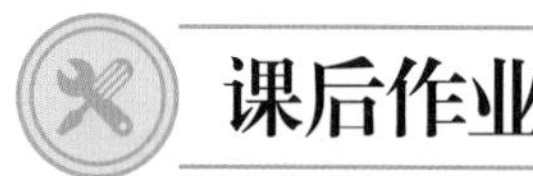

课后作业

一、填空题

1. 计算机内部组件主要包括 CPU、_____、主板、_____、硬盘、电源、_____ 等。
2. 计算机外部组件主要包括显示器、_____、键盘、_____、音箱等。
3. 计算机主要的软件有 _____、_____、_____ 以及 _____ 等。
4. 显示器主要的输入接口一般有 VGA 接口、_____ 接口、_____ 接口以及 DVI 接口。

二、选择题

1. 以下哪种设备属于计算机的输出设备？（　　）

   A. 鼠标　　B. 键盘

   C. 显示器　　D. 硬盘

2. 以下哪种属于服务器操作系统？（　　）

   A. Windows 7　　B. Windows 10

   C. Windows Server 2019　　D. Ubuntu

3. 以下不属于应用软件的是（　　）。

   A. QQ　　B. WPS

   C. BIOS　　D. Office

4. 关于组装机的优势，下面哪一种不是？（　　）

   A. 性价比高　　B. 可以自行 DIY

   C. 配置灵活　　D. 售后服务优

5. 计算机只有 VGA 接口，显卡提供有 DP 接口和 HDMI 接口，如果想使用该显示器，可以购买以下哪种线缆？（　　）

   A. HDMI 线　　B. DP 线

   C. DP 转 HDMI 线　　D. HDMI 转 VGA 线

三、动手操作与扩展训练

1. 观察计算机机箱后部的接口种类，了解接口的作用，自己动手连接所有的外部设备。
2. 认真观察计算机开机过程，通过书上的内容，了解开机的整个步骤。
3. 请使用系统内置工具，下载并使用第三方工具查看自己计算机的配置，了解部件的参数。

计算机的内部组件

第2章

知识概述

计算机内部组件包括CPU、主板、内存、硬盘以及显卡，内部组件保证了主机的正常工作。本章将着重介绍内部组件的功能、参数、工作原理、选购标准等知识，通过本章的学习，读者将了解到内部组件的相关知识点，为使用、选购、维修计算机打下理论基础。

要点难点

- CPU的功能、参数、选购
- 主板的功能、参数、搭配、接口、选购
- 内存的功能、参数、分类、选购
- 硬盘的功能、参数、原理、选购
- 显卡的功能、参数、选购

2.1 CPU

中央处理器(Central Processing Unit，CPU)，是计算机的核心。CPU 通常是一块超大规模的集成电路，是一台计算机的运算核心(Core)和控制核心(Control Unit)。它的功能主要是解释计算机指令以及处理计算机软件中的数据。CPU 的外观如图 2-1 所示。

图 2-1 Intel 公司 i7 系列 CPU 外观

相对于台式机，笔记本电脑中的 CPU 重点还要考虑能耗的问题。现在流行的智能手机中，也存在 CPU。只不过，手机中的 CPU 将能耗作为一项更重要的因素进行考量。

CPU 由半导体硅以及一些金属及化学原料制造而成。CPU 的制造是一个极为精密复杂的过程，当今只有少数几家厂商具备研发和生产 CPU 的能力。

2.1.1 CPU 的主要参数

在选购 CPU 时，最重要的标准就是 CPU 的各种参数。接下来将介绍这些参数的含义。

1. CPU 的频率

1) 主频

主频也叫时钟频率，单位是兆赫(MHz)或千兆赫(GHz，十亿赫兹)，用来表示 CPU 运算、处理数据的速度。通常，主频越高，CPU 处理数据的速度就越快。

CPU 的主频 = 外频 × 倍频系数。主频和实际的运算速度存在一定的关系，但并不是一个简单的线性关系。所以，CPU 的主频与 CPU 实际的运算能力是没有直接关系的，还要看 CPU 的流水线、总线等各方面的性能指标。

2) 外频

外频是 CPU 的基准频率，单位是 MHz。CPU 的外频决定着整块主板的运行速度。通俗地说，在台式机中，所说的超频，都是超 CPU 的外频(一般情况下，CPU 的倍频都是被锁住的)。CPU 决定着主板的运行速度，准确地说直接关系到内存的运行频率，两者是同步运行的，台式机很多主板都支持异步运行。绝大部分计算机系统中外频与主板前端总线不是同步速度的，而外频与前端总线 (Front Side Bus，FSB) 频率又很容易被混为一谈。

3) 倍频

倍频是指 CPU 主频与外频之间的相对比例关系。在相同的外频下，倍频越高 CPU 的频率也越高。但实际上，在相同外频的前提下，高倍频的 CPU 本身意义并不大。这是因为 CPU 与系统之间数据传输速度是有限的，一味追求高主频而得到高倍频的 CPU 就会出现明显的“瓶颈”效应——CPU 从系统中得到数据的极限速度不能够满足 CPU 运算的速度。一般除了工程样板的 Intel 的 CPU 都是锁了倍频的。

2. CPU 的缓存

缓存 (Cache) 是指可以进行高速数据交换的区域，缓存的结构和大小对 CPU 速度的影响非常大。缓存的容量较小，但是运行频率极高，一般是和处理器同频运作。

CPU 读取数据，首先从高速缓存中查找，找到了，就直接拿来使用，否则就从内存中查找，然后将其放入缓存中。因为高速缓存速度极快，直接提高了 CPU 的处理和运算能力。

3. CPU 的接口

CPU 需要通过某个接口与主板连接才能进行工作。CPU 经过这么多年的发展，采用的接口方式有引脚式、卡式、触点式、针脚式等。CPU 接口类型不同，插孔数、体积、形状都有变化，所以不能互相接插。

CPU 接口往往以封装技术 + 触点数目或针脚数目来进行命名。如笔者正在使用的 i7-6700K，接口为 LGA1151。即采用 LGA 封装的，触点有 1151 个的 CPU。了解这些，在选择 CPU 及所对应的主板时是必需的。Intel 公司在 2004 年起采用了 LGA 架构，最明显的就是 CPU 的针脚变成了触点，通过主板的扣架来固定 CPU。

目前主流的接口有 Intel 公司的 LGA1155、LGA1150、LGA1151、LGA2011、LGA2011V3，AMD 公司的 Socket FM2+、Socket FM2、Socket FM1、Socket AM3、Socket AM3+、Socket AM4 等。

Intel 公司最新的酷睿 I(CoreI) 第 6 代及第 7 代基本采用了 LGA1151 接口，如图 2-2 所示。而 AMD 公司的锐龙系列采用了 Socket AM4 的接口，如图 2-3 所示；FX8000 系列采用了 AM3+ 的接口，APUA10 系列采用了 FM2+ 接口。

图 2-2　LGA1151 的 i7-7700

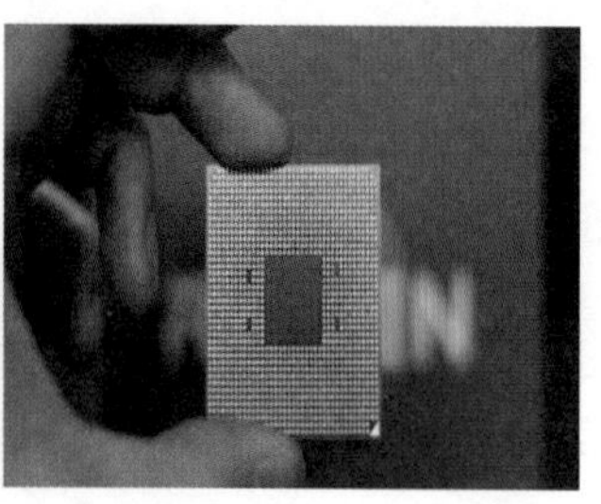

图 2-3　AM4 接口的锐龙 1800X

4. 查看 CPU 各参数

用户可以从宣传页、产品包装上查看到 CPU 的型号以及各种参数，但是作为硬件专家，还要根据实际情况，通过手边的设备，快速了解产品的各项参数以及含义。

查看 CPU 参数的方法有很多种，下面介绍一些常用的方法。

1) 从 Intel CPU 上查看参数

拿到 Intel 的 CPU 后，可以看到 CPU 上有很多数字和英文字母，如图 2-4 所示。用户可以从中了解该 CPU 的详细信息。

INTEL 是 CPU 生产公司；CORE™ i7 是该系列的名称，是酷睿系列中的 i7 系列。

i7-6700K 是该 CPU 的型号，i7 是系列号，6 指的是 i7 第六代核心。相似的如 i7-7700K，指的就是第七代核心，依次类推。型号后的字母 K，指的是不锁倍频，类似的有：

◎ X 指的是至尊版，代表同一时代性能最强 CPU；

◎ S 代表该处理器是功耗降至 65W 的低功耗版桌面级 CPU；

◎ T 代表该处理器是功耗降至 45W 的节能版桌面级 CPU；

◎ M 代表标准电压 CPU 是可以拆卸的；

◎ U 代表是低电压节能的，可以拆卸的；

◎ H 是高电压的，是焊接的，不能拆卸；

SR2BR 是 CPU 内部开发代号；4.00GHz 是 CPU 的主频；L528B115 是 CPU 的序列号。

其余的 CPU 还会有其他的内容，如在 i7-4770 上，如图 2-5 所示，还会有 MALAY，指的是 CPU 的产地是马来西亚。相似的有 COSTA RICA 是指哥斯达黎加；Philippines 是指菲律宾；Ireland 是指爱尔兰。

图 2-4　CPU 上的字符

图 2-5　Intel　i7-4770

还有早期的 i7-920，如图 2-6 所示，CPU 上会有 2.66GHz/8M/4.80/08 的字样，代表主频为 2.66GHz/ 二级缓存为 8MB/QPI 总线频率是 4.8GHz/CPU 生产年份为 2008 年。其他的还有可能标出 CPU 的前端总线频率等，用户需要结合 CPU 的详细参数进行判断。

图 2-6 Intel i7-920 CPU

2) 从 AMD CPU 上查看参数

AMD 的 CPU 上，也有类似的字符，如图 2-7 所示。

图 2-7 AMD FX8350 CPU

AMD FX 是公司及产品品牌，下面一行的字符，含义如下。

◎ F 是指产品品牌和系列：FX。

◎ D 是指产品定位领域：桌面。

◎ 8350 是指产品型号：8350。

◎ FR 是指 TDP 以及功能信息：125W TDP 热功率。

◎ W 是指封装接口信息：Socket-AM3+。

◎ 8 是指核心情况：8 核心。

◎ K 是指缓冲容量情况：2MB(这里是一个模块，其他处理器按核心来计算)×4=8MB。

◎ HK 是指内核修订以及步进情况：步进 C0。

◎ FA1229PGN：生产和制造工艺信息。

◎ 9D84772G20086：CPU 的 ID 信息。

最下面的 DIFFUSED IN GERMANY ， MADE IN MALAYSIA，是指这款 AMD 晶圆制造来自德国德累斯顿工厂，以及新加坡特许封装测试。AMD 将这些工厂产出的晶圆核心芯片分别发放到全球各地的主要封装工厂进行最后的封装测试。

AMD CPU 也有一些常用后缀。

3) 从专业软件上查看 CPU 参数

查看 CPU 参数最常用的软件是 CPU-Z，用户下载后，双击该软件即可打开，通过其中显示的数据，即可对已经安装好的 CPU 进行了解及故障判断，如图 2-8 所示。

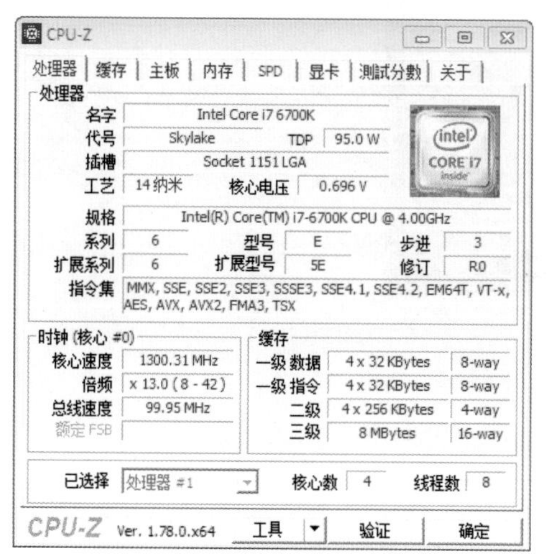

图 2-8　查看 CPU 详细信息

名字为 Intel Core i7 6700K；代号为 Skylake；TDP 功耗为 95W；插槽为 1151LGA；工艺为 14nm；6 系列；指令集；一、二、三级缓存信息，用户也可以选择“缓存”选项卡，来了解缓存的详细信息；核心数为 4，线程数为 8。因为是采用了睿频技术，核心电压、核心速度、倍频以及总线速度都根据当前用户的应用情况动态地进行调整。

当然，用户也可以通过其他软件，如 AIDA64 查看 CPU 及系统的详细信息。

2.1.2 CPU 的选购

在了解了 CPU 的详细参数后，用户可以根据自己的需要进行 CPU 的选择。

1. 根据实际需要选购 CPU

大部分用户应该根据实际需要进行 CPU 的选择，也就是参考用户日常使用的应用软件进行选择，不要受品牌影响。AMD 的 CPU 在三维制作、游戏应用、视频处理上，确实比 Intel 公司同档次的处理器有优势。Intel 公司的 CPU 在商业应用、多媒体应用、平面设计方面有优势。用户选购时也要考虑资金预算等问题。

1) 日常办公用户

办公用户日常使用 Office 系列软件等办公软件，音、视频性能可以作为次要的考虑范畴。该类用户可以使用 Intel 公司的奔腾系列 i3 系列处理器或者 AMD 公司的速龙双核或者 A4 系列 APU。或者选择带有核显的 CPU，尽量降低装机的成本。

2) 多媒体用户

多媒体用户需要综合考虑 CPU、内存及显卡的配比。建议使用 i3 或 i5 系列的双核

CPU 或者 AMD 公司的双核或三核系列。

3) 图形设计用户

图形设计，如使用 3ds Max 等软件的用户，需要考虑 CPU 的线程数及核心数，CPU 的线程和速度直接关系到渲染速度的快慢，建议选择 Intel 和 AMD 的 6 核或 8 核产品。

4) 游戏玩家

游戏玩家对显卡的要求很高，CPU 需要选择浮点性能较高的产品，建议选择 Intel 公司的酷睿及 AMD 公司 4 核及以上的产品。

5) 发烧级玩家

因为发烧级玩家重点对于 CPU 的超频较感兴趣。在此种情况下，建议选择不锁倍频、稳定且强大的 CPU 产品。建议选择最新型 8 核及以上的产品来进行测试及超频。建议重点选择合适的 CPU 降温设备。

2. 盒装与散装的区别

原盒 CPU 指的是配备原装风扇的整盒包装 CPU，享受正规的三年保修，翻包则是将散装或者 OEM 的 CPU 外加劣质风扇，商家可以赚取一定差价，原则上享受散装的一年保修，但一般商家自主提供三年保修；散装 CPU 除了只享受一年保修以外，也不配备风扇，不过价格要便宜数十元至数百元不等。盒装及散装 CPU 如图 2-9、图 2-10 所示。从技术角度而言，散装和盒装 CPU 并没有本质的区别，至少在质量上不存在优劣的问题。面向零售市场的产品大部分为盒装产品，而散装产品则部分来源于品牌机厂商外泄以及代理商的销售策略。

图 2-9 盒装 CPU

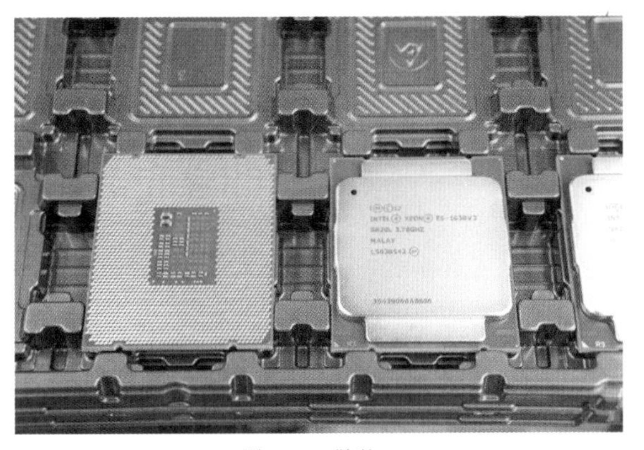

图 2-10 散装 CPU

3. CPU 购买后的真伪辨别

其实 CPU 造假的可能性微乎其微，不良商家一般是进行型号的更改、以次充好等不法手段进行获利。用户可以使用以下介绍的方法进行真伪辨别。但是还是希望用户在正规商家或电商处进行选购，与实际价格差距太多的话，往往都会存在或多或少的猫腻。

1) 观察封口标签

新包装的封口标签仅在包装的一侧，标签为透明色，字体白色，颜色深且清晰，如图 2-11 所示。

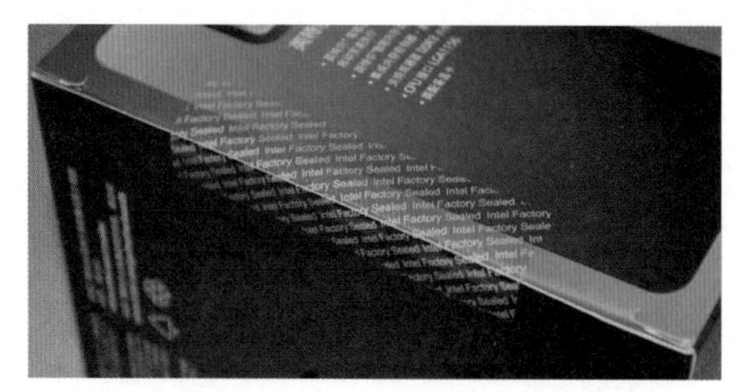

图 2-11　封口标签

2) 看编号

看编号这个方法对 Intel 和 AMD 的处理器同样有效，每一颗正品盒装处理器都有一个唯一的编号，在产品的包装盒上的条形码和处理器表面都会标明这个编号，而且编号都是一样的，如图 2-12 所示。

图 2-12　核对编号

3) 看散热风扇

观察风扇部件号，不同型号盒装处理器配有不同型号风扇，打开包装后，可以看到风扇的激光防伪标签。真的 Intel 盒包 CPU 防伪标签为立体式防伪，除了底层图案会有变化外，还会出现立体的“Intel”标志。而假的盒包 CPU，其防伪标识只有底层图案的变化，没有“Intel”的标志。

4) 看盒内保修卡

根据本地相关的商业规范，经销商应完整填写保修卡相关的产品信息和购买信息。填写不完整及保修卡丢失，消费者会失去免费保修权利。保修卡上的零售盒装序列号，确定与产品标签上的序列号一致，如图 2-13 所示。

图 2-13　核对保修卡编号

5) 通过网站或短信验证

通过 Intel 官网进行验证，输入包装上的 FPO 和 ATPO 编号进行查询，如图 2-14 所示。

图 2-14　通过官网查询真伪

6) 通过软件进行测试

可以使用 2.1.1 节提到的 CPU-Z 等一些软件进行实际测试。

4. CPU 散热系统的选购

一般 CPU 使用风扇作为主要散热器，也叫作风冷散热。风冷散热设备主要由散热片、散热风扇组成。散热片下部涂抹硅脂与 CPU 相连，起到紧密连接及快速导热的作用。很多选择了盒装产品的用户，使用原装风扇作为散热设备，如图 2-15 所示。

图 2-15　盒装 CPU 自带的风扇

虽然说大风扇相对小风扇来说有着一些优势，但是不要忽略一点，那就是“风压”，因为对于散热来说，风量是前提，静音是附加效果，而“风压”却是散热效果好坏的关键，或者严格地说，“风量”和“风压”的良好配合，才能得到一个良好的散热效果。

选择合适的散热器，还是需要根据不同的用途、不同的 CPU、不同的 TDP 进行选择。

1) 纯风冷散热器

简单应用及入门级玩家选择纯风冷散热器即可，如果是盒装 CPU，可以直接使用自带的风扇。

2) 热管散热器

热管散热器也是目前独立散热器中最常见也是最热销的，热管散热器基本可以分为下压式和侧吹式。当然，下压式散热受制于机箱温度，散热效果会受一定的影响；而且由于风扇吹向主板，容易造成热气聚集，排放不畅，所以必须搭建良好的机箱风道来辅助热气的逸散。侧吹式散热则通过高塔结构散热片和导热管传导热量，风扇侧吹散热鳍片的方式进行散热，由于采用高塔散热片，散热面积更大，辅助多根导管，散热效果更加明显。

◎ 下压式热管：适合体积小的迷你机箱，适合中高端 CPU，如图 2-16 所示。

◎ 侧吹式热管 (较便宜)：中塔全塔机箱，适合中高端 CPU，如图 2-17 所示。

◎ 侧吹式热管 (高端多热管)：适合全塔机箱，适合高端 CPU，超频也能应对。

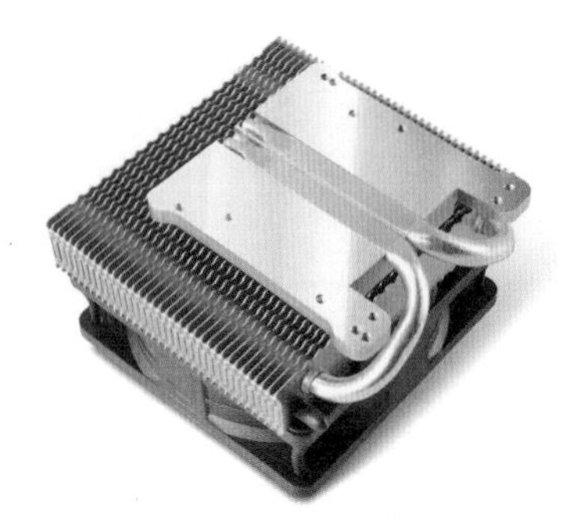

图 2-16　下压式热管散热

图 2-17　侧吹式热管散热

3) 水冷散热器

水冷分为一体水冷和分体水冷，一体水冷常见的就是 120mm 的冷排和 240mm 的冷排，一般情况下 240mm 的冷排效果更好，价格也更贵。一体式水冷散热器主要由水冷头、导管、冷排风扇和安装扣具构成，其中水冷头的工艺最为复杂，也最能体现一款散热器的性能，包括 CPU 接触导头、水道和水泵。一体水冷因为热气直接排到机箱外，对机箱风道的依赖比风冷散热器要低，流动水的导热效率高，散热效率高，风扇产生的噪音也小。冷排是散热器的散热关键，一般冷排均采用铝质的散热鳍片，将热量通过风扇排出机箱外，因此，散热性能的好坏往往与冷排材质、大小和风扇效率有关。

120mm 的水冷散热器：如果单纯为了散热性考虑，喜欢尝鲜的玩家可以选购，如图 2-18 所示；240mm 的水冷散热器：目前最高端的散热方案，效果也足够给力，适合玩超频的玩家，但是对于机箱要求较高，只有部分中塔机箱和全塔机箱支持，如图 2-19 所示。

图 2-18　120mm 的水冷散热器

图 2-19　240mm 的水冷散热器

2.2 主板

主板一般为矩形电路板，上面安装了组成计算机的主要电路系统，一般有 BIOS 芯片、I/O 控制芯片、面板控制开关接口、指示灯插接件、扩充插槽、主板及插卡的直流电源供电接插件等元件。主板采用了开放式结构。主板上大都有 5 ～ 15 个扩展插槽，供电脑的外围设备的控制卡 (适配器) 插接。通过更换这些插卡，可以对计算机相应子系统进行局部升级，使厂家和用户在配置机型方面有更大的灵活性。

2.2.1 主板及分类

典型的主板能提供一系列插槽，供处理器、显卡、声卡、硬盘、存储器、网卡等设备接驳。它们通常直接插入对应插槽，或用线路连接。主板上最重要的构成组件是芯片组 (Chipset)。芯片组通常由北桥芯片和南桥芯片组成，也有些以单片机形式设计，增强其性能。这些芯片组为主板提供一个通用平台供不同设备连接，控制不同设备的沟通。它也包含对不同扩充插槽的支持。主板如图 2-20 所示。

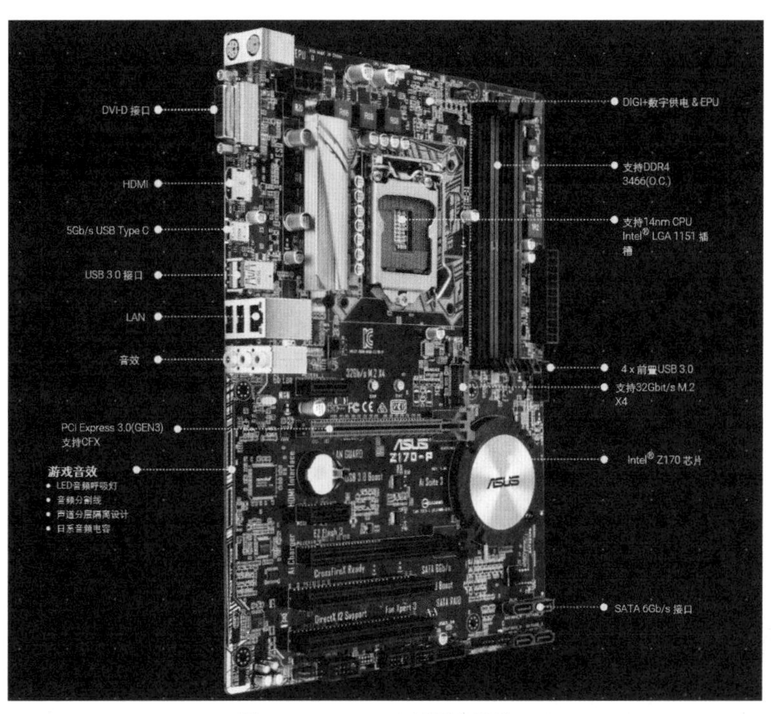

图 2-20　Z170-P 主板及主要接口

主板可以按照芯片组进行划分，也可以按照结构进行划分。通常按照 CPU 的型号和针脚数来确定使用的主板种类。

主板按结构分为 AT、Baby-AT、ATX、Micro ATX、LPX、NLX、Flex ATX、EATX、WATX 以及 BTX 等类型。其中，AT 和 Baby-AT 是多年前的老主板结构，已经淘汰；而 LPX、NLX、Flex ATX 则是 ATX 的变种，多见于国外的品牌机，国内尚不多见；EATX 和

WATX 多用于服务器、工作站主板；ATX 是市场上最常见的主板结构，如图 2-21 所示，扩展插槽较多，PCI 插槽数量在 2 ～ 6 个，大多数主板都采用此结构；Micro ATX 又称 Mini ATX，如图 2-22 所示，是 ATX 结构的简化版，就是常说的“小板”，扩展插槽较少，PCI 插槽数量在 3 个或 3 个以下，多用于品牌机及小型机箱；BTX 是 Intel 公司制定的最新一代主板结构，但尚未流行便被放弃，继续使用 ATX。

图 2-21　270ATX 主板

图 2-22　270Micro ATX 主板

2.2.2 主板芯片组

主板芯片组相当于主板的大脑，主板各功能的实现都依赖于主板芯片组。

1. 芯片组的功能

对于主板而言，芯片组几乎决定了这块主板的功能，进而影响到整个计算机系统性能的发挥。芯片组是主板的灵魂。芯片组性能的优劣，决定了主板性能的好坏与级别的高低。

按照在主板上的排列位置的不同，通常分为北桥芯片和南桥芯片，如图 2-23 所示。

现在比较主流的主板已经没有传统意义上的南北桥了，北桥芯片的大部分功能合并进了 CPU，剩余部分功能由南桥芯片承担。所以现在主板只剩下南桥芯片了，如图 2-24 所示。

图 2-23　传统主板的南北桥芯片

图 2-24　170 南桥芯片

2. BIOS 芯片

1) 认识 BIOS 芯片

BIOS 是英文“Basic Input Output System”的缩略词，直译过来后中文名称就是“基本

输入输出系统”。其实，它是一组固化到计算机内主板上一个 ROM 芯片上的程序，它保存着计算机最重要的基本输入输出的程序、开机后自检程序和系统自启动程序。它可从 CMOS 中读写系统设置的具体信息，其主要功能是为计算机提供最底层的、最直接的硬件设置及控制。

BIOS 设置程序是保存在 BIOS 芯片中的，BIOS 芯片是主板上一块长方形或正方形芯片，只有在开机时才可以进行设置。(一般在计算机启动时按 F2 键或者 Delete 键进入 BIOS 进行设置，一些特殊机型按 F1、Esc、F12 等键进行设置。)BIOS 设置程序主要对计算机的基本输入输出系统进行管理和设置，使系统运行在最好状态下。使用 BIOS 设置程序还可以排除系统故障或者诊断系统问题。

2)BIOS 的主要开发厂商

市面上较流行的主板 BIOS 主要有 Award BIOS、AMI BIOS。

Award BIOS：是由 Award Software 公司开发的 BIOS 产品，在目前的主板中使用最为广泛。Award BIOS 功能较为齐全，支持许多新硬件，市面上多数主机板都采用了这种 BIOS。如今 Award Software 已经被另一家 BIOS 开发厂商 Phoenix 收购，因此现在的 Award BIOS 变成了 Phoenix Award BIOS。

AMI BIOS：AMI 公司(全称：American Megatrends Incorporated)出品的 BIOS 系统软件，开发于 20 世纪 80 年代中期。早期的 286、386 计算机大多采用 AMI BIOS，它对各种软、硬件的适应性好，能保证系统性能的稳定。

3)BIOS 芯片厂商

生产 ROM 芯片的厂家很多，主要有 Winbond、Intel、ATMEL、SST、MXIC 等品牌。由于 Winbond(华邦)生产 BIOS ROM 芯片时间较早，与主板的原始设计相兼容，因而市场占用量较大。Intel 公司则在 Flash ROM 市场始终占领着领导者的地位，其 586 时代的 I28F001BX 芯片、I810(815) 主板上的 N82802AB 芯片，都在 BIOS 的恢复方面给人留下了深刻的印象。其他设备上如网卡、显卡、Modem、数码相机、硬盘等也有所谓的 BIOS，来完成如显卡和主板之间的通信；硬盘的启动和使用也需要 HDD BIOS 来完成。

4)CMOS 清空

当用户在设置 BIOS 程序时，可能会设置错误，而导致故障；或者丢失 BIOS 登录密码，无法对 BIOS 进行操作。这时，需要对计算机 CMOS 进行放电操作。拔下电源，打开机箱，用工具取下电池，用一根导线或者经常使用的螺丝刀将电池插座两端短接，对电路中的电容放电，使 CMOS 芯片中的信息快速消除，如图 2-25 所示。

对现在的大多数主板来讲，都设计有 CMOS 放电跳线以方便用户进行放电操作，这是最常用的 CMOS 放电方法。该放电跳线一般为三针，位于主板 CMOS 电池插座附近，并附有电池放电说明。在主板的默认状态下，会将跳线帽连接在标识为“1”和“2”的针脚上，要使用该跳线来放电，首先用镊子或其他工具将跳线帽从“1”和“2”的针脚上拔出，然后再套在标识为“2”和“3”的针脚上将它们连接起来。经过短暂的接触后，就可清除用户在 BIOS 内的各种手动设置，而恢复到主板出厂时的默认设置，如图 2-26 所示。

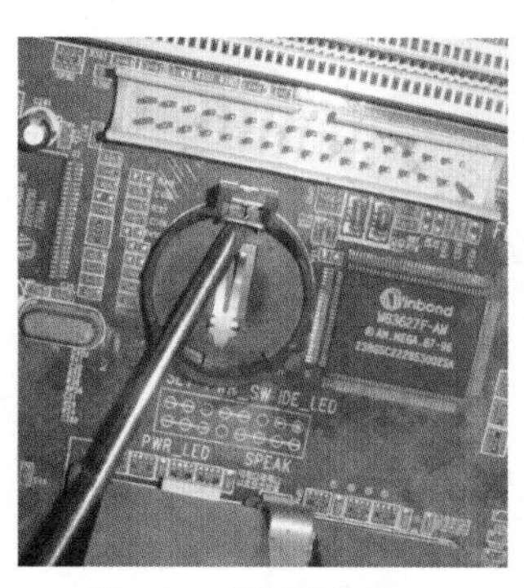

图 2-25 短接法放电

图 2-26 170 跳线法放电

3. 其他芯片

1)I/O 芯片

I/O 是英文 Input/Output 的缩写，意思是基本输入与输出。I/O 芯片的功能主要是为用户提供一系列输入、输出接口，鼠标 / 键盘接口 (PS/2 接口)、串口 (COM 口)、并口、USB 接口、软驱口等统一由 I/O 芯片控制。部分 I/O 芯片还能提供系统温度检测功能，用户在 BIOS 中看到的系统温度最原始的来源就是这里提供的。

常见 I/O 芯片的型号有以下几种：

◎ Winbond 公司的 W83627HF、W83627EHG、W83697HF、W83877HF、W83977HF。

◎ ITE 公司的 IT8702F、IT8705F、IT8711F、IT8712F 等，如图 2-27 所示。

◎ SMSC 公司的 LPC47M172、LPC47B272 等。

2) 时钟芯片

如果把计算机系统比喻成人体，CPU 当之无愧就是人的大脑，而时钟芯片就是人的心脏。如果心脏停止跳动，人的生命也将终结。时钟芯片也一样，通过时钟芯片给主板上的芯片提供时钟信号，如图 2-28 所示，这些芯片才能够正常地工作，缺少时钟信号，计算机将陷入瘫痪之中。

图 2-27 IT8728F 芯片

图 2-28 时钟芯片

时钟芯片需要和 14.318MHz 的晶振连接在一起，为主板上的其他部件提供时钟信号。时钟芯片位于 AGP 槽的附近。

3) 电源管理芯片

电源管理芯片的功能是根据电路中反馈的信息在内部进行调整后，输出各路供电或控制电压，主要负责识别 CPU 供电幅值，为 CPU、内存、AGP、芯片组等供电。图 2-29 所示为电源管理芯片。

图 2-29　ISL6366 芯片

4) 声卡及网卡芯片

声卡芯片是主板集成声卡时的声音处理芯片，声卡芯片是一个方方正正的芯片，四周都有引脚，一般位于第一根 PCI 插槽附近，靠近主板边缘的位置，在它的周围整整齐齐地排列着电阻和电容，所以用户能够比较容易地辨别出来，如图 2-30 所示。

目前的声卡芯片公司主要有 Realtek、VIA 和 CMI 等，因为它们都支持 AC'97 规格，所以被统一称为 AC'97 声卡，但不同公司的声卡会有不同的驱动。集成声卡除了有两声道、四声道外，还有六声道和八声道，不过要在系统中设置一下才能够正常使用。

网卡芯片是主板集成网络功能，用来处理网络数据的芯片，一般位于音频接口或 USB 接口附近，如图 2-31 所示。常见网卡芯片的型号有 RTL8100、 RTL8101、 RTL8201、VT6103 以及 Intel 公司的 88E8503、82599、82563 等。

图 2-30　声卡芯片

图 2-31　网卡芯片

4. **主流芯片组**

1)Intel 公司的常见芯片组

(1)200 系列芯片组。

200 系列芯片组包括 Z270、B250、H270 等型号的芯片组。它是目前最新的芯片组产品，支持最新的 Intel 第七代 Kaby Lake 平台酷睿处理器，同时也支持第六代 Skylake 平台处理器。其中相对于 100 系列芯片组，200 系列芯片组有以下升级内容：

① PCI-E 通道数提升。200 系列主板最大的升级应该就是 PCI-E 通道总数的提升，这个提升在一定程度上是专门为存储设备准备的。

②内存频率提升。内存频率略有提升，基本上相当于当初 DDR3 从 1333 升级到 1600 的效果，技术成熟之后就可以提升至相对较高的频率来提供更好的性能。当然内存的超频能力不止于此。

③ Intel Optane(闪腾) 技术。这一代主板最精髓的升级不可不说是闪腾技术，利用 M.2 的高读写速度来提升硬盘工作效率。

(2)100 系列芯片组。

100 系列芯片组包括 Z170、H170、Q170、Q150、B150、H150、H110 等型号芯片组。支持第六代 Skylake 平台处理器。总线全面升级到 PCI-E 3.0，USB 3.0 接口数量大增，还支持 RST PCI-E 设备，与处理器的通道也首次升级为 PCI-E 3.0 通道的 DMI 3.0 总线。

作为旗舰级型号，Z170 和其他型号最大的区别就是完全支持超频，当然规格也是最齐整的，可提供 20 条 PCI-E 3.0 总线 (多了四条)、六个 SATA 6Gbps 接口 (没变)、三个 SATA Express 接口 (以前没有)、十个 USB 3.0 接口 (多了四个)、三个 RST PCI-E 接口 (以前没有)。

2)AMD 公司常见芯片组

(1)3 系列芯片组。

3 系列芯片组包括 AMD X370、B350、A320 等型号芯片组。AM4 芯片组将全面支持 DDR4 内存、PCI-E 3.0 和 USB 3.1 等新技术。集成了 8 个 PCI-E 3.0 通道、4 个 USB 3.0 接口、2 个 SATA 和 2 个 NVMe/PCIe 硬盘接口。针对小尺寸平台的是 X/B/A300 系列芯片组，AM4 插槽。针对入门级市场的是 A320 芯片组，不支持 OC 功能。针对主流市场的 B350 芯片组，AM4 插槽，支持 OC。针对发烧级市场的是 X370 芯片组，取代目前的 990FX 及 A88X，支持 OC，还支持 PCI-E x16 × 2 双路 SLI/CF。X370 支持 2 个 USB 3.1 Gen2、6 个 USB 3.1 Gen1、6 个 USB 2.0 接口，支持 4 个 SATA 6Gbps 接口，看起来有点少，不过它还有 2 个 SATA e 接口，后者实际上也是由 2 个 SATA 接口组成的。南桥 PCI-E 数量和规格就有点少了，只有 8 条 PCI-E 2.0，这用于日常的 SSD 什么的倒是够用了。AM4 插槽有 1331 个针脚，比目前 AM3/3+ 插槽约 940 个针脚提升了 40%，而且供电能力提升到 140W。

(2)9 系列芯片组。

9 系列芯片组包括 990FX、990X、970 三款北桥芯片和 SB950、SB920 两款南桥芯片，在本质上和上代的 800+SB800 系列并无区别，只是个别地方略有调整而已，比如 SB950 增加了两条 PCI-E 2.0 x1 输出通道。9 系列芯片组的主要使命自然是支持新的黑色 Socket AM3+ 插座和 FX 系列推土机处理器 (Buildozer)，不过得益于良好的向下兼容性，也可以继续搭配 Socket AM3 封装接口的 Phenom II/Athlon II/Sempron 系列处理器。反过来，目前的

8 系列主板除了极个别特例之外，都无法升级 AM3+ 推土机处理器。990FX、990X、970 三者的最大区别在于显卡插槽支持，分别可以驱动最多四条、两条和一条，也就是说 990FX 能够支持最高四路 CrossFireX/SLI，990X 可以支持双路，970X 则仅能搭配单卡。

5. 主流品牌主板

1) 主板厂商

主流品牌主板生产厂商有：技嘉、华硕、微星、精英、梅捷、映泰、Intel、磐英、华擎、丽台、捷波、七彩虹、昂达、翔升、双敏、富士康、映众等。

2) 支持 Intel 处理器的主板

(1) 支持 Intel 第七代处理器的主板。

Intel 公司第七代处理器命名为 7XXX，为 Kaby Lake 平台。主板采用 Intel 公司的 200 系列芯片组。包括 Z270、B250、H270 等型号的芯片组，同时该芯片组也支持第六代 Skylake 平台处理器。主要的品牌产品有：华硕 ROG MAXIMUS IX FORMULA、技嘉 B250-HD3、微星 H270 TOMAHAWK ARCTIC 等型号。其中华硕 ROG MAXIMUS IX FORMULA，如图 2-32 所示，支持 LGA1151 接口的 Core 七代 i7/i5/i3，Core 六代 i7/i5/i3，Celeron，Pentium 处理器。支持 DDR4 2400 内存，最大支持 64GB。板载 Intel I219-V 千兆网卡，2 × 2 MU-MIMO 802.11 AC Wi-Fi 无线，采用 ROG Supreme FX 8 声道，高清晰音频编码解码器 S1220。板上有 6 个 SATA3 接口，支持 RAID0、RAID1、RAID5、RAID10 磁盘阵列。有 3 × PCI-E X1，3 × PCI-E X16，2 × M.2 插槽。12 相电路，24PIN+8PIN 电源接口。特色功能有 SLI 技术、CrossFire 技术、RGB 背光、M.2 接口、Type-C 接口、Wi-Fi 无线网络、全固态电容。

(2) 支持 Intel 第六代处理器的主板。

Intel 公司第六代处理器命名为 6XXX 或奔腾 G4XX，为 Skylake 平台。主板主要采用 Intel 公司的 100 系列芯片组。包括 Z170、B150、H170、Q170、Q150、H110 等型号的芯片组。主流主板有技嘉 Z170X-Gaming 3、华擎 H170 Pro4/Hyper、华硕 H110M-A M.2 等主板。其中技嘉 Z170X-Gaming 3，如图 2-33 所示，采用 Intel Z170 芯片组，支持 LGA1151 接口 CPU，支持 Core 六代 i7/i5/i3 处理器，4 DDR4 DIMM 插槽，支持 DDR4 3200 双通道，64GB 内存。

图 2-32 华硕 ROG MAXIMUS IX FORMULA 主板

图 2-33 技嘉 Z170X-Gaming 3 主板

(3) 支持 Intel 第四代处理器的主板。

Intel 公司第四代处理器命名为 4XXX 或奔腾 G3XX。主板主要采用 Intel 公司的 9 系列及 8 系列芯片组。包括 Z97、H97、Z87、Q87、H87、B85、Q85 等型号的芯片组。主流主板有微星 Z97-G43 GAMING，技嘉 GA-H97-HD3，精英 Z87H3-A2X。其中微星 Z97-G43 GAMING，如图 2-34 所示，采用 Intel Z97 芯片组，支持 LGA1150 接口的 Core 四代 i7/i5/i3，Core 三代 i7/i5/i3 系列处理器。支持 DDR3 1066MHz/1333MHz/1600MHz/1866MHz/2000MHz/2400MHz 内存条，最大支持 32GB 内存。板载 Realtek ALC1150 Codec 7.1 声道声卡。Killer E2205 网卡。6 个 SATA3 接口，支持 RAID 0、RAID 1、RAID 5、RAID 10 磁盘阵列。

3) 支持 AMD 处理器的主板

(1) 支持 AMD 锐龙处理器的主板。

支持 AMD 公司最新处理器 Ryzen 的芯片组有 AMD X370、B350、A320 等型号芯片组。主板主要有华硕 CROSSHAIR VI HERO、技嘉 AB350M-Gaming 3、七彩虹战斧 C.AB350M-HD 魔音版 V14 等型号。其中华硕 CROSSHAIR VI HERO，如图 2-35 所示，采用 AMD X370 主板，使用 AM4 接口 CPU 插槽，支持 Ryzen 7 系列处理器。支持 DDR4 2400MHz/2133MHz，最大 64GB 的内存。提供 8 个 SATA3 接口，24PIN+8PIN 供电，扩展接口有 3 × PCI-E X1、3 × PCI-E X16、1 × M.2 插槽。USB 接口有 4 × USB2.0、8 × USB3.0、1 × USB3.1 Type-A、1 × USB3.1 Type-C。其他特色功能有 SLI 技术、CrossFire 技术、RGB 背光、M.2 接口。

图 2-34　微星 Z97-G43 GAMING 主板

图 2-35　华硕 CROSSHAIR VI HERO 主板

(2) 支持 AMD FM2/FM2+ 的主板。

支持 AMD 公司 FM2/FM2+ 接口的芯片组 (主要是支持 A10/A8/A6/A4/Athlon Ⅱ 处理器) 有 AMD A88X、A78、A68H、A58、A85X、A75、A68H、A55 等型号芯片组。主板主要有华硕 A88X-PLUS/USB 3.1、梅捷 SY-A86K 全固版 S2、华硕 F2A55-M LK PLUS 等型号。其中华硕 A88X-PLUS/USB 3.1，如图 2-36 所示，采用 AMD A88X 芯片组，支持 APU A10/A8/A6/A4(FM2 插槽)，Athlon II 系列 CPU。支持 DDR3 2133MHz/1866MHz/1600MHz/1333MHz，最大 64GB 内存。采用 24+4PIN 供电，8 个 SATA3 接口。板载 Realtek ALC887 声卡，板载

Realtek 8111H 网卡。

(3) 支持 AMD AM3/AM3+ 的主板。

支持 AMD 公司 FM3/FM3+ 接口的芯片组有 AMD990FX/760G/970/A68H/A55 等型号芯片组。主板主要有：技嘉 GA-970-Gaming、华硕 M5A97 PLUS、技嘉 GA-970A-D3P。其中技嘉 GA-970-Gaming，如图 2-37 所示，采用 AMD970 芯片组以及 SB950 南桥芯片，支持 AM3+ 处理器。支持 DDR3 2000MHz/1866MHz/1600MHz/1333MHz/1066MHz，最大 32GB 的 CPU。支持 2/4/5.1/7.1 声道，使用 Realtek ALC1150 芯片。内建 Rivet Networks Killer E2400/E2201 网络芯片 (10/100/1000 Mbps)。采用 24PIN+8PIN 供电，提供 6 个 SATA3 接口。

图 2-36　华硕 A88X-PLUS/USB 3.1 主板

图 2-37　技嘉 GA-970-Gaming 主板

2.2.3 主板插槽及接口

主板提供了大量的插槽及接口，以方便用户完成其他设备的连接和使用，以及后期功能的扩展。下面将介绍主板插槽及接口的功能。

1. CPU 插槽

CPU 插槽是 CPU 与主板连接的桥梁。在选择主板时，一定要根据 CPU 的型号，选择可以搭配的主板。目前主要的插槽种类包括 Intel 的 LGA1151、1150、1155、2011、2011-v3、775 等类型，如图 2-38、图 2-39 所示。以及 AMD 的 SocketAM4、AM3+、AM3、FM2+、FM2 等类型，如图 2-40 所示。如果主板选择错误，那么 CPU 也将无法安装到主板上。

2. 内存插槽

内存是计算机不可或缺的组件。内存插槽一般位于 CPU 旁，由 2 ～ 6 个槽位组成。每个槽都由防呆设计、隔断以及固定卡扣组成。一般通过不同的颜色来为双通道指明安装位置。现在市场主流的内存为 DDR3 及 DDR4，两者在主板插槽上均不通用。用户需要了解 CPU 及主板支持什么型号的内存条，再进行购买。在安装时，一定要注意方向。图 2-41 所示为 DDR4 内存插槽。

图 2-38　LGA1151 插槽

图 2-39　LGA1150 插槽

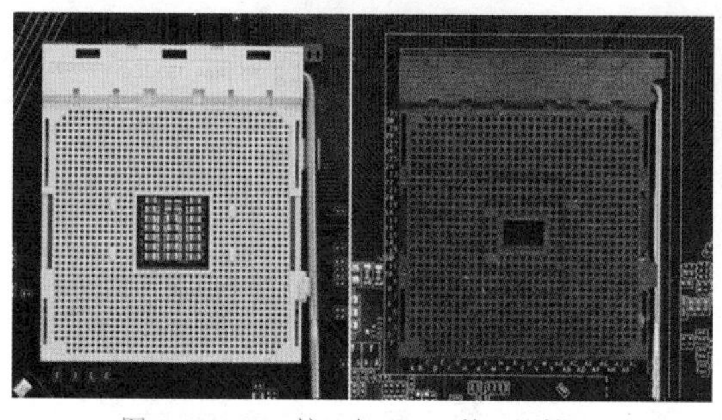

图 2-40　AM4 接口与 FM2+ 接口比较

图 2-41　DDR4　内存插槽

3. 独立显卡插槽

虽然现在的大部分 CPU 都包含了显示核心，可以使用主板自带的视频输出接口进行显示。但对于专业级玩家来说，核显水平仍然比较低，需要使用高规格的独立显卡。在老式主板上，一般使用 AGP 插槽进行对接。现在主流的显卡都是 PCI-E 接口的。

1)PCI-E x16 插槽

PCI-E 是 PCI-Express 的简称，现在已经发展到 3.0 的标准时代。

与 PCI-E 2.0 相比，PCI-E 3.0 的目标是带宽继续翻倍达到 10GB/s，要实现这个目标就要提高速度，PCI-E 3.0 的信号频率从 2.0 的 5GB/s 提高到 8GB/s，编码方案也从原来的 8b/10b 变为更高效的 128b/130b，其他规格基本不变，每周期依然传输两位数据，支持多通道并行传输。除了带宽翻倍带来的数据吞吐量大幅提高之外，PCI-E 3.0 的信号速度更快，相应地，数据传输的延迟也会更低。简而言之，PCI-E 3.0 就跟高速路一样，车辆跑得更快，发车间隔更低，座位更舒适。图 2-42 所示为 PCI-E 3.0 显卡插槽。

通常显卡的插槽也叫 PCI-E x16 插槽。如果主板上有多条 PCI-E x16，那么说明其很可能支持 AMD CrossFireX 以及 NVIDIA SLI 多显卡互联功能。

2)AGP 插槽

AGP(Accelerated Graphics Port，图形加速端口)，如图 2-43 所示，是在 PCI 总线基础上发展起来的，主要针对图形显示方面进行优化，专门用于图形显示卡。AGP 标准也经过了几年的发展，从最初的 AGP 1.0、AGP 2.0，发展到现在的 AGP 3.0 即 AGP 8X。AGP 8X

的传输速率可达到 2.1GB/s，是 AGP 4X 传输速度的两倍。随着显卡速度的提高，AGP 插槽已经不能满足显卡传输数据的速度，目前 AGP 显卡已经逐渐被淘汰，取代它的是 PCI Express 显卡。

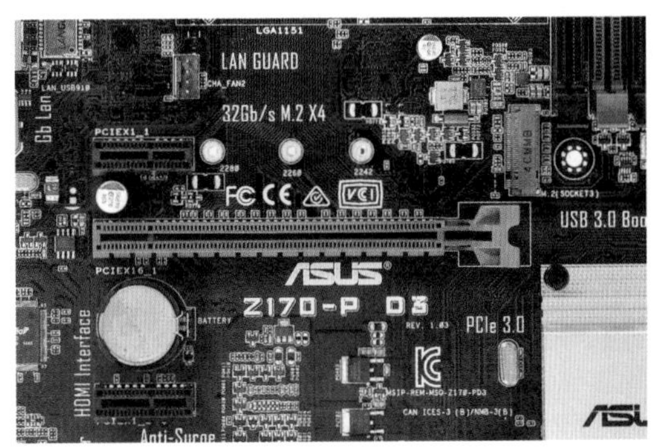

图 2-42 PCI-E 3.0 显卡插槽

图 2-43 深色的 AGP 显卡插槽

4. 其余常用插槽

1)PCI 插槽

PCI 插槽，是基于 PCI 局部总线 (Peripheral Component Interconnection，周边元件扩展接口) 的扩展插槽。其颜色一般为乳白色，位于主板上显卡插槽的下方，ISA 插槽的上方，如图 2-44 所示。其位宽为 32 位或 64 位，工作频率为 33MHz，最大数据传输率为 133MB/s(32 位) 和 266MB/s(64 位)。可插接显卡、声卡、网卡、内置 Modem、内置 ADSL Modem、USB 2.0 卡、IEEE 1394 卡、IDE 接口卡、RAID 卡、电视卡、视频采集卡以及其他种类繁多的扩展卡。虽然已经很少使用，但主流主板还是继续保留了 1 ～ 2 条 PCI 插槽。

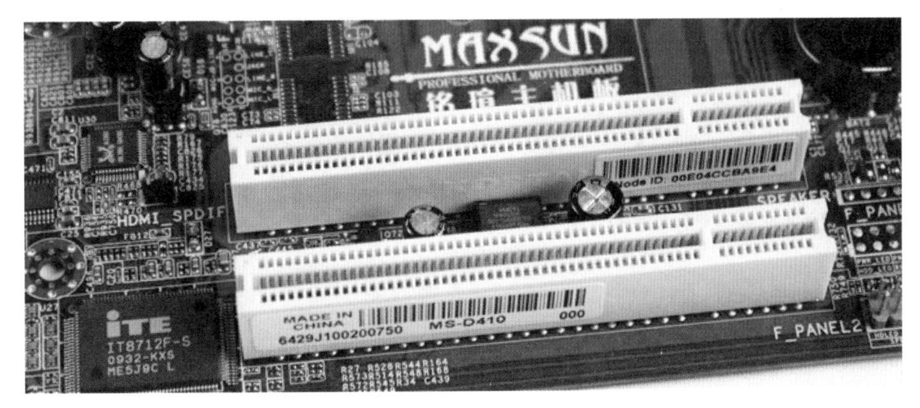

图 2-44 PCI 插槽

2)PCI-E x1 插槽

与 PCI-E x16 插槽相同，PCI-E x1 插槽与其同属 PCI Express 总线规范，PCI-E x1 插槽的运行速度理论上应为 PCI-E x16 的 1/16。在最新的 PCI-E 3.0 标准下，PCI-E x16(十六信道) 双向带宽的传输速度可达 32GB/s，而 PCI-E x1(单信道) 单向带宽的传输速度也可接近 1GB/s。

PCI-E x1 插槽也可接驳多种扩展设备，包括独立网卡、独立声卡等。而采用了 PCI-E x1 金手指长度的扩展设备，同样也可以安装在 PCI-E x16 插槽上。如图 2-45 所示为 PCI-E x1 插槽。

图 2-45　PCI-E x1 插槽

3)miniPCI-E 插槽

同样基于 PCI-E 规范，miniPCI-E 插槽在主板上也越来越多见，不过由于电气性能不同且接口完全不同，因此 miniPCI-E 与 PCI-E 设备不可混用。如图 2-46 所示，这就是 miniPCI-E 插槽。一般来讲，采用 miniPCI-E 最常用的设备就是无线模块。

另外，还有一种接口名叫 mSATA，其外观与 miniPCI-E 一模一样，但设备方面二者却并不通用。读者一定要仔细观察主板上面的标识或阅读主板说明书，以免插错用错。mSATA 插槽最常见的设备就是采用 mSATA 的 SSD，如图 2-47 所示。

图 2-46　插入了无线网卡的 miniPCI-E 插槽

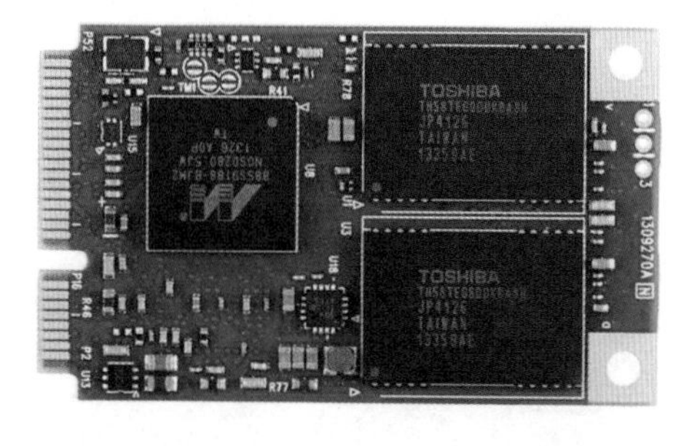

图 2-47　mSATA 固态硬盘

4)M.2 插槽

M.2 接口，是 Intel 推出的一种替代 mSATA 的新的接口规范，也就是以前经常提到的 NGFF，即 Next Generation Form Factor(下一代规格)。与 mSATA 相比，M.2 主要有两个方面的优势。第一是速度方面的优势。M.2 接口有两种类型：Socket 2 和 Socket 3，其中 Socket 2 支持 SATA、PCI-E x2 接口，而如果采用 PCI-E x2 接口标准，最大的读取速度可以达到 700MB/s，写入也能达到 550MB/s。其中的 Socket 3 可支持 PCI-E x4 接口，理论带宽可达 4GB/s。第二是体积方面的优势。虽然，mSATA 接口的固态硬盘体积已经足够小了，但相比 M.2 接口的固态硬盘，mSATA 仍然没有任何优势可言。M.2 标准的 SSD 同 mSATA 一样可以进行单面 NAND 闪存颗粒的布置，也可以进行双面布置，其中单面布置的总厚度仅有 2.75mm，而双面布置的厚度也仅为 3.85mm。而 mSATA 接口的固态硬盘在体积上的劣势就明显得多，51mm × 30mm 的尺寸让 mSATA 在面积上不占优势，而 4.85mm 的单面布置厚度跟 M.2 比起来也显得厚了太多。M.2 接口的固态硬盘也可以提供更高的存储容量。M.2 接口如图 2-48、图 2-49 所示。

图 2-48 M.2 接口

图 2-49 安装了固态硬盘的 M.2 接口

5)SATA 接口

SATA 是 Serial ATA 的缩写，即串行 ATA。它是一种计算机总线，主要功能是用作主板和大量存储设备 (如硬盘及光盘驱动器) 之间的数据传输之用。这是一种完全不同于并行 ATA(PATA) 的硬盘接口类型，由于采用串行方式传输数据而得名。SATA 总线使用嵌入式时钟信号，具备了更强的纠错能力，与以往相比其最大的区别在于能对传输指令 (不仅仅是数据) 进行检查，如果发现错误会自动矫正。串行接口还具有结构简单、支持热插拔的优点。图 2-50 所示为主板 SATA 接口。

6)USB 接口

通用串行总线 (Universal Serial Bus，USB) 是连接计算机系统与外部设备的一种串口总线标准，也是一种输入输出接口的技术规范，被广泛地应用于个人计算机和移动设备等通信产品，并扩展至摄影器材、数字电视 (机顶盒)、游戏机等其他相关领域。图 2-51 所示为主板上的 USB 接线柱。USB 3.1，传输速度为 10GB/s，三段式电压为 5V/12V/20V，最大供电功率为 100W，新型 Type C 插型不再分正反。

图 2-50 主板 SATA 接口

图 2-51 主板上的 USB 接线柱

7)IDE 接口

老式硬盘接口，在老式主板上还能见到，如图 2-52 所示。IDE 的英文全称为 Integrated Drive Electronics，即“电子集成驱动器”，它的本意是指把“硬盘控制器”与“盘体”集成在一起的硬盘驱动器。把盘体与控制器集成在一起的做法减少了硬盘接口的电缆数目与长度，数据传输的可靠性得到了增强。对用户而言，硬盘安装起来也更为方便。

图 2-52　主板上的 IDE 接口

8) 电源接口

每台计算机都需要电力支持，作为整台主机的神经系统，主板必然需要强有力的供电作支撑，如图 2-53、图 2-54 所示。目前来讲，绝大多数主板都采用了 24 针的供电 (少数采用 20 针)，而 CPU 供电方面，由于各个主板定位不同，因此 CPU 供电接口既有 4PIN，又有 8 针 (最常见)，还有一些超频主板使用双 8 针接口供电。

图 2-53　主板上的 8 针 CPU 供电接口

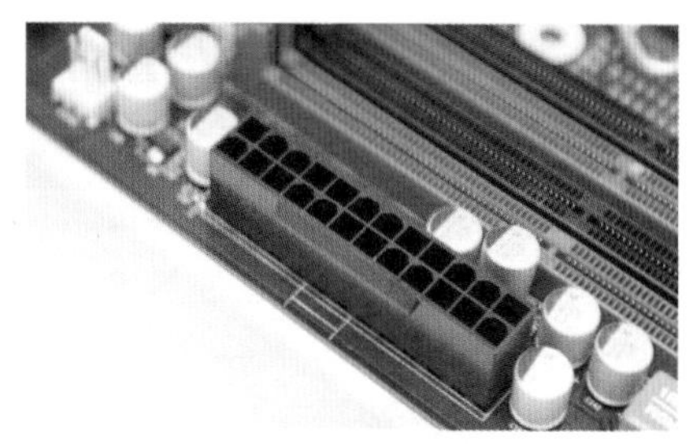

图 2-54　主板上的 24 针主板供电接口

9) 跳线接口

主板还提供各种跳线口，供用户连接机箱前面板指示灯和开关，或者其他延长设备，如 USB 跳线、机箱功能跳线、CPU 风扇接口等。

10) 外设接口

主板侧面都会提供外设的接口，包含 PS/2 接口、视频接口、USB 接口、网线接口、声音接口，有些老式主板还提供打印机接口、COM 接口等。有些高级的主板还有以下几种接口。

◎ DP 接口：DisplayPort 也是一种高清数字显示接口标准，可以连接计算机和显示器，也可以连接计算机和家庭影院。

◎ e-SATA 接口：e-SATA 并不是一种独立的外部接口技术标准。简单来说，e-SATA 就是 SATA 的外接式界面，拥有 e-SATA 接口的计算机，可以把 SATA 设备直接从外部连接到系统当中，而不用打开机箱。但由于 e-SATA 本身并不带供电，因此接入的 SATA 设备需要外接电源，这样的话还是要打开机箱，因此对普通用户也没多大用处。

◎ 1394 接口：IEEE 1394 接口最大的优势是接口带宽比较高，其在生活中应用最多的是高端摄影器材，这部分应用人群本来就少；加上更多用户采用 USB 接口来传输储存卡上的数据。因此，对于绝大部分用户来说，IEEE 1394 接口也很少用上。

◎ USB PLUS 接口：USB 与 e-SATA 综合接口。

2.2.4 主板的选购

主板是计算机的中枢核心，好的主板可以保证计算机长期运行在一个稳定的平台上。选购主机时，用户往往最在意 CPU 和显卡的好坏，而将主板作为一个可有可无的部件，从而使用了劣质主板。这样轻则造成计算机兼容性和稳定性极差；重则由于电容、电感等元器件的损坏，造成计算机其他部件的损坏。下面介绍主板选购的一些需要考虑的问题和技巧。

1. 选择合适的芯片组

在选择了 CPU 后，就需要根据 CPU 的接口，选择具有对应的芯片组的主板。该步骤一定要慎重斟酌，一方面需要考虑适合的主板，否则买回来的与 CPU 不相对应则无法使用；一方面要考虑主板的接口是否满足现在的使用以及日后的升级要求。

2. 选择合适的主板品牌

现在的主板厂家较多，各芯片组也由各厂家推出了各种对应的主板。在选择主板厂家时，一方面要考虑自己的预算，在合理范围内，尽量选择有实力的大厂。因为这些大厂在产品设计、材料选择、工艺控制、产品测试、运输、零售等方面大都会严格把关，产品的品质也有保障。

3. 选择型号

在确定了芯片组和厂家后，需要在该芯片组系列中，选择合适的型号。因为厂家在对某一芯片组进行生产时，往往会根据市场要求推出多个型号。型号之间因为在配置及用料上的差异，会有很多名称。用户在选购时，一定要根据自己的需要，选择合适的型号。切勿为了一些不切实际的功能而花冤枉钱。如主打超频的主板，用户往往在更换机器前根本不会进行超频等操作，倒不如选择主流主板，而把节省的资金用于主机其他方面。

另外，一些不良商家会拿其他型号的主板来冒充用户需要的主板，以此来赚取差价。用户在选购时，一定要按照完整的型号名称进行比较。

4. 比较用料

在比较主板时，主板做工是最主要的考察内容。用料的好坏直接关系到主板的稳定性以及平台的兼容性。

主板电容是重点比较对象。电容在主板中的作用是保证电压和电流的稳定性。高品质的电容有利于机器长期稳定工作。常见的电容有铝电容和固态电容。固态电容多为贴片式，大量集中在 CPU 附近。它比普通电解电容有着更好的电气性能和稳定性。

主板电阻是主板上分布最广的电子元器件，承担着限压限流及分压分流的作用，并与其他元器件进行抗阻匹配与转换。常见的形式有贴片电阻、热敏电阻和贴片电阻阵列等。

热敏电阻一般用来测量温度。在选购时注意观察一下电阻之间是否有直接用导线相连的痕迹，这样的主板有可能是工程样板，一般不建议用户进行选购。

5. 观察做工

好的主板在电路印刷上十分清晰、漂亮。主板越厚往往说明用料越足。好的主板，其PCB周围十分光滑。观察插槽、跳线部分是否坚固、稳定。购买后，可用专业软件进行主板的识别和测试，用以判断主板是否与当初的规划相符。

6. 售后服务

详细询问主板的售后策略及保修日期等，以判断是否适合。最后在购买时让商家开具正规发票以便在出现问题时合法维权。

2.3 内存

内存是计算机中重要的部件之一，它是CPU与存储的数据之间沟通的桥梁。内存也被称为内部存储器，其作用是暂时存放CPU中的运算数据，以及与硬盘等外部存储器交换数据，供CPU使用。内存是CPU能直接寻址的存储空间，由半导体器件制成，特点是存取速率快。平常使用的程序都是安装在硬盘等外部存储器上的，CPU是不能直接使用硬盘中的数据和程序的，必须先把它们调入内存中运行。内存的好坏会直接影响计算机的运行处理速度。

1. 内存工作原理

1) 内存寻址

内存从CPU获得查找某个数据的指令，然后再找出存取资料的位置时(这个动作称为“寻址”)，它先定出横坐标(也就是“列地址”)，再定出纵坐标(也就是“行地址”)，这就好像在地图上画个十字标记一样，非常准确地定出这个地方。对于计算机系统而言，找出这个地方时还必须确定是否位置正确，因此计算机还必须判读该地址的信号，横坐标有横坐标的信号(也就是RAS(Row Address Strobe)信号)，纵坐标有纵坐标的信号(也就是CAS(Column Address Strobe)信号)，最后再进行读或写的动作。

2) 内存传输

为了保存数据，或者是从内存内部读取数据，CPU都会为这些读取或写入的数据编上地址(也就是十字寻址方式)，这时CPU会通过地址总线(Address Bus)将地址送到内存，然后数据总线(Data Bus)就会把对应的正确数据送往微处理器，传回去给CPU使用。

3) 存取时间

所谓存取时间，指的是CPU读或写内存内数据的过程时间，也称为总线循环(bus cycle)。以读取为例，从CPU发出指令给内存时，便会要求内存取用特定地址的特定数据，内存响应CPU后便会将CPU所需要的数据送给CPU，一直到CPU收到数据为止，便成为一个读取的流程。因此，这整个过程简单地说便是CPU给出读取指令，内存回复指令，并将数据给CPU的过程。常说的6ns就是指上述的过程所花费的时间，而ns便是计算运算过程的时间单位。平时习惯用存取时间的倒数来表示速度，比如6ns的内存实际频率为

1 / 6ns = 166MHz(如果是 DDR 就标 DDR 333，DDR2 就标 DDR2 667)。

4) 内存延时

内存的延迟时间 (也就是所谓的潜伏期，从 FSB 到 DRAM) 等于下列时间的综合：FSB 同主板芯片组之间的延迟时间 (± 1 个时钟周期)；芯片组同 DRAM 之间的延迟时间 (± 1 个时钟周期)；RAS 到 CAS 的延迟时间，即 RAS(2 ～ 3 个时钟周期，用于决定正确的行地址)。CAS (2 ～ 3 个时钟周期，用于决定正确的列地址)；另外还需要 1 个时钟周期来传送数据，数据从 DRAM 输出缓存通过芯片组到 CPU 的延迟时间 (± 2 个时钟周期)。一般说明内存延迟涉及四个参数：CAS(Column Address Strobe，行地址控制器) 延迟、RAS(Row Address Strobe，列地址控制器) - to - CAS 延迟、RAS Precharge(RAS 预冲电压) 延迟、Act-to-Precharge(相对于时钟下沿的数据读取时间) 延迟。其中 CAS 延迟比较重要，它反映了内存从接受指令到完成传输结果的过程中的延迟。用户平时见到的数据 3—3—3—6 中，第一参数就是 CAS 延迟 (CL = 3)。当然，延迟越小，速度越快。

2. 内存的组成

内存经历了几代的变化，但主要结构还是保留了下来。下面介绍一下内存的物理组成和各组成部件的作用。如图 2-55 是内存的组成图。

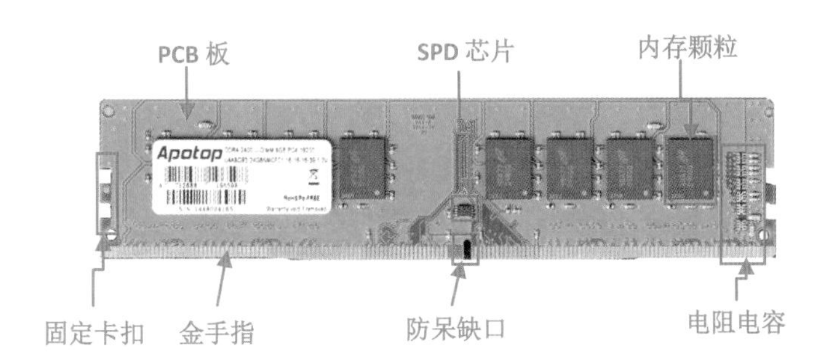

图 2-55 内存主要组成部件

1)PCB 板

内存的基板为多层 PCB 印刷电路板。

2) 固定卡扣

与主板上的内存插槽两侧的卡子相对应，当内存条压下后，卡子即扣紧该卡扣，用于固定内存条。

3) 电阻电容

为了提高内存条的电气稳定性，使用了大量贴片电阻与电容，在保证电流的稳定性方面起了很大作用。

4) 防呆缺口

与主板内存卡槽的防呆设计相对应，内存插反了插不进卡槽。但是用户在插入内存条前还是应该仔细观察防呆位置，以免用力过大折断内存条或者损坏接口。

5)SPD 芯片

SPD 芯片是可擦写存储器的小芯片，主要存储内存的标准工作状态、速度、响应时间等，用来协调好和计算机的同步工作。

6) 金手指

金手指 (connecting finger) 是内存条上与内存插槽之间的连接部件，所有的信号都是通过金手指进行传送的。金手指由众多金黄色的导电触片组成，因其表面镀金而且导电触片排列如手指状，所以称为“金手指”。金手指实际上是在覆铜板上通过特殊工艺再覆上一层金，因为金的抗氧化性极强，而且传导性也很强。不过因为金昂贵的价格，目前较多的内存都采用镀锡来代替，目前主板、内存和显卡等设备的“金手指”几乎都是采用的锡材料，只有部分高性能服务器 / 工作站的配件接触点会继续采用镀金的做法，价格自然不菲。

7) 内存颗粒

内存条上一块块的小型集成电路块就是内存颗粒。内存颗粒是内存条重要的组成部分，内存颗粒将直接关系到内存容量的大小和内存品质的好坏。因此，一个好的内存必须有良好的内存颗粒作保证。同时不同厂商生产的内存颗粒品质、性能都存在一定的差异，一般常见的内存颗粒厂商有镁光、海力士、三星等。内存颗粒生产厂商或自己制造内存条，或将内存颗粒供应给内存条组装厂商进行生产。

颗粒封装其实就是内存芯片所采用的封装技术类型，封装就是将内存芯片包裹起来，以避免芯片与外界接触，防止外界对芯片的损害。

(1)DIP 封装。

20 世纪 70 年代，芯片封装基本都采用 DIP(Dual In-line Package，双列直插式封装)，此封装形式在当时具有适合 PCB(印刷电路板) 穿孔安装，布线和操作较为方便等特点，如图 2-56 所示。

(2)TSOP 封装。

到了 20 世纪 80 年代，内存第二代的封装技术 TSOP 出现，得到了业界广泛的认可，时至今日仍旧是内存封装的主流技术。TSOP 是 Thin Small Outline Package 的缩写，意思是薄型小尺寸封装。TSOP 内存是在芯片的周围做出引脚，采用 SMT 技术 (表面安装技术) 直接附着在 PCB 板的表面。TSOP 封装方式中，内存芯片是通过芯片引脚焊接在 PCB 板上的，焊点和 PCB 板的接触面积较小，使得芯片向 PCB 板传热就相对困难。而且 TSOP 封装方式的内存在超过 150MHz 后，会产生较大的信号干扰和电磁干扰。图 2-57 所示为 TSOP 封装。

图 2-56　DIP 双列直插式封装

图 2-57　TSOP 封装

(3)BGA 封装。

20 世纪 90 年代，随着技术的进步，芯片集成度不断提高，I/O 引脚数急剧增加，功耗也随之增大，对集成电路封装的要求也更加严格。BGA 是英文 Ball Grid Array 的缩写，即球栅阵列 (封装)。采用 BGA 技术封装的内存，在体积不变的情况下内存容量提高两到三倍。BGA 与 TSOP 相比，具有更小的体积、更好的散热性能和电性能。图 2-58 所示为 BGA 封装。

(4)CSP 封装。

CSP(Chip Scale Package)，是芯片级封装的意思。CSP 封装是最新一代的内存芯片封装技术，其技术性能又有了新的提升。CSP 封装可以让芯片面积与封装面积之比超过 1∶1.14，已经相当接近 1∶1 的理想情况，绝对尺寸也仅有 32 平方毫米，约为普通的 BGA 的 1/3。与 BGA 封装相比，同等空间下 CSP 封装可以将存储容量提高三倍。如图 2-59 所示为 CSP 封装。CSP 封装内存体积小，也更薄，其金属基板到散热体的最有效散热路径仅有 0.2 毫米，大大提高了内存芯片在长时间运行的可靠性，芯片速度也随之得到大幅度提高。

图 2-58　BGA 封装

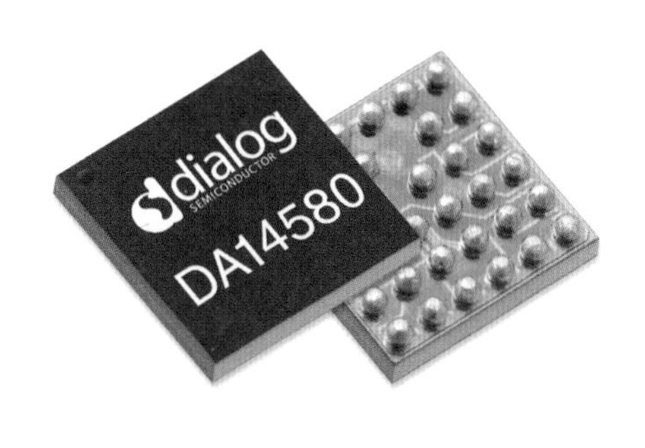

图 2-59　CSP 封装

3. 内存条主要生产厂商及主要产品

以上提到了内存颗粒的生产厂商，而内存生产厂商拿到这些颗粒后，按照预先精密设计的布局，将内存颗粒安装在 PCB 板上，加上内存控制芯片，经过反复测试后，投入市场。内存控制芯片的生产厂商主要有三星、现代、奇梦达、尔必达、美光等几家。

投入市场的产品，其生产厂家主要有以下几家。

1) 金士顿

金士顿 (Kingston) 作为世界第一大内存生产厂商，凭借优秀的产品质量和一流的售后服务，赢得了众多消费者的心。不过金士顿虽然作为内存生产厂商，其使用的内存颗粒却是五花八门，既有金士顿自己内存颗粒的产品，更多的则是现代 (Hynix)、三星 (Samsung)、英飞凌 (Infinoen)、美光 (Micron) 等众多厂商的内存颗粒。

金士顿 DDR4 2400 8G，如图 2-60 所示，高性价比 DDR4 内存，兼容 X99 系列芯片组，主频 2400MHz，精选高品质内存颗粒，全流程严苛检测，1.2V 低电压，低功耗，高效能，环保节能，运行稳定。金手指曲线设计，接触稳定，插拔方便，终身保固。CAS 延时 CL17。

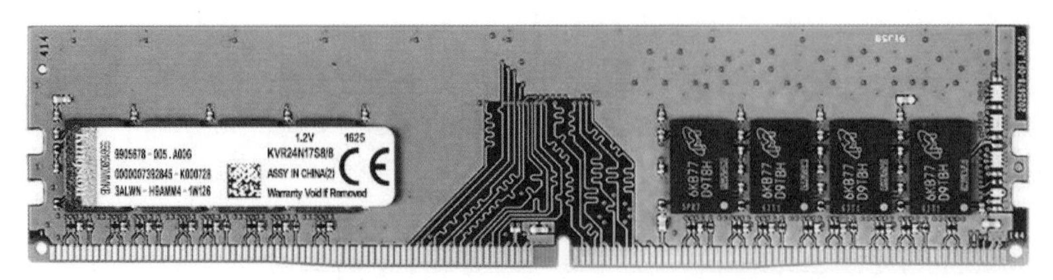

图 2-60　金士顿 DDR4　2400　8G 内存条

2) 创胜

胜创 (Kingmax) 成立于 1989 年，是一家名列中国台湾前 200 强的生产企业，同时也是内存模组的引领生产厂商。Kingmax DDR3 1600 8G，如图 2-61 所示，单条容量为 8GB，内存电压为 1.5V，延迟 CL=9，支持纳米散热技术。

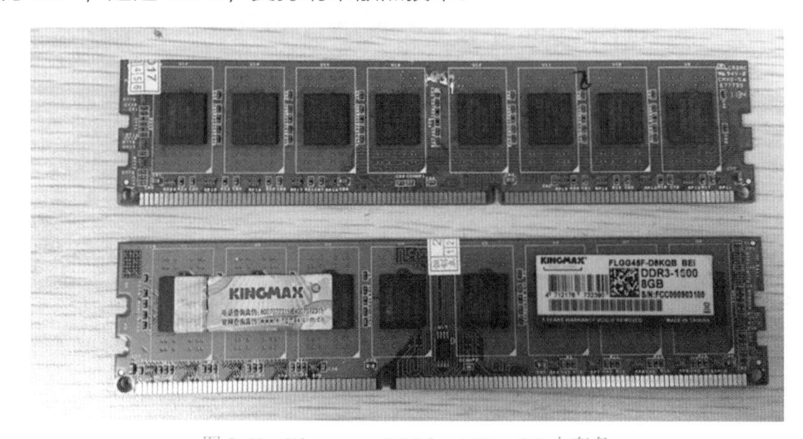

图 2-61　Kingmax　DDR3　1600　8G 内存条

3) 宇瞻

宇瞻 (Apacer) 在内存市场一直以来都有着较好的声誉，在 DDR 内存上也树立了良好形象，并成为全球前四大内存模组供应商之一。宇瞻为追求高稳定性、高兼容性的用户而设计，坚持使用 100%原厂测试颗粒，由经过 ISO 9002 认证的工厂完整流程生产制造。

宇瞻黑豹 DDR4 2400 8G，如图 2-62 所示，严选颗粒，八层 PCB 板。增加了散热片，高效散热，稳定可靠。CL 延时为 16-16-16-36，1.2V 工作电压。2400MHz 主频，终身固保。

图 2-62　宇瞻黑豹　DDR4　2400　8G 内存条

4) 金邦

金邦 (Geil) 是世界上专业的内存模块制造商之一。金邦内存产品具有高性能、高品质和高可靠性的特点。采用 TSOPII 封装，使用了纯铜内存散热片，可较妥善地解决内存的散热问题。

金邦千禧 4G DDR3-1333，如图 2-63 所示，延续了该系列传统的墨绿色 6 层低电磁通量干扰 PCB 电路板，板上布线清晰明了；原厂优质 DDR3-1333 内存颗粒四周则采用大面积金属铜层和短引线设计，有效避免了引线间的电子干扰，增强了信号传输的稳定性；同时 PCB 板上的电容电阻排装贴整齐，焊点均匀饱满，进一步提高了信号传输的稳定性。选材严谨，并经过严格封装及运行测试。

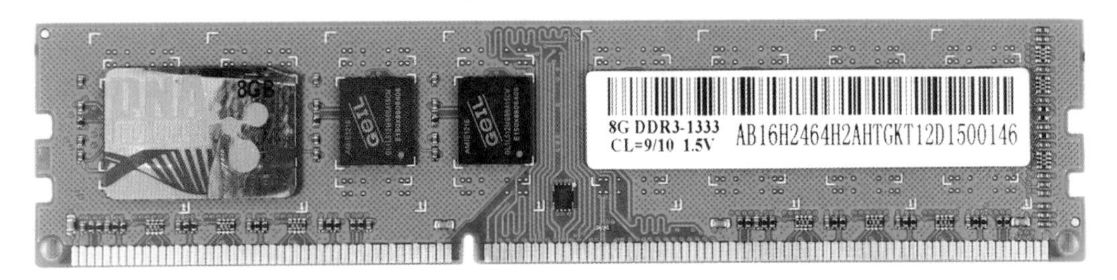

图 2-63 金邦千禧 4G DDR3-1333 内存条

2.3.1 内存的分类及区别

从内存采用 DDR 规范标准到现在，经历了 DDR SDRAM、DDR2、DDR3、DDR4。

1. DDR SDRAM

DDR 是现在的主流内存规范，各大芯片组厂商的主流产品全部是支持它的。DDR 全称是 DDR SDRAM(Double Data Rate SDRAM，双倍速率 SDRAM)，如图 2-64 所示。DDR 运行频率主要有 100MHz、133MHz、166MHz 三种。由于 DDR 内存具有双倍速率传输数据的特性，因此在 DDR 内存的标识上采用了工作频率 ×2 的方法，也就是 DDR200、DDR266、DDR333。其最重要的改变是在界面数据传输上，它在时钟信号的上升沿与下降沿均可进行数据处理，使数据传输率达到 SDR(Single Data Rate) SDRAM 的 2 倍。至于寻址与控制信号则与 SDRAM 相同，仅在时钟上升沿传送。

图 2-64 DDR 400 512M 内存

2. DDR2

DDR2/DDR II(Double Data Rate 2)SDRAM，如图 2-65 所示，它与上一代 DDR 内存技术标准最大的不同就是：虽然同是采用了在时钟的上升 / 下降沿同时进行数据传输的基本方式，但 DDR2 内存却拥有两倍于上一代 DDR 的内存预读取能力 (即 4b 数据读预取)。DDR2 内存每个时钟能够以 4 倍外部总线的速度读 / 写数据，能够以内部控制总线 4 倍的速度运行。

图 2-65 DDR2 800 4G 内存条

由于 DDR2 标准规定所有 DDR2 内存均采用 FBGA(细间距球栅阵列) 封装形式，FBGA 封装可以提供更为良好的电气性能与散热性，为 DDR2 内存的稳定工作与未来频率的发展提供了坚实的基础。DDR2 内存技术最大的突破点其实不在于用户们所认为的两倍于 DDR 的传输能力，而是在采用更低发热量、更低功耗的情况下，DDR2 可以获得更快的频率提升，突破标准 DDR 的 400MHz 限制。DDR2 内存采用 1.8V 电压，相对于 DDR 标准的 2.5V，降低了不少，从而提供了明显的更小的功耗与更小的发热量。

3. DDR3

如图 2-66 所示，DDR3 提供了相较于 DDR2 SDRAM 更高的运行效能与更低的电压，是 DDR2 SDRAM(同步动态随机存取内存) 的后继者 (增加至 8 倍)，也是现时流行的内存产品规格。

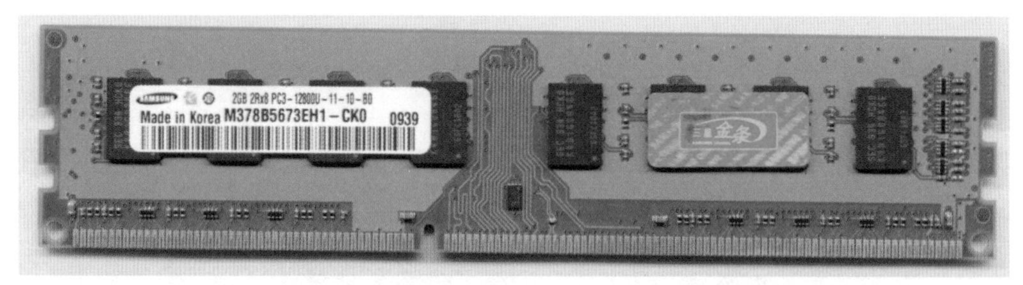

图 2-66 三星 DDR3 1600 2G 内存

与 DDR2 比较，有以下变动。

突发长度 (Burst Length，BL)：由于 DDR3 的预取为 8b，因此突发传输周期也固定为 8。

DDR3 新增的重置 (Reset) 功能：重置是 DDR3 新增的一项重要功能，并为此专门准备了一个引脚。这一引脚将使 DDR3 的初始化处理变得简单。在 Reset 期间，DDR3 内存将关闭内在的大部分功能，所有数据接收与发送器都将关闭，所有内部的程序装置将复位，DLL(延迟锁相环路) 与时钟电路将停止工作，而且不理睬数据总线上的任何动静。这样一来，将使 DDR3 达到最节省电力的目的。

DDR3 内存在达到高带宽的同时，其功耗反而可以降低，其核心工作电压从 DDR2 的 1.8V 降至 1.5V，相关资料预测 DDR3 比 DDR2 节省 30% 的功耗，当然发热量也不需要担心。就带宽和功耗之间作个平衡，不但内存带宽大幅提升，功耗表现也比上代更好。

4. DDR4

DDR4 是新一代的内存规格，如图 2-67 所示。DDR4 相比 DDR3 最大的区别有三点：16b 预取机制 (DDR3 为 8b)，同样内核频率下理论速度是 DDR3 的两倍；更可靠的传输规范，数据可靠性进一步提升；工作电压降为 1.2V，更节能。

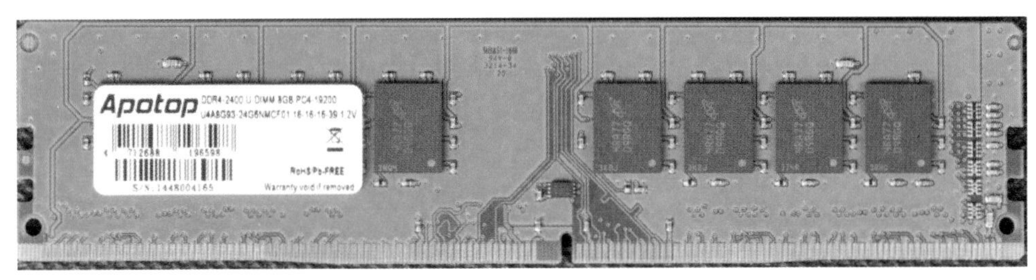

图 2-67 DDR4 2400 8G 内存

在处理器方面，DDR4 比 DDR3 内存速度更快：每次内存升级换代时，必须支持的就是处理器。DDR3 内存支持的频率范围为 1066 ～ 2133MHz，而 DDR4 内存支持的频率范围为 2133 ～ 4000MHz。因此在相同容量的情况下，DDR4 内存带宽更为出色。

容量和电压方面，DDR4 比 DDR3 功耗更低：DDR4 在使用了 3DS 堆叠封装技术后，单条内存的容量最大可以达到目前产品的 8 倍之多。DDR3 内存的标准工作电压为 1.5V，而 DDR4 降至 1.2V，移动设备设计的低功耗 DDR4 更降至 1.1V，工作电压更低，意味着功耗更低。

在外形方面，内存插槽不同：在外观上 DDR4 将内存下部设计为中间稍突出、边缘稍矮的形状。在中央的高点和两端的低点以平滑曲线过渡。而 DDR3 和 DDR4 两种内存插槽的不同，也就导致了并不是所有的主板都支持 DDR4 内存，尤其是 100 系列以下主板都是不支持 DDR4 内存的。

目前新的主流计算机几乎都选择了 DDR4 内存，毕竟 DDR4 才能发挥出新一代平台的性能优势。一些配置较低的计算机，选择 DDR3 内存也无可厚非，毕竟价格要便宜一些。

2.3.2 内存的主要参数

在查看内存时，常常会看到内存的各种参数，下面详细介绍这些参数代表什么意思。

1. **内存主频**

内存主频和 CPU 主频一样，习惯上被用来表示内存的速度，它代表着该内存所能达到的最高工作频率。内存主频是以 MHz(兆赫) 为单位来计量的。内存主频越高在一定程度上代表着内存所能达到的速度越快。内存主频决定着该内存最高能在什么样的频率正常工作。目前较为主流的内存频率是 2400MHz 的 DDR3 内存，以及一些频率更高的 DDR4 内存。

这里不得不提到内存的两种工作模式。

同步模式：内存的实际频率和 CPU 的外频是一致的，大部分主板采用了该模式。

异步模式：允许内存的工作频率与 CPU 的外频存在差异，让内存工作在高出或低于系统总线速度频率。或者按照某种比例进行工作。这种方法可以避免超频导致的内存瓶颈问题。

2. 内存带宽

从功能上理解，可以将内存看作是内存控制器与 CPU 之间的桥梁或者仓库。显然，内存的容量决定“仓库”的大小，而内存的带宽决定“桥梁”的宽窄，两者缺一不可，这就是“内存容量”与“内存速度”。

带宽 = 总线宽度 × 总线频率 × 一个时钟周期内交换的数据包个数。在这些乘数因子中，每个都会对最终的内存带宽产生极大的影响。然而，如今在频率上已经没有太大文章可做，而总线宽度和数据包个数就大不相同了，简单的改变会令内存带宽突飞猛进。当然，提高数据包个数的方法不仅局限于在内存上做文章，通过多个内存控制器并行工作同样可以起到效果，这也就是如今热门的双通道 DDR 芯片组。

3. 内存电压

内存正常工作，需要一定的电压值。不同类型的内存，电压也不同，但各自均有自己的规格，超出其规格，容易造成内存损坏。SDRAM 内存一般工作电压都在 3.3V 左右，上下浮动额度不超过 0.3V；DDR SDRAM 内存一般工作电压都在 2.5V 左右，上下浮动额度不超过 0.2V；而 DDR2 SDRAM 内存的工作电压一般在 1.8V 左右。DDR3 的工作电压为 1.5V，DDR4 内存的电压是 1.2V ～ 1.35V。

2.3.3 查看内存参数

在了解了内存的各种参数后，接下来讲解如何查看内存的参数信息，这对判断内存条是否需要的配置，以及内存条的真假都是必不可少的步骤。

1. 从内存标签上查看

基本上所有的内存条本身都会有生产厂商的标签，如图 2-68 所示，以便用户了解该内存的基本信息。下面详细介绍标签上的文字究竟代表什么含义。

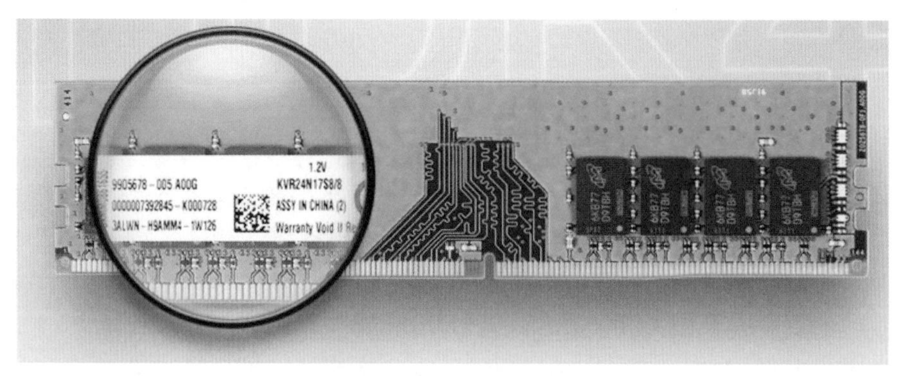

图 2-68　金士顿内存条

该标签左侧的三行英文为产品的安全识别码、产品的序列号和内存 ID 信息。用户可以忽略不看。右侧上方 1.2V 说明该内存的标准供电为 1.2V。名称下的 ASSY IN CHINA(2) 表示在中国组装制造。(2) 代表深圳，(1) 代表上海。最下面一行是撕毁无效的意思。

最重要的是产品型号编码这一行：KVR24N17S8/8。

◎ KVR：金士顿经济型产品，其他的还有 KHX 是骇客神条等。

◎ 24：代表内存频率是 2400MHz。其他数字含义还有 21 表示 2133、26 表示 2666、32 表示 3200、16 表示 1600、13 表示 1333、10 表示 1066 等，单位是 MHz。但一般还是从防呆设计及金手指的样子判断具体的代数。

◎ N：代表无缓冲 DIMM(非 ECC)，一般供台式机使用。其他的还有 S 代表 SO-DIMM，无缓冲 (非 ECC)，一般供笔记本电脑使用。

◎ 17：代表内存 CL 值为 17。

◎ S8：代表内存是单面、8 颗内存颗粒。

◎ 最后的 8：代表该内存容量是 8GB。有些结尾如 8GX 代表 2 条套装。

2. 从测试软件上查看

从操作系统中可以看到内存的相关信息，如果需要专业且详细的内容，可以通过相关软件进行查看。双击并打开 CPU-Z 后，切换到“内存”选项卡，如图 2-69 所示。

从数据中，可以看出内存的类型、大小、频率、异步比率、通道数、CL 值等信息。在 SPD 选项卡中，切换到对应的内存插槽后，可以查看更加详细的信息，如图 2-70 所示。

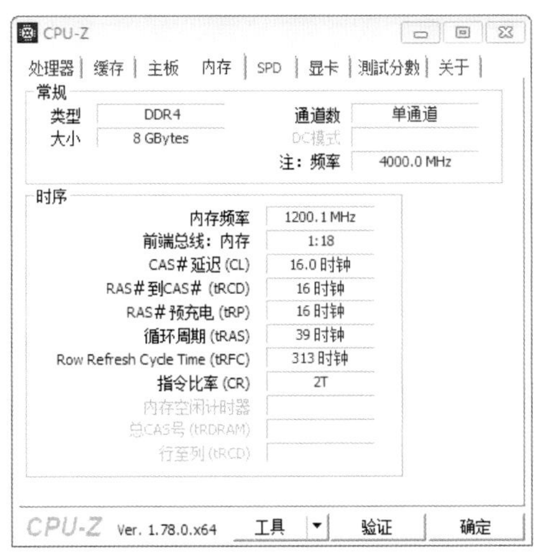

图 2-69 CPU-Z 内存信息查看

图 2-70 SPD 信息查看

3. 内存双通道

双通道，就是在芯片里设计两个内存控制器，这两个内存控制器可相互独立工作，每个控制器控制一个内存通道。在这两个内存通道，CPU 可分别寻址、读取数据，从而使内存的带宽增加一倍，数据存取速度也相应增加一倍。

其实双通道平台组建非常简单，只需保证两个通道的内存容量相等即可，这既是充分条件也是必要条件。内存双通道并不局限于主板厂商推荐的同颜色插槽，只要在两个通道中任意插槽中布置的内存总容量对等，双通道即开启成功。

2.3.4 内存的选购技巧

在选择内存时，需要根据 CPU 及主板的支持情况，选择可以支持的内存代数和频率。如果选择不慎，主板根本无法安装，或者只能工作在低频率上，造成了不必要的浪费。

1. 选择合适的内存大小

如果是 32 位系统的话，最高选择 4GB 的内存即可，因为系统无法识别 4GB 以上的内存。

如果是 64 位系统的话，现在主流的是 8GB 内存。当然日常应用和简单办公的情况下，选择 4GB 的内存也是可以的。如果用户是需要 3D 性能或者需要进行设计工作的话，可以选择 8GB 或者 16GB 单条或者双条内存，组建双通道。如果是发烧用户或者服务器使用的话，可以选择 32GB 或 64GB 的内存。现在主流的 Windows 7、Windows 8、Windows 10 等系统，建议选择 8GB 及以上的内存条。

2. 选择合适的品牌

尽量选择内存颗粒生产厂家或者知名组装厂商。他们的产品都会经过严格检测，质量可以得到保证。大部分知名内存厂家都可以做到终身固保。在选择时，可以考虑以下生产厂商：金士顿 (Kingston)、威刚 (ADATA)、海盗船 (Corsair)、三星 (SAMSUNG)、宇瞻 (Apacer)、芝奇 (G.SKILL)、海力士 (Hynix)、英瑞达 (Crucial)、金邦 (GEIL)、十铨 (TEAM) 等。

3. 观察电路板及内存颗粒

查看电路板的做工是否板面光洁、色泽均匀、元器件整齐划一、焊点均匀有光泽、金手指崭新光亮，不要有划痕和发黑现象。正常的颗粒一般很有质感，会有荧光或哑光的光泽。如果颗粒表面色泽不纯，甚至比较粗糙、发毛，那么极有可能买到了打磨内存。

2.4 硬盘

硬盘是计算机最主要的存储设备。硬盘 (Hard Disk Drive，HDD) 由一个或者多个铝制或者玻璃制的碟片组成。这些碟片外覆盖有铁磁性材料。绝大多数硬盘都是固态硬盘，被永久性地密封固定在硬盘驱动器中，并且配备有过滤孔，用来平衡空气压力。

硬盘有固态硬盘 (SSD，新式硬盘)、机械硬盘 (HDD，传统硬盘)、混合硬盘 (HHD，一块基于传统机械硬盘诞生出来的新硬盘)。SSD 采用闪存颗粒来存储，HDD 采用磁性碟片来存储，混合硬盘 (Hybrid Hard Disk，HHD) 是把磁性硬盘和闪存集成到一起。

2.4.1 硬盘的结构及工作原理

相比较来说，机械硬盘的结构比固态硬盘的结构更复杂。

1. 硬盘的结构

1) 机械硬盘

机械硬盘是集精密机械、微电子电路、电磁转换为一体的计算机存储设备，它存储着计算机系统资源和重要的信息及数据。下面介绍机械硬盘的组成。

(1) 机械硬盘外部。

机械硬盘即是传统普通硬盘，如图 2-71 所示。外壳采用不锈钢材质制作，用于保护内部元器件。通常在表面有信息标签，用于记录硬盘的基本信息。硬盘的背面安装有电路板，安装有贴片式元器件。一般包括主轴调速电路、磁头驱动与伺服定位电路、读写电路、高速缓存、控制与接口电路等。主要负责控制盘片转动、磁头读写、硬盘与 CPU 通信。其中，读写电路负责控制磁头进行读写，磁头驱动电路控制寻道电机，定位磁头；主轴调速电路是控制主轴电机带动盘体以恒定速率转动的电路。磁盘电路板主要有主控制芯片、电机驱动芯片、缓存芯片、硬盘 BIOS 芯片、晶振、电源控制芯片、贴片电阻电容、磁头芯片等。

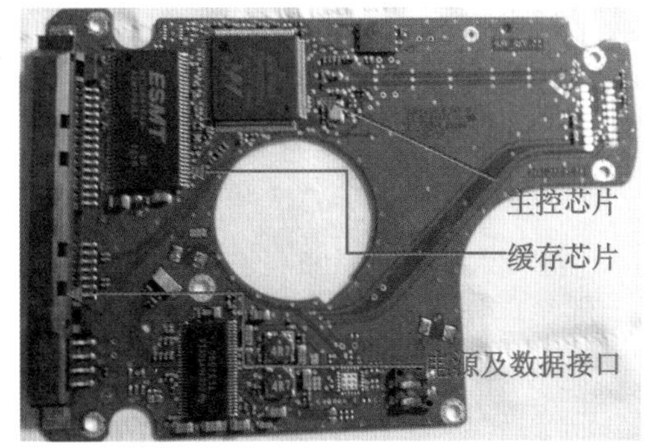

图 2-71 笔记本电脑硬盘外部及电路板

◎ 品牌：硬盘的生产厂家。

◎ 容量：1000GB，也就是 1TB。

◎ 主控芯片：主控芯片如图 2-72 所示。是整个硬盘电路板上面积最大的芯片，它控制着各芯片协调工作，负责数据交换和处理，可以说是硬盘的中央处理器。

◎ 缓存芯片：缓存芯片与内存条上使用的芯片是一样的，用来为数据提供暂存空间，提高硬盘的读写效率，如图 2-73 所示。目前常见的硬盘的缓存芯片容量有 2MB、8MB、16MB、32MB、64MB。一般情况下，缓存容量越大，硬盘性能越高。

图 2-72 硬盘主控芯片

图 2-73 硬盘缓存芯片

◎ 电机驱动芯片：如图 2-74 所示。驱动芯片主要负责主轴电机和音圈电机的驱动。早期的硬盘，主轴电机驱动和音圈电机驱动是由两个芯片完成的，现在都已集成到了一个芯片中。它是硬盘电路板上工作负荷最大、最容易烧毁的芯片。

◎ BIOS 芯片：有的在电路板中，如图 2-75 所示。有的集成在主控制芯片中，其中的程序可以执行硬盘的初始化，执行加电和启动主轴电机，加电初始寻道、定位以及故障检测等。硬盘的所有工作流程都与 BIOS 程序相关，BIOS 不正常会导致硬盘误认、不能识别等故障现象。一般硬盘 BIOS 芯片的容量为 1MB。

图 2-74　硬盘电机驱动芯片

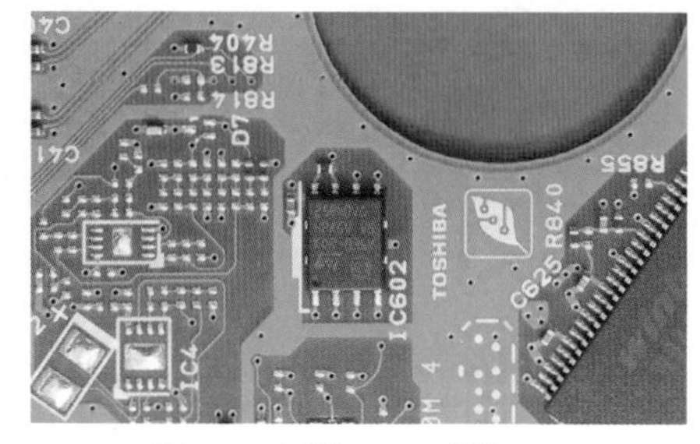

图 2-75　硬盘 BIOS 芯片

◎ 加速度感应器芯片：用来感应跌落过程中的加速度，使马达停止转动，磁头移动到盘片外侧，以免磁头与盘体相撞造成损坏。

(2) 机械硬盘内部。

机械硬盘内部如图 2-76 所示，主要由磁盘、磁头、盘片转轴及控制电机，磁头控制器，数据转换器、接口，缓存等几个部分组成。磁头可沿盘片的半径方向运动，加上盘片每分钟几千转的高速旋转，磁头就可以定位在盘片的指定位置上进行数据的读写操作。信息通过离磁性表面很近的磁头，由电磁流来改变极性方式被电磁流写到磁盘上，信息可以通过相反的方式读取。硬盘作为精密设备，尘埃是其大敌，所以进入硬盘的空气必须过滤。

图 2-76　机械硬盘内部

◎ 磁盘：也就是盘片，硬盘的存储介质，是以坚固耐用的材料为盘基，将磁粉附着在平滑的铝合金或玻璃圆盘基上。这些磁粉被划分成称为磁道的若干个同心圆，每个同心圆就好像有无数的小磁铁，它们分别代表着 0 和 1 状态。当小磁铁受到来自磁头的磁力影响时，其排列方向会随之改变。

◎ 磁头：磁头是在高速旋转的盘片上悬浮的，悬浮力来自盘片旋转带动的气流，磁头必须悬浮而不是接触盘面，避免盘面和磁头发生相互接触的磨损。

◎ 盘面：硬盘一般会有一个或多个盘片，每个盘片可以有两个面 (side)，即第 1 个盘片的正面称为 0 面，反面称为 1 面；第 2 个盘片的正面称为 2 面，反面称为 3 面；依次类推。每个盘面对应一个磁头 (head)，用于读写数据。

◎ 空气过滤片：在磁盘外壳上，有透气孔，透气孔的作用是在硬盘工作产生热量时平衡内外气压。进出的空气需要通过空气过滤片过滤掉灰尘等杂质。

◎ 主轴组件：由主轴电机驱动，带动盘片高速旋转，旋转速度越快，磁头在相同时间内对盘片移动的距离就越多，相应地也就能读取到更多的信息。

◎ 传动手臂：由传动手臂传动轴为圆心，带动前端的读写磁头在盘片旋转的垂直反向移动。

◎ 前置驱动控制电路：密封在屏蔽腔体内的放大电路，作用是控制磁头的感应信号、主轴电机调速、驱动磁头和伺服定位等。

2) 固态硬盘

除去保护外壳，可以看到一块集成电路板，这就是固态硬盘的全貌，如图 2-77 所示。

图 2-77　固态硬盘内部组成

◎ 主控芯片：正如同 CPU 之于计算机一样，主控芯片其实也和 CPU 一样，是整个固态硬盘的核心器件，其作用一是合理调配数据在各个闪存芯片上的负荷，二是承担了整个数据中转，连接闪存芯片和外部 SATA 接口。

◎ 内存颗粒：作为硬盘，存储单元绝对是核心器件。在固态硬盘里面，闪存颗粒则替代了机械磁盘成为存储单元。

闪存 (Flash Memory) 本质上是一种长寿命的非易失性 (在断电情况下仍能保持所存储的数据信息) 的存储器，数据删除不是以单个的字节为单位而是以固定的区块为单位。在固态硬盘中，NAND 闪存因其具有非易失性存储的特性，被大范围运用。

SLC(单层式存储)，单层电子结构，写入数据时电压变化区间小，寿命长，读写次数在 10 万次以上，造价高，多用于企业级高端产品。

MLC (多层式存储)，使用高低电压的不同构建的双层电子结构，寿命长，造价可接受，多用于民用高端产品，读写次数在 5000 次左右。

TLC(三层式存储)，是 MLC 闪存延伸，TLC 达到 3b/cell。存储密度最高，容量是 MLC 的 1.5 倍。造价成本最低，使命寿命短，读写次数在 1000~2000 次左右，是当下首选颗粒。

◎ 缓存芯片：缓存芯片，是固态硬盘三大件中，最容易被人忽视的一块。由于固态硬盘内部的磨损机制，就导致固态硬盘在读写小文件和常用文件时，会不断进行数据的整块的写入缓存，然后导出到闪存颗粒，这个过程需要大量缓存维系。特别是在进行大数量级的碎片文件的读写进程，高缓存的作用更是明显。也解释了为什么没有缓存芯片的固态硬盘在用了一段时间后，开始掉速。主流的厂商基本集中在南亚、三星、金士顿等。

◎ 接口：与主板连接的接口，一般固态硬盘使用的还是 SATA 接口。

此外，介绍主板也提到了，M.2 接口的固态硬盘也被广泛使用；以及不太常用的 mSATA 接口的固态硬盘，如图 2-78 所示。

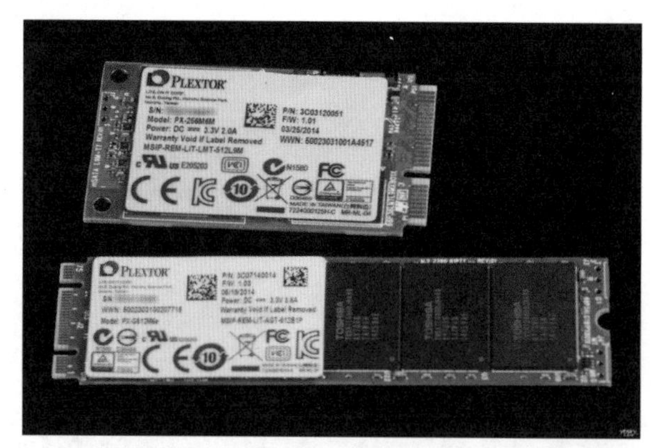

图 2-78　M.2 接口固态硬盘以及 mSATA 接口固态硬盘

M.2 接口固态硬盘的结构也十分简单，与 SATA 接口固态硬盘一样，在电路板上，包含了主控芯片、内存颗粒以及缓存，如图 2-79 所示。

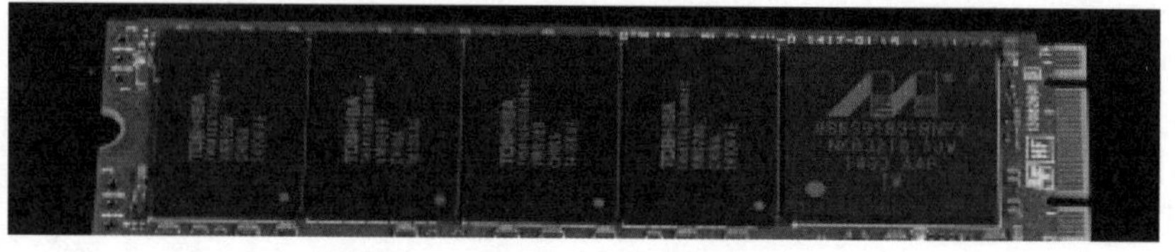

图 2-79　M.2 接口固态硬盘的组成

2. 固态硬盘与机械硬盘的区别

固态硬盘的接口规范和定义、功能及使用方法与普通硬盘几乎相同，外形和尺寸也基本与普通的 2.5 英寸硬盘一致。

1) 固态硬盘的优点

固态硬盘具有以下优点。

◎ 读写速度快：采用闪存作为存储介质，读取速度相对机械硬盘更快。与之相关的还有极低的存取时间，最常见的转速为 7200r/min，机械硬盘的寻道时间一般为 12 ~ 14ms，而固态硬盘可以轻易达到 0.1ms 甚至更低。

◎ 防震抗摔性：固态硬盘是使用闪存颗粒(即 MP3、U 盘等存储介质)制作而成，SSD 固态硬盘内部不存在任何机械部件，即使在高速移动甚至伴随翻转倾斜的情况下也不会影响到正常使用，而且在发生碰撞和震荡时能够将数据丢失的可能性降到最小。

◎ 低功耗：固态硬盘的功耗要低于传统硬盘。

◎ 无噪音：固态硬盘没有机械马达和风扇，工作时噪音值为 0dB。

◎ 工作温度范围大：典型的硬盘驱动器只能在 5℃ ~ 55℃范围内工作。而大多数固态硬盘可在 -10℃ ~ 70℃工作。

◎ 轻便：固态硬盘在重量方面更轻，与常规 1.8 英寸硬盘相比，重量轻 20 ~ 30 克。

2) 固态硬盘的缺点

固态硬盘具有以下缺点。

◎ 容量：固态硬盘的最大容量仅为 4TB。

◎ 寿命限制：固态硬盘闪存具有擦写次数限制的问题，这也是许多人诟病其寿命短的所在。闪存完全擦写一次叫做 1 次 P/E，因此闪存的寿命就以 P/E 作单位。34nm 的闪存芯片寿命约是 5000 次 P/E，而 25nm 的寿命约是 3000 次 P/E。一款 120GB 的固态硬盘，要写入 120GB 的文件才算做一次 P/E。普通用户正常使用，即使每天写入 50GB，平均 2 天完成一次 P/E，3000 次 P/E 能用 20 年。

◎ 售价高：相比较机械硬盘，固态硬盘在售价上不占优势，而且容量较低。

3. 硬盘的工作原理

1) 机械硬盘的工作原理

如软件或应用程序请求某一数据，解释该请求的磁盘高速缓冲查看数据是否在内存中，如果不在，将该请求发往磁盘控制器。磁盘控制器检查磁盘缓冲是否有该数据，如果有则取出并发往内存。如果没有，则触发硬盘的磁头转动装置。磁头转动装置在盘面上移动至目标磁道。磁盘马达的转轴旋转盘面，将请求数据所在区域移动到磁头下。磁头通过改变盘面磁颗粒极性来写入数据，或者探测磁极变化读取数据。硬盘将该数据返送给内存，并停止马达转动，将磁头放置到驻留区。

2) 固态硬盘的工作原理

固态硬盘中，在存储单元晶体管的栅 (gate) 中，注入不同数量的电子，通过改变栅的导电性能，改变晶体管的导通效果，实现对不同状态的记录和识别。有些晶体管，栅中的电子数目多与少，带来的只有两种导通状态，对应读出的数据就只有 0/1；有些晶体管，栅中电子数目不同时，可以读出多种状态，能够对应出 00/01/10/11 等不同数据。所以，Flash 的存储单元可分为 SLC(单层式存储，一个萝卜一个坑) 和 MLC(多层式存储，2 个 / 多个萝卜一个坑)。

2.4.2 硬盘的参数和指标

硬盘的参数及性能指标是购机时选择硬盘的主要参考标准。

1. 机械硬盘的相关参数和指标

1) 容量

作为计算机系统的数据存储器，容量是硬盘最主要的参数。硬盘的容量以兆字节 (MB) 或千兆字节 (GB) 为单位，1GB=1024MB，1TB=1024GB。但硬盘厂商在标称硬盘容量时通常取 1GB=1000MB，因此在 BIOS 中或在格式化硬盘时看到的容量会比厂家的标称值要小。

2) 转速

转速 (rotationl Speed 或 spindle speed)，是硬盘内电机主轴的旋转速度，也就是硬盘盘片在一分钟内所能完成的最大转数。转速的快慢是标示硬盘档次的重要参数之一，它是决定硬盘内部传输率的关键因素之一，在很大程度上直接影响到硬盘的速度。硬盘的转速越快，硬盘寻找文件的速度也就越快，相对的硬盘的传输速度也就得到了提高。硬盘转速以每分钟多少转来表示，单位表示为 rpm，rpm 是 revolutions per minute 的缩写，含义是转 / 分钟 (r/min)。家用的普通硬盘的转速一般有 5400rpm、7200rpm 几种，高转速硬盘是台式机用户的首选；而对于笔记本电脑则是 4200rpm、5400rpm 为主。

3) 传输速率

传输速率 (data transfer rate) 硬盘的数据传输率是指硬盘读写数据的速度，单位为兆字节每秒 (MB/s)。硬盘数据传输率又包括了内部数据传输率和外部数据传输率。

4) 缓存

缓存 (cache memory)，当硬盘存取零碎数据时需要不断地在硬盘与内存之间交换数据。缓存则可以将零碎数据暂存在缓存中，减小系统的负荷，也提高了数据的传输速度。

目前主流的硬盘缓存容量为 64MB，硬盘标签一般会标识缓存容量的大小，用户在选购时需要注意观察判断。

2. 固态硬盘的相关参数和指标

固态硬盘有着一些专业的参数及指标。

1) 主控

固态硬盘的主控制器基本是基于 ARM 架构的处理核心。固态硬盘的功能、规格、工作方式等都是由该芯片控制的。作用如同 CPU 一样，主要是面向调度、协调和控制整个 SSD 系统而设计的。主控芯片一方面负责合理调配数据在各个闪存芯片上的负荷，另一方面承担了整个数据中转，连接闪存芯片和外部 SATA 接口。除此之外，主控还负责 ECC 纠错、耗损平衡、坏块映射、读写缓存、垃圾回收以及加密等一系列的功能。

2) 闪存

准确来说是 NAND 闪存。闪存中存储的数据是以电荷的方式存储在每个存储单元内的，SLC、MLC 及 TLC 就是存储的位数不同。单层存储与多层存储的区别在于每个 NAND 存储单元一次所能存储的“位元数”。一个存储单元上，一次存储的位数越多，该单元拥有的容量就越大，这样能节约闪存的成本。但随之而来的是可靠性、耐用性和性能都会降低。

3) 固件算法

SSD 的固件是确保 SSD 性能的最重要组件，用于驱动控制器。主控将使用 SSD 中固件算法中的控制程序，去执行自动信号处理、耗损平衡、错误校正码 (ECC)、坏块管理、垃圾回收算法、与主机设备 (如计算机) 通信，以及执行数据加密等任务。

3. 查看硬盘的主要参数方法

1) 从机械硬盘编码看参数

如 WD20EARS，如图 2-80 所示。主板编号中，WD 是公司前缀，2 代表 2TB，0 为产品编码，E 代表 GB/3.5 英寸，A 代表桌面级 /WD Caviar，R 代表 5400 转 / 分、64MB 缓存，S 代表 SATA 3GB/s 22 针 SATA 接口。

主编号命名规则：公司前缀 (WD)+ 容量 (GB/TB)+ 容量等级 / 外形规格 + 市场等级 / 品牌 + 转速 / 缓存大小或属性 + 接口。

2) 从固态硬盘看参数

如图 2-81 所示，可以从标签中看到固态硬盘的容量是 32GB，其余的参数可通过官网或各主流 IT 网站，搜寻硬盘其他的信息。

图 2-80 机械硬盘标签

图 2-81 固态硬盘标签

3) 通过软件查看硬盘参数

常用的软件是 AIDA64，打开后可以在“存储设备”中，查看机械硬盘及固态硬盘数据，如图 2-82 所示。

4) 查看 4K 对齐

可以通过 AS SSD Benchmark 软件进行查看，如图 2-83 所示。在左上角出现“1024K-OK”字样，说明已经 4K 对齐。不同的硬盘可能出现不同的数值。但只要是绿色字体 OK 状态即可，否则是红色字体 BAD 状态。

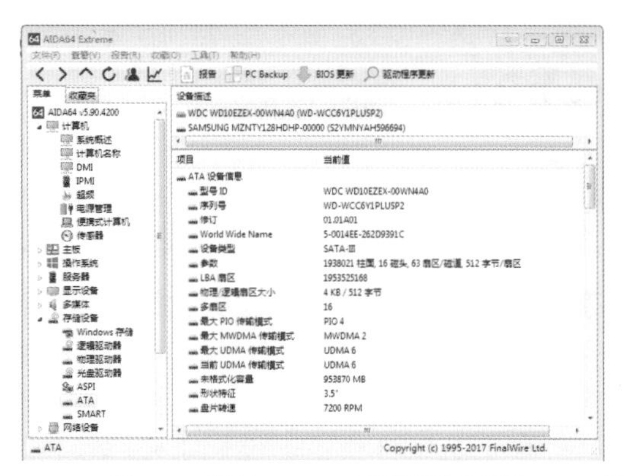

图 2-82　通过 AIDA64 查看硬盘各参数

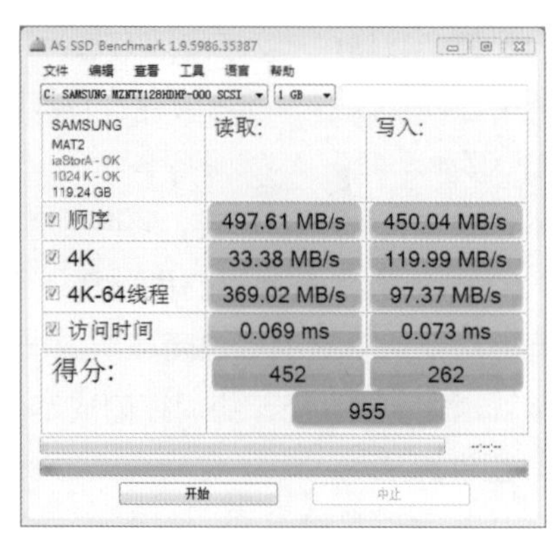

图 2-83　通过 AS SSD Benchmark 查看是否 4K 对齐

2.4.3 硬盘的主要生产厂商和主流的硬盘产品

现在机械硬盘的生产已经比较成熟，而固态硬盘的厂商及产品需要用户认真斟酌。

1. 机械硬盘的生产商及产品

1) 希捷 (Seagate)

希捷公司成立于 1980 年，是硬盘、磁盘和读写磁头制造商。希捷在设计、制造和硬盘销售领域居全球领先地位，提供用于企业、台式计算机、移动设备和消费电子的产品。

ST2000DM006，如图 2-84 所示。希捷 BarraCuda 系列硬盘，SATA 接口，2TB 容量，64MB 缓存，7200 转 / 分的转速，采用 Smart Align 技术；AcuTrac 伺服技术，可以准确将存储密度读取写入到只有 75nm 宽的磁道。OptiCache 技术，进一步利用缓存大小并改进微处理器的容量。

2) 西部数据 (Western Digital)

西部数据是全球知名的硬盘厂商，成立于 1979 年，总部位于美国加州，在世界各地设有分公司或办事处，为全球五大洲用户提供存储器产品。

WD20EZRZ：如图 2-85 所示。2TB 容量，SATA6G 接口，3.5 英寸，64MB 缓存，5400 转 / 分的转速。NoTouch 斜坡加载技术，将记录磁头置于磁盘表面的安全位置，从而保护数据；Intelliseek 技术，计算较佳寻道速度，降低能耗、噪声和震动；IData LifeGuard 技术，高级算法可持续监视硬盘，从而使其保持在良好的状态。

图 2-84　机械硬盘标签 (1)

图 2-85　机械硬盘标签 (2)

3) 日立 (HITACHI)

日立集团是全球最大的综合跨国集团之一，台式计算机硬盘、笔记本硬盘都有生产。HUA723020ALA641: 容量为 2TB，SATA 接口，6.0Gb/s 的速度，寻道时间为 8.9ms，3.5 英寸。

2. 固态硬盘的生产商及产品

1) 主控芯片

主控芯片的技术含量不低，能玩得转的没几家。目前主流的控制器有 Marvell、SandForce、三星 (自用)、Intel(自用)、JMicron、Indilinx(已被 OCZ 收购专用)、东芝等主控芯片。

Marvell(迈威) 各方面都很强劲，早期运用企业级产品，现也用在浦科特、闪迪、英睿达等品牌 SSD 上。技术进步平稳，没出过什么主控质量问题，前景值得看好。

Samsung 主控一般只在三星自己的 SSD 上使用，性能上也是很强悍的，不会比 Marvell 差多少。目前三星主控已经发展到第五代 MEX，主要运用在三星 850EVO、850PRO 上。

在外包主控的市场中，Marvell 与 SF 占据了 90% 的份额。智微 (Jmicron)、慧荣 (Silicon Motion)、群联 (Phison) 三家公司的主控，它们的成本低廉，相当受 SSD 厂家欢迎。

2) 闪存芯片

目前全球生产 NAND 闪存芯片的厂商屈指可数：①三星，②东芝，③闪迪，④镁光 (英睿达)，⑤海力士，⑥英特尔。其中三星市场占有率第一，东芝颗粒应用最广泛。另外还有英特尔、美光、三星、闪迪多用于自家产品。海力士的产品则主要是供给移动市场。

3)Intel 535 120G SATA3

如图 2-86 所示，采用 16nm NAND 闪存多层单元 (MLC)，STAT6GB/s，120 万小时的平均故障间隔时间。

4)Crucial 英睿达 MX200 250G

如图 2-87 所示，250GB 的容量，顺序读取速度为 555MB/s，顺序写入速度为 500MB/s，采用 Micron 16nm MLC NAND 闪存颗粒。SATA 6G 接口。控制器是带有 Micron 定制固件的 Marvell 88SS9183。

图 2-86 Intel 535 120G SATA3

图 2-87 Crucial 英睿达 MX200 250G

2.4.4 硬盘的选购技巧

下面将分别对机械硬盘以及固态硬盘的选购技巧进行介绍。

1. 机械硬盘的选购技巧

通常在选购硬盘的时候，需要考虑的基本因素主要是以下几点：接口、容量、速度、稳定性、缓存、售后服务，下面将对这几方面进行分析。

◎ 接口：目前最普遍使用的就是 SATA 接口的硬盘，IDE 接口硬盘已经基本淘汰。另一种规格就是 SCSI 硬盘，但是它的生产成本导致 SCSI 硬盘的价格一直很昂贵。

◎ 容量：现在市场中硬盘的最大容量已经达到了 10TB，主流的容量一般在 1TB、2TB 等。尽管容量提升了很多，但是价格却还是能让人接受的。

◎ 速度：即使是容量相同的硬盘，7200 转 / 分和 5400 转 / 分也会相差 100 多元不等。从性能上看，7200 转 / 分比 5400 转 / 分有了不小的提升，所以 7200 转 / 分的硬盘更适合计算机发烧友、3D 游戏爱好者、专业作图和进行音频视频处理工作的人使用。

◎ 缓存：大部分 SATA 硬盘采用了 64MB 的缓存。

◎ 质保：在国内，对于硬盘的售后服务和质量保障这方面各个厂商做得还都不错，尤其是各品牌的盒装为消费者提供三年或五年的质保。

2. 固态硬盘的选购技巧

先确定自己计算机需要的 SSD 容量、接口类型。容量根据自身需求、预算购买，首推 256GB。如果确实因为资金问题，可以选择固态硬盘 + 机械硬盘的解决方案，即固态硬盘安装系统、软件及一些需要快速启动的程序，机械硬盘存储大容量数据及一些不需要快速启动的程序等。固态硬盘常见的接口有：SATA 6Gbps 接口，M.2/NGFF 接口，PCI-E 接口。

1) 看主控芯片

Marvell 的性价比较高，资金充足的话可选浦科特、闪迪等。

2) 看闪存

MLC 是中高端产品的主流选择。TLC 和 MLC 的区别，除了低成本、低寿命外，就是低写入速度。要快和稳定，首选 MLC。对于 TLC 闪存，除非囊中羞涩或者升级临时用，否则根本没有选择 TLC 的必要。首选颗粒生产商：Intel、美光、三星、海力士、东芝、闪迪等。其次是没有生产闪存能力但是一直坚持使用原厂闪存的厂家：浦科特、建兴、海盗船等。

3) 看固件

有自主研发实力的厂商会自行优化设计，因此，挑选固态硬盘时，选择知名品牌是很有道理的。固件的品质越好，整个 SSD 就越精确，越高效。目前具备独立固件研发能力的 SSD 厂商并不多，仅有 Intel、英睿达、浦科特、OCZ、三星等厂商。

4) 看“缓存”

缓存对固态硬盘的影响没有前三者大，缓存和内存一样，也分 DDR2、DDR3。

5) 看性能

IOPS 是指存储每秒可接受多少次主机发出的访问。IOPS 越高表示硬盘读 (写) 数据越快。在日常应用中网页缓存的写入、系统文件更新，包括程序、游戏的加载、响应等都与随机 4K 读写性能息息相关。可以说，4K 读写的快慢决定了系统的操作体验。购买 SSD 时应参考其 4K 随机读写成绩。

6) 有无断电保护

SSD 有意外断电导致不认盘的可能性，可能导致数据无法找回。

7) 考虑售后

如三星、闪迪的支持十年质保，闪迪支持全球联保，可以大胆海淘。

2.5 显卡

显卡 (video card，graphics card)，全称显示接口卡，又称显示适配器，是计算机最基本、最重要的配件之一，是负责输出显示任务的组件。

2.5.1 显卡的结构及工作原理

首先介绍显卡的内部组成及其工作原理。

1. 显卡的结构

独立显卡的基本组成包括显示芯片、显存、输出接口、供电模块、散热器、金手指等，如图 2-88 所示。

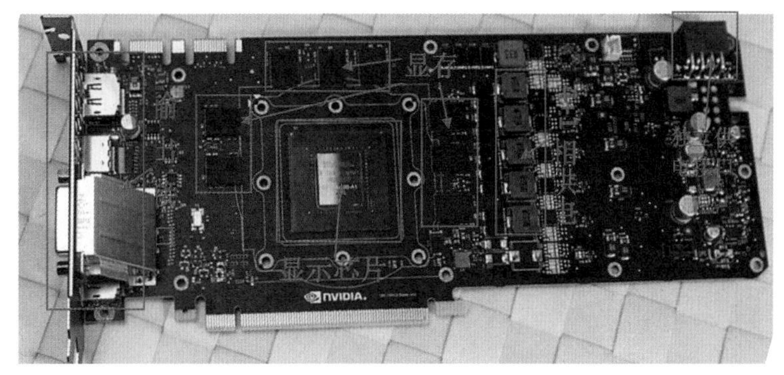

图 2-88　NVIDIA　GeForce　GTX　1080 显卡

1) 显示芯片

显示芯片是显卡的核心芯片，就是通常所说的 GPU(graphic processing unit)，如图 2-89 所示。它的性能好坏直接决定了显卡性能的好坏，它的主要任务就是处理系统输入的视频信息并将其进行构建、渲染等工作。显示芯片的性能直接决定了显示卡性能的高低。不同的显示芯片，不论从内部结构还是其性能，都存在着差异，而其价格差别也很大。

2) 显存

显存是显卡不可或缺的组成部分，它的作用在于缓冲和存储图形处理过程中必需的纹理材质以及相当一部分图形操作指令。在整个显卡的缓冲体系中，显存的体积是最大的，大到只能将其独立到 GPU 芯片之外。作为缓冲体系中最重要的组成部分，显存就像是一个巨大的仓库，材质也好，指令也罢，几乎所有涉及显示的东西都能装进去。图 2-90 所示为板卡上的显存颗粒。

图 2-89　显示芯片

图 2-90　板载显存颗粒

3) 供电接口及供电模块

显卡的稳定运行，很大程度上保证了整机的稳定工作，而稳定的供电，又是显卡稳定运行的前提。所谓稳定，就是显卡在满负荷运行时，电源可以提供相对稳定的电压，保证电流供应，不会因为显卡负荷大导致电压变化，进而影响供电稳定、影响显卡性能。显卡规格不断发展，频率不断提高，性能越来越强，单靠一相供电已经不能满足显卡的供电需求，采用多相供电是降低显卡内阻及发热量的有效途径，同时还提高了电流输入和转换效率，在很大程度上保证了显卡的稳定运行。现在主流的显卡已经采用额外的供电，并且为了保证电流的稳定，采用了大量固态电容，如图 2-91、图 2-92 所示。

图 2-91　显卡固态电容并采用 4+1 相供电设计

图 2-92　显卡单 8 针外接供电接口

4) 显示接口

每块显卡都提供了对外显示的接口，可以看到该显卡提供了 DVI、HDMI 以及 DP 接口，如图 2-93 所示，这是显卡对外进行显示信号传输的接驳口。老式的 VGA 接口已经逐渐被淘汰，用户在选购显示器时，应该以高清数字接口作为主要选择对象。

5)SLI 接口

SLI 接口也就是双显卡接口，如图 2-94 所示。它是通过一种特殊的接口连接方式，在一块支持双 PCI Express x16 的主板上，同时使用两块同型号的 PCI-E 显卡，以增强 nVIDIA 在工作站产品中的竞争力，毕竟 ATI 凭借 FireGL 系列在该领域不断蚕食 nVIDIA 的市场。

图 2-93　显卡显示接口

图 2-94　显卡 SLI 接口

6)PCI-E 总线接口

PCI-E 总线接口是用于连接主板 PCI-E 插槽的接口，接入主板的 PCI-E x16 3.0 接口，数据带宽为 32GB/s。还可为显卡提供 75W 的电源。该接口主要用于显卡连接计算机主板、CPU、内存、硬盘等，是显卡数据的主要传输通道。

7) 显卡 BIOS 芯片

显卡 BIOS 芯片，如图 2-95 所示，包含了显示芯片和驱动程序的控制程序、产品标识信息。一般由显卡厂家固化在 BIOS 芯片中。在开机时，屏幕上会显示显卡的基本信息。

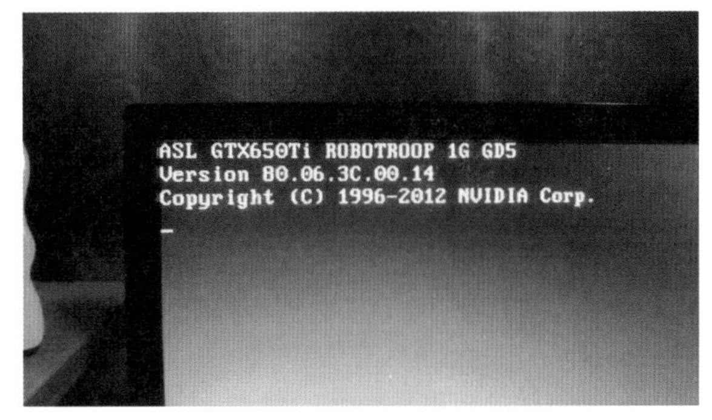

图 2-95　显卡 BIOS 芯片及显卡 BIOS 信息

8) 散热系统

如图 2-96 所示，这是 GTX1080 公版采用的全压铸设计、涡轮散热系统。有些散热系统的夸张设计，是吸引用户的一种手段。一般显卡散热系统包括热管、风扇、外壳等，主要为显卡 GPU 、供电、显存颗粒进行有效散热。一般有底座 + 鳍片；热管 + 鳍片 + 风扇；以及水冷、液氮等最新散热系统。散热系统的好坏直接影响到显卡的稳定性。

图 2-96　GTX1080 散热系统

2. 显卡的工作原理

显卡的工作原理分为四个步骤。

(1) 从总线进入 GPU：CPU 通过 PCI-E 总线将数据送到 GPU 中进行处理。

(2) 从显卡芯片组进入显存：将芯片处理完的数据送到显存。

(3) 从显存进入随机读写存储数模转换器：从显存读取出数据再送到 RAM DAC 进行数据转换的工作。但是如果是数字接口，则不需要经过数模转换，而直接输出数字信号。

(4) 从 DAC 进入显示器：将转换完的模拟信号送到显示屏。

2.5.2 显卡的主要生产厂商及产品

下面详细介绍显卡主要生产厂商及其主要的产品。

1. 显示芯片

GPU 是显卡的核心部件，它负责大量的图像数据运算和内部的控制工作。

GPU 直接影响到显卡图像加速的性能。它所负责的图像运算有：2D 图像加速，3D 图像加速。GPU 根据 3D 数据生成多边形，并进行贴图、渲染、光照、雾化等计算。在先进的 GPU 中，有多条流水线进行 3D 处理。GPU 的加速功能可以通过支持程序打开 (例如 Windows 的 DirectX)，从而分担 CPU 的计算工作，提高整台计算机的性能。若未打开，则计算机 CPU 承担所有图像生成所需的计算。目前主流的生产显示芯片的公司包括 nVIDIA 公司和 AMD 公司。

1)nVIDIA 公司显示芯片

nVIDIA(英伟达)，是一家以设计智核芯片组为主的无晶圆 (Fabless)IC 半导体公司。

nVIDIA 是全球图形技术和数字媒体处理器行业领导厂商，nVIDIA 的总部设在美国加利福尼亚州的圣克拉拉市。公司在可编程图形处理器方面拥有先进的专业技术。

nVIDIA 亦会设计游戏机芯片，例如 Xbox 和 PlayStation 3。近几年还参与了手机 CPU 的开发和制作，如 Nvidia Tegra 4。nVIDIA 最出名的产品线是为游戏而设的 GeForce 显示卡系列，为专业工作站而设的 Quadro 显卡系列，和用于计算机主板的 nForce 芯片组系列。

目前，主流的显示芯片包括 GeForce GTX TITAN 系列：GTX TITAN、GTX TITAN Z、TX TITAN Black、GTX TITAN X 等型号。GeForce GTX1000 系列：GTX 1080 Ti、GTX 1080、GTX 1070、GTX 1060、GTX 1050 等型号。GeForce GTX900 系列：GTX 980Ti、GTX 970、GTX 960、GTX 950。GeForce GTX700 系 列：GTX780 Ti、GTX780、GTX 770、GTX 760、GTX 750 Ti、GTX 750、GTX 745、GTX 740、GTX 730、GTX 720、GTX 710、GTX 705 等型号。

2)AMD 公司显示芯片

美国 AMD 半导体公司专门为计算机、通信和消费电子行业设计和制造各种创新的微处理器 (CPU、GPU、APU、主板芯片组、电视卡芯片等)，以及提供闪存和低功率处理器解决方案。公司成立于 1969 年。AMD 提出 3A 平台的新标志，在笔记本领域有“AMD VISION”标志的就表示该计算机采用 3A 构建方案 (CPU、GPU、主板芯片组均由 AMD 制造提供)。

目前，AMD 主流的显示芯片包括 Radeon RX 系列的 RX 480/RX 470/RX 470D/RX 460

等型号。R9 系列的 Fury X/Nano/390X/390/380X/380/370X/370/Fury/360/295X2/290X/290/280X/280/285/270X/260 等型号。R7 系列的 260X/250X/250/240 等型号。

2. 主流显卡厂商

要选到高品质的显卡，就需要了解主流的显卡生产厂商。目前，国内显卡品牌主要有：七彩虹、影驰、索泰、盈通、翔升、铭瑄、蓝宝石、映众、技嘉、华硕、微星、昂达、讯景、丽台、捷波、nVIDIA、AMD 等厂家。

1)nVIDIA 芯片主流产品

华硕 ROG STRIX-GTX1060-O6G-GAMING：如图 2-97 所示，该产品采用 8Pin(引脚或针) 外部供电，两个 DP 口，一个 DVI 口，两个 HDMI 口。10 系列 ROG STRIX 必备的 1680 万色炫酷 RGB 灯效。拥有市售非公 GTX1060 之中最高的上机频率，1646 ～ 1873MHz。8Pin 外部供电助力超频。散热器采用 11 片翼形扇叶三风扇静音设计，DirectCU III 五热管直触散热底座设计，能有效地将 GPU 的热量传导到热管上。6+1 相 SAP II 超合金供电设计，大幅增强性能，降低功率损耗。GP106 核心，6 颗三星的显存颗粒，1GB 一片，共 6GB 显存，显存频率较之其他非公 GTX1060 也要高一些，上机 8208MHz。

七彩虹 iGame750Ti 烈焰战神 U-Twin-2GD5：如图 2-98 所示，采用基于 28nm 制程工艺，全新 Maxwell 架构设计的 GM107 图形核心。该显卡拥有 640 个流处理器、16 个 ROPs 单元和 40 个 TMUs 单元，完美支持 DirectX 11、CUDA、PhysX 物理加速等技术。采用非公版 PCB 设计，供电部分采用核心与显存独立的 3+1 相供电方案，元器件采用全固态电容和全封闭电感，辅以单 6Pin 外接供电接口。搭载三星 GDDR5 高速显存颗粒，显存容量 2048MB，显存位宽 128B，显存带宽 86.4GB/s，显卡的默认频率为 1020/5400MHz。该显卡特别设计了一键超频开关。搭载全覆盖、双风扇、单热管、全尺寸鳍片、开放式散热系统。采用双 DVI+Mini HDMI 视频输出组合，同时，该显卡还支持单卡多屏技术。

图 2-97 华硕 ROG STRIX-GTX1060-O6G-GAMING

图 2-98 七彩虹 iGame750Ti

2)AMD 芯片主流产品

讯景 RX 480 8G 深红版：XFX 讯景将有纪念意味的“深红”系列延续了下来，推出了新作 RX 480 深红版 (8G 或 4G) 和 RX 470 深红版 (4G)，如图 2-99 所示。尾端使用单 8Pin 外接供电。输出接口是 3 个 DisplayPort(DP) 1.4、1 个 HDMI 2.0b 和 1 个 DVI。显卡是

Polaris 10 核心和 SKhynix 4GB/256b GDDR5 显存颗粒，预设频率 1338/7000MHz。

蓝宝石 R9 380X 4G D5 超白金 OC：如图 2-100 所示，该卡采用 6+6Pin 辅助电源供电接口，可供电 150W，加上自带 PCIE 供电，所以理论供电总共 225W。双 DVI 接口加上一个 DP 一个 HDMI 接口。采用 Antigua XT 核心，支持 DX12，拥有 50 亿的晶体管规模，核心面积为 366mm^2，ALU：2048 个；Texture Filter Unit128 个；ROP 32 个。28nm 工艺，1040MHz 核心频率，GDDR5 4G 256b 显存，6000MHz 显存频率。双风扇散热 + 热管散热 + 散热片。

图 2-99　讯景 RX　480　8G 深红版

图 2-100　蓝宝石 R9　380X　4G　D5 超白金　OC

2.5.3 显卡的主要参数和技术指标

下面简单介绍显卡的相关参数及主要技术指标。

1. 制造工艺

通常其生产的精度以 nm(纳米) 来表示，精度越高，生产工艺越先进，在同样的材料中可以制造更多的电子元件，连接线也越细，提高芯片的集成度，芯片的功耗也越小。

2. 核心频率

显卡的核心频率是指显示核心的工作频率，其工作频率在一定程度上可以反映出显示核心的性能。但显卡的性能是由核心频率、流处理器单元、显存频率、显存位宽等多方面的情况所决定的，因此在显示核心不同的情况下，核心频率高并不代表此显卡性能强劲。

3. 显存位宽

显存位宽是显存在一个时钟周期内所能传送数据的位数，位数越大则相同频率下所能传输的数据量越大。显卡显存位宽主要有 128 位、192 位、256 位、512 位几种。显存带宽 = 显存频率 × 显存位宽 /8，它代表显存的数据传输速度。在显存频率相当的情况下，显存位宽将决定显存带宽的大小。

4. 显存容量

其他参数相同的情况下容量越大越好，但比较显卡时不能只注意到显存 (很多不良商家会以低性能核心配大显存作为卖点)。选择显卡时显存容量只是参考之一，核心和带宽等因素更为重要，这些决定显卡的性能优先于显存容量。主流显卡显存容量从 2GB 到 6GB 不等。

5. 显存频率

显存频率一定程度上反映着该显存的速度，以 MHz(兆赫兹) 为单位。

6. 流处理器单元

在 DX10 显卡出来以前，并没有“流处理器”这个说法。GPU 内部由“管线”构成，分为像素管线和顶点管线，它们的数目是固定的。简单来说，顶点管线主要负责 3D 建模，像素管线负责 3D 渲染。当某个游戏场景需要大量的 3D 建模而不需要太多的像素处理，就会造成顶点管线资源紧张而像素管线大量闲置。在这样的情况下，在 DX10 时代首次提出了“统一渲染架构”，显卡取消了传统的“像素管线”和“顶点管线”，统一改为流处理器单元，它既可以进行顶点运算也可以进行像素运算，达到资源的充分利用。

N 卡和 A 卡 GPU 架构并不一样，对于流处理器数的分配也不一样。双方没有可比性。N 卡每个流处理器单元包含 1 个流处理器，而 A 卡每个流处理器单元里面有 5 个流处理器。

2.5.4 选购显卡的注意事项

在选购显卡时，需要注意以下 5 个要点。

1. 按需选购

用户可根据日常使用情况进行选择。如入门级用户，日常办公、打字、上网、玩小型游戏，选择中等档次带显示核心的 CPU 即可。不但省一笔预算，投入到 CPU 或其他部件上，而且，日后可以通过购买降价的中高端显卡来进行升级，性价比极高。玩大型游戏或者进行图形处理的用户，可以选择中端旗舰级显卡，这样使用起来得心应手。专业级和发烧级用户可以选择新上市的显卡，一方面可以获得高品质的享受，而且在更换处理时，也不会降价太多。

2. 选择显卡参数

根据上面提到的条件，结合预算，在某一档次上，通过比较，选择合适的显示芯片、显存容量、显存带宽、显存类型和频率、显卡的工作频率。

另外根据自己的计算机综合配置，考虑电源提供的接口是否满足显卡的供电要求、显示器的接口是否与显卡的输出接口一致、显卡的大小是否满足机箱的尺寸、显卡有哪些新技术是用户所需要的，等等。比较后，慎重进行选择。

3. 选择显卡品牌

确定好显卡的参数后，在各大显卡厂商的各品牌及型号中，选择口碑较好、性价比较高的产品。一定要看清并记好具体型号后，再去购买，不要轻信经销商的推荐，以免在型号上被奸商赚上一笔。

4. 查看显卡细节

拿到显卡后，仔细查看金手指有无磨损，接口有无磨损，电路板的走线是否清晰、干净，电感电容是否崭新，散热系统是否外观完好，等等，以防被更换返修件或者打磨件。

5. 注意售后保障

如果有必要，在网上确定产品的真伪，确定产品的保修期及具体条款、保修的途径及保修的步骤等信息。

课后作业

一、填空题

1. 在选择 CPU 时，主要注意 CPU 的 _____、_____、_____、_____。

2. 主板主要通过 _____ 插槽安装显卡，通过 _____ 插槽安装硬盘。

3. 内存的结构包括 _____、_____、_____、_____、_____、_____、_____。

4. 固态硬盘的优势表现在 _____、_____、_____、_____、_____、_____ 几个方面。

5. 在购买显卡时，需要综合考虑 _____、_____、_____、_____、_____，才能挑选到满意的显卡。

二、选择题

1. CPU 编号后的字母常带有特殊含义，经常看到的 K 代表什么意思？(　　)

A. 至尊版	B. 不锁倍频
C. 低电压版	D. 高性能版

2. 主板主要用于接驳各种设备，下面哪种设备无法直接安装到主板上？(　　)

A. CPU	B. 内存
C. 显卡	D. 显示器

3. 主板支持的内存类型为 DDR4 2400，下面哪种内存可以与其一起工作？(　　)

A. DDR2 800	B. DDR3 1600
C. DDR4 3000	D. DDR 200

4. 相对于固态硬盘，机械硬盘的主要优势在于 (　　)。

A. 速度快	B. 价格便宜
C. 低噪声	D. 可组成 RAID

5. 显卡上的 8Pin 或者双 8Pin 接口是用来连接 (　　)。

A. 额外供电	B. 主板
C. 其他显卡	D. 没有作用

三、动手操作与扩展训练

1. 观察计算机各部件上的标签，了解标签上各字符的具体含义。

2. 动手能力强的同学可以拆下主板，观察主板上的插槽以及各种插槽旁的说明标识，了解对应插槽的作用。也可以对比着官方说明书来进行查看。

3. 找一块损坏的硬盘，通过拆卸，了解硬盘内部的结构以及各部分的作用。

计算机的外部组件

第3章

知识概述

前文介绍了计算机内部组件，而组件需要地方来安置，这就出现了机箱。正常使用计算机，除了内部组件外，还需要外部组件的支持，比如显示器、鼠标、键盘等。在了解了计算机各组件后，本章将重点介绍机箱、电源、显示器、键盘、鼠标的特性及选购技巧。这些组件虽然无法提升计算机性能，但却能影响计算机的稳定性以及舒适度。

要点难点

- 机箱与电源的指标及选购
- 显示器的参数及选购
- 键盘、鼠标的参数及选购

3.1 机箱及电源

机箱主要是承载计算机各部件，电源是为所有计算机组件提供电力的设备。

3.1.1 认识机箱及电源

机箱及电源是比较常见的计算机部件，其结构如下。

1. 机箱结构

机箱一般包括外壳、支架、面板上的各种开关、指示灯等，如图 3-1 所示。

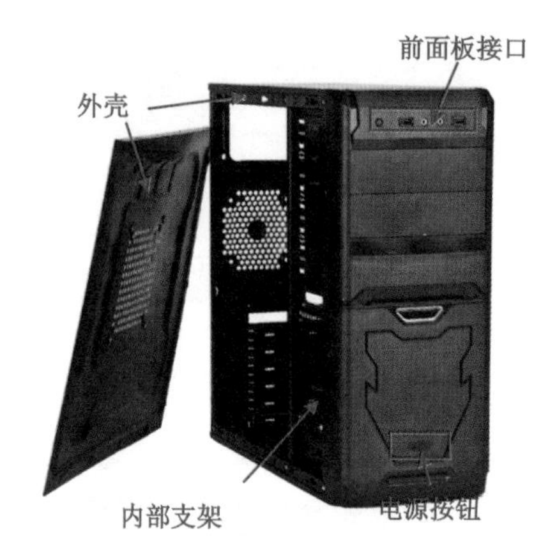

图 3-1 计算机机箱

机箱起的主要作用是放置和固定各计算机配件，起到承托和保护作用。坚实的外壳保护着板卡、电源及存储设备，能防压、防冲击、防尘，并且它还能发挥防电磁干扰、辐射的功能，起屏蔽电磁辐射的作用。

虽然机箱在 DIY 中不是直接关系到性能的部件，但是使用质量不良的机箱容易让主板和机箱短路，使计算机系统变得很不稳定。

2. 认识电源

计算机电源是把 220V 交流电，转换成低压直流电，并专门为计算机配件如 CPU、主板、硬盘、内存条、显卡、光盘驱动器等供电的设备，如图 3-2 所示。

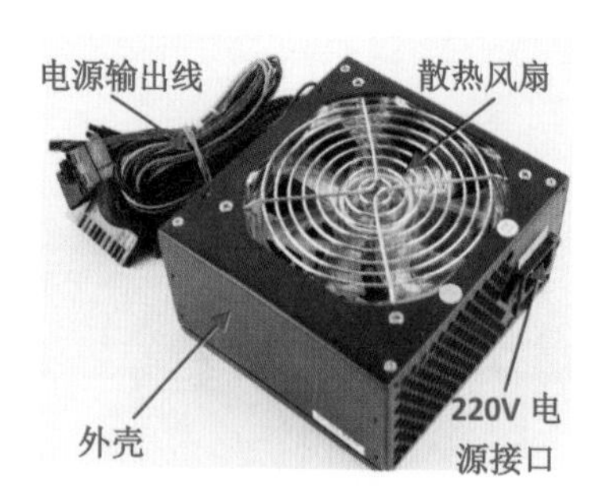

图 3-2 计算机电源

3.1.2 电源输出参数及接口作用

电源的标签可以在电源外壳上查看，如图 3-3 所示。

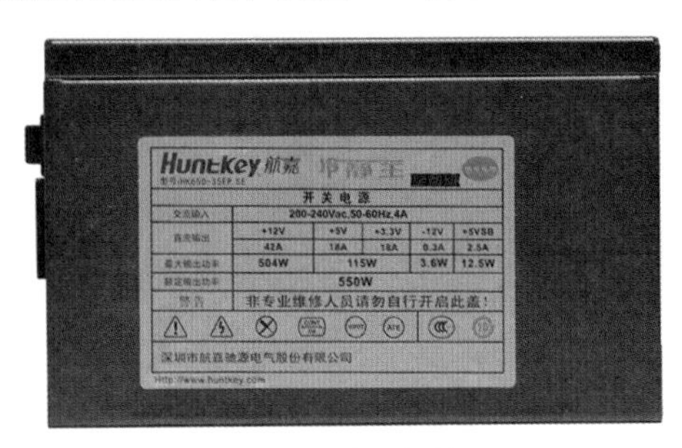

图 3-3　电源标签

1) 电源标签及输出电压

标签中标注了此 ATX 电源有 +12V、+5V、+3.3V、-12V、+5VSB 输出。对于不同定位的电源，它的输出导线的数量有所不同，但都离不开花花绿绿的这 9 种颜色：黄、红、橙、紫、蓝、白、灰、绿、黑。健全的 PC 电源中都具备这 9 种颜色的导线。

2) 电源接头及作用

在选择电源时，电源输出线的接口也要考虑进去。一般电源输出接口如图 3-4 所示。当然如果在使用中，确实缺少某一接口，那么用户可以通过购买转接线的方式完成接口转换，十分方便。

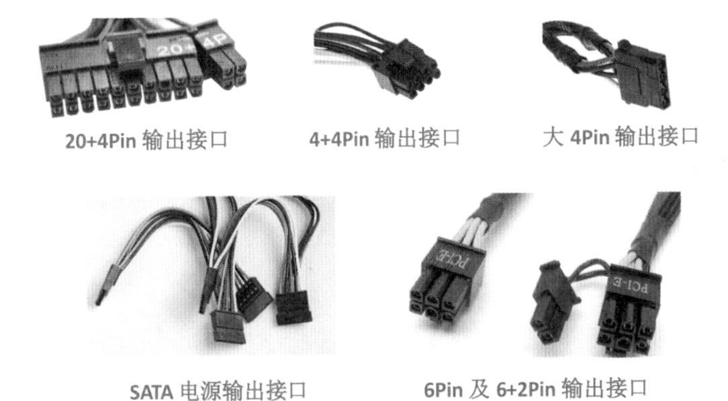

图 3-4　电源输出接口

其中 24Pin 为主板供电，之前也使用 20Pin。8Pin 或双 4Pin 为计算机 CPU 供电接口，之前也使用单 4Pin，大 4Pin 为老式硬盘或光驱供电。SATA 电源接口就是为所有 SATA 设备进行供电的。现在的显卡，使用单 6Pin、双 6Pin 或者 8Pin，根据显卡的要求接入即可。

3.1.3 机箱的主要参数

很多用户把钱花在硬件上，但机箱却能省则省，这样的想法是不正确的。

1. 机箱材质

机箱的材质可以说是与机箱的品质直接挂钩的。机箱的主机材质分为钢板、阳极铝、玻璃、亚克力板。一款品质优良的机箱，应该使用耐按压镀锌钢板制造。劣质机箱因为其稳固性较差，会损坏硬盘等主机配件，影响使用寿命；电磁屏蔽性能也差。钢化玻璃侧板虽然美观，但很容易发生爆裂；亚克力机箱防辐射较弱，易磨损，螺丝孔安装不当会裂开。

2. 机箱分类

机箱按照结构分类，可以分为以下几类。

1) 中塔 /ATX

ATX，是由英特尔公司在 1995 年制定的标准。ATX 标准是扩展型 AT 结构，用于规范台式计算机，在 ATX 规范下设计的机箱也被称为 ATX 机箱。

2)Micro ATX

Micro ATX 又称 Mini ATX，是 ATX 结构的简化版，就是常说的“迷你机箱”，扩展插槽和驱动器仓位较少，扩展槽数 4 个或更少，而 3.5 英寸和 5.25 英寸仓位也只有 4 个或更少。

3)HTPC

HTPC(Home Theater Personal Computer)，就是“家庭影院个人计算机”的意思。它就是注重多媒体功能的计算机应用。自从微软提出“数字家庭”的概念之后，越来越多的厂商争相推出基于数字家庭概念的产品。HTPC 机箱需要严格控制辐射干扰，家庭影院系统中还有音频、视频、输出设备等组成部分，彼此之间的距离都比较接近，如果机箱防辐射功能不强，就容易出现各个配件互相干扰的情况。

3.1.4 机箱的选购标准

1. 钢板越厚越好

优质的机箱钢板都非常厚，一是不易变形，二是隔音更好，不易发生共振现象。钢板越厚，对硬件的保护效果就越好。

2. 机箱边角处理

选择机箱时注意看一下机箱的边角处理怎样，边角做工也反映一款机箱的质量如何。

3. 可扩展性

考虑到以后将有可能添置光驱等扩展设备，因此在机箱驱动器托架上至少应该有三个以上的 3 英寸和 5 英寸设备的安装位置。

4. 背线设计要合理

不少用户对背板空间应该留有多大的空间并没有什么概念，当机箱买回家，发现背板空间不足，扣不上侧板的问题出现。通常情况，背线应预留出 1.5cm 以上的空间才合理。

5. 机箱的散热设计

优质机箱的通风流畅、散热良好，而且箱体宽大，前面板有足够多的通风孔，前后均留有机箱风扇安装位置。

3.1.5 电源的重要参数

电源的参数主要包括额定功率和峰值功率、功率因素及转换效率、电压、输入纹波、静音与散热等，下面将分别对其进行简单介绍。

1. 额定功率和峰值功率

电源实际工作时，输出功率并不一定等同于额定功率，按照 Intel 公司的标准，输出功率会比额定功率大一些，例如 10% 左右。选购电源时建议以额定功率作为参考和对比的标准。峰值功率指电源短时间内能达到的最大功率，通常仅能维持 30 秒左右的时间。峰值功率其实没有什么实际意义，因为电源一般不能在峰值输出时稳定工作。

2. 功率因数与转换效率

功率因数与转换效率均能够影响节能，简单地说，功率因数决定电源对市电的利用率，转换效率决定有多少能源能够真正被硬件使用。

3. 电压稳定

220V 市电进入，理想状态下电源线材输出的是 +12V、+5V、+3.3V 的低压电，但实际上还不存在精确到心电图一样的输出电压，电源输出的是类似 +12.1、+4.9、+3.4 这样上下波动的电压，相应地，CPU、显卡、北桥芯片等元件的工作电压也会上下波动，输出电压频繁大幅波动会对硬件造成伤害，影响系统稳定。

4. 静音与散热

静音与散热效果其实都取决于风扇转速。风扇转速越低越静音，但散热性能越差；风扇转速越高噪音越高，散热性能越好。

5. 内部用料

任何一个元件坏掉都会导致电源无法使用，而最容易坏掉的就是开关管与滤波电容。除了少数电源的两侧可以见到一两颗固态电容之外，绝大多数电源都是清一色的电解容。

3.1.6 电源的选购标准

在选购电源时，可参考以下 4 个方面来进行选择。

1. 外壳设计

电源外壳能影响到电磁波的屏蔽和电源的散热性，电磁屏蔽效果不好会影响人们的身体健康，散热效果不好会影响电源乃至硬件的寿命。目前市场上的电源一般都采用镀锌钢板材质及全铝材质。

2. 电源的铭牌查看

在查看铭牌时，一般都会看额定功率，看看是否有 80Plus。其实额定功率和 80Plus 并不代表产品质量。特别是 80Plus，消费者一看到它就会认为电源质量可靠，其实这是一个误区。80Plus 代表的是转换效率，和电源的质量关系不是很大。

3. 计算输出功率

查看并估算出各零部件的功率和，尤其是CPU和显卡，留出可升级空间。根据结果选择合适的电源。数值，一定要在电源额定功率中选择，不要把峰值功率当成额定功率。

4. 接口要丰富

尽量选择接口较多的电源，倒不是因为同时接入设备多，而是可以搭配使用的计算机设备多，不会存在没有某一接口的情况。

3.1.7 主流机箱、电源

机箱比较知名的有：金河田、航嘉、多彩、酷冷至尊(Cooler Master)、大水牛、鑫谷、爱国者等。

电源知名的厂商有：航嘉、游戏悍将、长城、酷冷至尊、金河田、大水牛、GAMEMAX。

1. 酷冷至尊 MasterBox Lite 3

这种机箱如图3-5所示，磨砂手感处理，标准版设有侧面透气孔可扩展风扇，侧透版开窗能看到机舱。采用隐藏式进风设计，顶部I/O扩展包括双USB 3.0，耳麦3.5MM插孔。基于MTAX中塔结构打造，尺寸为395mm×180mm×378mm，重3.65kg。采用传统顶置电源，右侧常规硬盘仓被砍掉，为长显卡和水冷扩展腾出空间。内部可兼容MicroATX和Mini-ITX平台扩展，能容纳高157mm CPU散热器、345mm长显卡、165mm长电源。

存储扩展包括一个5.25英寸外置(可支持双2.5英寸SSD或3.5英寸)，1个3.5英寸和2.5英寸，基本满足主流平台需要。通风散热方面，可前置双120mm、尾部单120mm排气，当然也支持240mm水冷散热器扩展，而且设有磁吸式防尘滤网。

2. 长城 GAMING POWER G5

长城为喜欢游戏的用户推出了GAMING系列电源，如图3-6所示。通过了80Plus铜牌认证，并提供了3年质保，在输出性能方面有很好的保障。

图3-5 酷冷至尊 MasterBox Lite 3

图3-6 长城 GAMING POWER G5

长城 GAMING G5 电源采用全模组设计，单路 12V 输出达到了 528W，G5 电源采用了标准的 ATX 尺寸，160mm × 150mm × 86mm 可以轻松安装在大多数机箱内。采用环形进气网，搭配一把静音风扇用于散热。电源在输入端设计了独立开关。

550W 的额定功率可以满足多数平台的使用需求。电源通过了 80Plus 铜牌认证，单路 12V 输出达到了 44A。采用全模组输出线材。电源的模组线均采用扁平设计，方便用户背板走线。模组线搭配了单独的收纳盒，可以放置不使用的线材。

3.2 液晶显示器

液晶显示器属于平面显示器的一种，用于计算机及电视的屏幕显示，传统的显示方式如 CRT 映像管显示器及 LED 显示板等，受制于体积过大或耗电量过多等因素，逐渐被淘汰。

3.2.1 液晶显示器的组成

液晶显示器的外观如图 3-7 所示，由显示器外壳、液晶显示屏、功能按钮、支架组成。

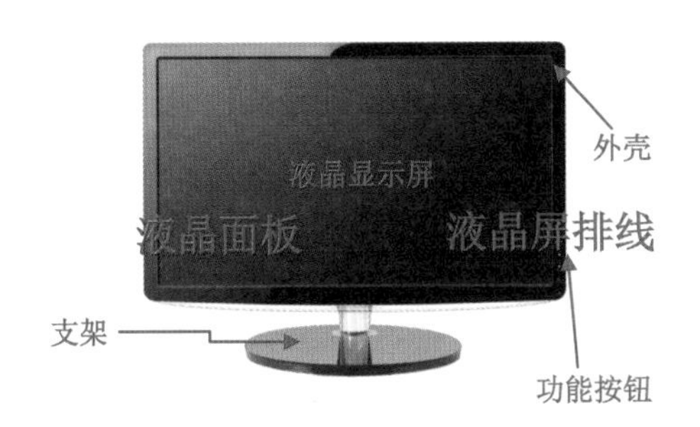

图 3-7　液晶显示器的外部组成

液晶显示器的内部由驱动板（主控板）、电源电路板、高压电源板（有些与电源电路板设计在一起）、接口以及液晶面板组成。如图 3-8 所示为液晶显示器内部组成。

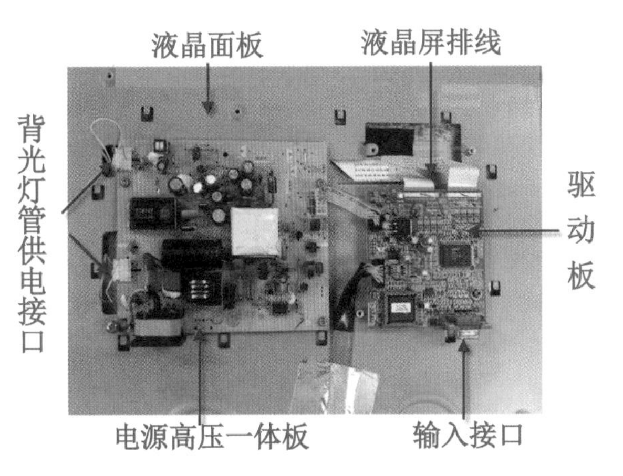

图 3-8　液晶显示器的内部组成

◎ 驱动板：用于接收、处理从外部送进来的模拟信号或数字信号，并通过屏线送出驱动信号，控制液晶板工作。驱动板上主要包括微处理器、图像处理器、时序控制芯片、晶振、各种接口以及电压转换电路等，是液晶显示器的检测控制中心，如图 3-9 所示。

图 3-9 驱动板

◎ 电源板：将 90 ～ 240V 交流电转变为 12V、5V、3V 等直流电，为驱动板及液晶面板提供工作电压。

◎ 高压板：电源板的 12V 直流电压在背光灯管启动时，转换并提供 1500V 左右高频电压激发内部气体，然后提供 600 ～ 800V，9ma 左右的电流供其一直发光工作。

◎ 液晶面板：主要由玻璃基板、液晶材料、导光板、驱动电路、背光灯管组成。背光灯管产生用于显示颜色的白色光源。

3.2.2 液晶显示器的参数和指标

为了让读者更好地了解液晶显示器，下面介绍液晶显示器的主要参数以及性能指标。

1. 液晶显示器的接口

液晶显示器提供了多种接口供用户进行连接，如图 3-10 所示为液晶显示器主要接口。

图 3-10 液晶显示器主要接口

1)VGA 接口

CRT 彩显因为设计制造上的原因，只能接收模拟信号输入。为了照顾老式主机，大部分液晶显示器都提供了 VGA 接口。VGA 最基本的包含 R\G\B\H\V(分别为红、绿、蓝、行、场)5

个分量，不管以何种类型的接口接入，其信号中至少包含以上这5个分量。大多数PC显卡最普遍的接口为D-15，即D形三排15针插口。

2)DVI接口

普通的模拟RGB接口在显示过程中，首先要将数字信号转换为模拟信号传输到显示设备中，而在数字化显示设备中，又要将模拟信号转换成数字信号，然后显示。这样不可避免地造成了信息的丢失，对图像质量也有影响。而DVI(Digital Visual Interface，数字视频接口)中，计算机直接以数字信号的方式将显示信息传送到显示设备中。从理论上讲，采用DVI接口的显示设备的图像质量更好。DVI接口实现了真正的即插即用和热插拔。

目前的DVI接口分为两种，一个是DVI-D接口，只能接收数字信号，接口上只有3排8列共24个针脚，其中右上角的一个针脚为空。不兼容模拟信号。另一种则是DVI-I接口，可同时兼容模拟和数字信号。但并不意味着模拟信号的接口D-Sub接口可以连接在DVI-I接口上，而是必须通过一个转换接头才能使用。如图3-11所示为两种接口对比情况。

图3-11　DVI接口对比

显示设备采用DVI接口主要有以下两大优点。

◎ 速度快：DVI传输的是数字信号，数字图像信息不需经过任何转换，就会直接被传送到显示设备上，因此减少了数字信号到模拟信号再到数字信号烦琐的转换过程，大大节省了时间，因此它的速度更快，可以有效消除拖影现象。

◎ 画面清晰：计算机内部传输的是二进制的数字信号，DVI接口无须进行数/模及模/数转换，避免了信号的损失，使图像的清晰度和细节表现力都大大提高。

3)HDMI

HDMI英文全称是High Definition Multimedia Interface，中文的意思是高清晰度多媒体接口。HDMI接口可以提供高达5Gbps的数据传输带宽，可以传送无压缩的音频信号及高分辨率视频信号。同时无须在信号传送前进行数/模或者模/数转换，可以保证最高质量的影音信号传送。应用HDMI的好处是：只需要一条HDMI线，便可以同时传送影音信号，而不像现在需要多条线材来连接。对消费者而言，大大简化了家庭影院系统的安装难度。

2. **液晶面板种类**

1)TN面板

TN全称为Twisted Nematic(扭曲向列型)面板，在目前市面上主流的中低端液晶显示器中被广泛使用。目前TN面板多是改良型的TN+film，film即补偿膜，用于弥补TN面板可视角度的不足。改良的TN面板的可视角度达到160°。TN面板的优点是由于输出灰阶级数较少，液晶分子偏转速度快，响应时间容易提高。目前市场上8ms以下液晶产品基本采用的是 TN 面板。TN 面板属于软屏，用手轻轻划会出现类似的水纹。

2)VA 面板

VA 类面板是现在高端液晶应用较多的面板类型，属于广视角面板。和 TN 面板相比，8b 的面板可以提供 16.7M 色彩和大可视角度是该类面板定位高端的资本，但是价格也相对 TN 面板要昂贵一些。VA 类面板的正面 (正视) 对比度最高，但是屏幕的均匀度不够好，往往会发生颜色漂移。锐利的文本是它的优势，黑白对比度相当高。VA 类面板也属于软屏。

3)IPS 面板

IPS(In-Plane Switching，平面转换) 面板的优势是可视角度高，响应速度快，色彩还原准确，价格便宜。缺点是漏光问题比较严重，黑色纯度不够。因此需要依靠光学膜的补偿来实现更好的黑色。和其他类型的面板相比，IPS 面板的屏幕较为“硬”，用手轻轻划一下不容易出现水纹样变形，因此又有硬屏之称。

3. 分辨率

分辨率通常用水平像素点与垂直像素点的乘积来表示。像素数越多，其分辨率就越高。因此，分辨率通常是以像素数来计量的，如：640 × 480 的分辨率，其像素数为 307 200。

4. 可视面积

可视尺寸是指液晶面板的对角线尺寸，以英寸为单位 (1 英寸 =2.54cm)，主流的有 21.5、22.1、23、24 英寸等。液晶显示器所标示的尺寸与实际可以使用的屏幕范围不完全一致。例如，一个 15.1 英寸的液晶显示器约等于 17 英寸 CRT 屏幕的可视范围。

5. 点距

点距一般指显示屏上相邻两个像素点之间的距离。举例来说，14 英寸 LCD 的可视面积为 285.7mm × 214.3mm，它的最大分辨率为 1024 × 768，那么点距：可视宽度 / 水平像素 (或者可视高度 / 垂直像素)，即 285.7mm/1024=0.279mm(或者是 214.3mm/768=0.279mm)。

6. 色彩表现度

自然界的任何一种色彩都是由红、绿、蓝三种基本色组成的。LCD 面板上每个独立的像素色彩是由红、绿、蓝 (R、G、B) 三种基本色来控制。大部分厂商生产出来的液晶显示器，每个基本色达到 6 位，即 64 种表现度，那么每个独立的像素就有 64 × 64 × 64=262 144 种色彩。

7. 对比度

对比度是定义最大亮度值 (全白) 除以最小亮度值 (全黑) 的比值。对一般用户而言，对比度能够达到 350∶1 就足够了。不过随着近些年技术的不断发展，如华硕、三星、LG 等一线品牌的对比度普遍都在 800∶1 以上，部分高端产品则能够达到 1000∶1，甚至更高。

8. 亮度

液晶显示器的最大亮度，通常由冷阴极射线管 (背光源) 来决定，亮度值一般都在 200 ~ 250 cd/m^2 间。但是这并不代表亮度值越高越好，因为太高亮度的显示器有可能使观看者眼睛受伤。

9. 响应时间

响应时间指的是液晶显示器对于输入信号的反应速度，也就是液晶由暗转亮或由亮转暗的反应时间，通常是以毫秒 (ms) 为单位。此值当然是越小越好。如果响应时间太长了，会有尾影拖曳的感觉。一般的液晶显示器的响应时间在 2 ～ 5ms 之间。

10. 可视角度

液晶显示器的可视角度左右对称，而上下则不一定对称。当背光源的入射光通过偏光板、液晶及取向膜后，输出光便具备了特定的方向特性。大多数从屏幕射出的光具备了垂直方向。假如从一个非常斜的角度观看一个全白的画面，用户可能会看到黑色或是色彩失真。

11. LCD 与 LED

LCD 液晶显示器的工作原理：在显示器内部有很多液晶粒子，它们有规律地排列成一定的形状，并且它们的每一面的颜色都不同，分为红色、绿色、蓝色。这三原色能还原成任意的其他颜色。当显示器收到计算机的显示数据的时候会控制每个液晶粒子转动到不同颜色的面，来组合成不同的颜色和图像。也因为这样液晶显示屏的缺点是色彩不够艳，可视角度不高等。

LED 显示屏 (LED panel)：LED(Light Emitting Diode，发光二极管) 是一种通过控制半导体发光二极管的显示方式，用来显示各种信息的显示屏幕。LED 显示器集微电子技术、计算机技术、信息处理于一体，具有色彩鲜艳、动态范围广、亮度高、寿命长、工作稳定可靠等优点。

3.2.3 液晶显示器的生产厂商及主流产品

了解了显示器的参数后，下面介绍液晶显示器的挑选技巧。

1. 液晶显示器主要生产厂商

比较知名的显示器生产厂商有三星、LG、飞利浦、HKC、戴尔、明基、宏基、华硕、优派、瀚视奇、惠普、TCL 等。

2. 主流液晶显示器

1) 三星 C27F591FD 显示器

曲面屏是近年来液晶领域的一次颠覆与创新。它以个人视觉为中心，从人体工程学角度出发，更符合人眼生理视觉构造，从而营造出更加真实立体的成像效果。显示器的曲率决定着曲面显示器的画质与现场感。曲率数值越小，弯曲的幅度越大，环绕效果及沉浸感更强。不过，目前市面上的曲面多以 3000R 及 4000R 为主，半径为 3m 至 4m，弯曲弧度相对有限，曲面的效果体验并不是特别好。

C27F591FD 显示器，如图 3-12 所示，突破性采用 1800R 曲率，一体成型的第二代三星曲面柔性屏，更贴合人眼视线习惯。配备的 AMD FreeSync 技术、120%sRGB 色域、9.9mm 超薄机身设计、滤蓝光不闪屏、内置立体环绕音响等都是亮点之处。采用一块 27 英寸 MVA 曲面屏，分辨率达到 1920 × 1080，可提供 120%sRGB；82%Adobe RGB 色域显示，16.7 亿种色彩实现色阶平滑过渡和丰富细节，并配备 1 个 DisplayPort(DP) 接口、1 个 HDMI 接口和 1 个 VGA 接口，另外还内置了 2 个 5W 音箱。

2) 飞利浦 276E8FJAB 显示器

飞利浦 276E8FJAB 显示器通过采用超宽色域技术，号称可以呈现出丰富、生动的色彩。采用了纤薄的设计，背面提供了 VGA+DP+HDMI 的视频接口组合。如图 3-13 所示，产品采用了 IPS 广视角屏，在 2560 × 1440 分辨率下，图像的精细度也比 1920 × 1080 分辨率更好。还加入了超宽色域技术，让画面的颜色更绚丽。该显示器 sRGB 色域为 100%，比飞利浦 276E8FJAB 的颜色明显更通透、鲜艳，差距非常明显。此外该显示器色彩精准度 *ΔE* 值平均仅 1.21，都算是不错的成绩。

图 3-12　三星 C27F591FD

图 3-13　飞利浦 276E8FJAB

此外，飞利浦 276E8FJAB 的响应时间为 4ms，比广视角显示器常见的 5ms 更快，更不容易出现拖影的现象。这台显示器拥有 SmartContrast 和 SmartImage Lite，前者会自动调节色彩并控制背光亮度，从而让玩家看清暗部的细节；后者则是基于正在显示的图像动态调整设置，动态增强图像和视频的对比度、色彩饱和度和清晰度，提升画面效果。无论是玩游戏还是看高清视频，有了更快响应时间以及独家技术的加持，飞利浦 276E8FJAB 在游戏、视频中的表现确实非常出色，全程无拖影，画面清晰、色彩鲜艳，而且画面阴暗部分的物品、人物都能看清，游戏、影音娱乐体验都非常不错。

3.2.4 液晶显示器的选购要素

在选购液晶显示器时，需要注意以下几点要素。

1. 看坏点

屏幕上出现“亮点”、“暗点”、“坏点”，统称为点缺陷。在不同产品及不同经销商之间，允许的点缺陷数量也是不同的。在选购时，需要了解清楚，并用软件进行测试。

2. 看响应时间

拖尾现象对用户在游戏及观看视频时有影响，在选购时，尽量选择响应时间较短的产品。目前，市场上显示器的响应时间一般为 8ms、5ms 及 2ms。

3. 看亮度

亮度是由液晶面板决定的，一般廉价 LCD 亮度为 170cd/m^2，高档的一般为 300cd/m^2。亮度越大并不代表显示效果越好，需要和对比度同时调节才能达到最佳效果。

4. 看对比度

对比度是直接体现该显示器是否能够表现出丰富色阶的参数，对比度越高，还原的画面层次感越好。

5. 看屏幕尺寸

对于液晶显示器来说，其面板的大小就是可视面积的大小。同样参数规格的显示器，LCD 要比 CRT 的可视面积更大一些，一般 15 英寸 LCD 相当于 17 英寸 CRT，17 英寸 LCD 相当于 19 英寸 CRT，而 19 英寸 LCD 相当于 21 英寸 CRT。

6. 看接口类型

在选购时，需要参考主机显卡的输出接口，选择合适类型的显示器。有些显示器还带有音箱功能，虽然不可能有独立音箱那么好，但是使用方便，多媒体功能十足。

7. 看售后服务

显示器的质保时间是由厂商自行制定的，一般有 1 ～ 3 年的全免费质保服务。因此消费者要了解详细的质保期限，毕竟显示器在计算机配件中属于比较重要的电子产品，一旦出现问题，会对自己的使用造成极大影响。

3.3 键盘与鼠标

首先介绍键盘、鼠标的基本知识，包括功能组成及工作原理等。

3.3.1 认识键盘及鼠标

1. 认识键盘

用户使用键盘输入各种字符、文字、数据。键盘还提供控制计算机的功能，是计算机最基本也是最重要的输入设备。键盘的外观包括外壳、支脚、按键、托盘与信号线等。如图 3-14 为有线键盘的外观。

图 3-14 有线键盘外观

2. 认识鼠标

鼠标属于定点输入设备，因其外观像一只老鼠而得名。随着 Windows 操作系统的广泛应用，鼠标已成为计算机必不可少的输入设备。通过拖动和点击鼠标，可以很方便地对计算机进行各种操作。

鼠标由外壳、滚轮、左右按键、信号线、功能按键组成。如图 3-15 所示为有线鼠标的外观。

图 3-15　有线鼠标外观

现在常用的鼠标叫作“光电鼠标”，其工作原理如下：

◎ 光电鼠标内部有一个发光二极管，通过它发出的光线，可以照亮光电鼠标底部表面(这是鼠标底部总会发光的原因)。

◎ 光电鼠标经底部表面反射回的一部分光线，通过一组光学透镜后，传输到一个光感应器件(微成像器)内成像。

◎ 鼠标移动时，移动轨迹便会被记录为一组高速拍摄的连贯图像，被光电鼠标内部的一块专用图像分析芯片(DSP，即数字微处理器)分析处理。该芯片通过对这些图像上特征点位置的变化进行分析，来判断鼠标的移动方向和移动的距离，从而完成光标的定位。

3.3.2 键盘的分类

按照按键结构，键盘可以分为以下几类。

1. 机械键盘

机械(Mechanical)键盘如图 3-16 所示。机械键盘的每一颗按键都有一个单独的开关来控制闭合，这个开关也被称为“轴”。依照微动开关的分类，机械键盘可分为茶轴、青轴、白轴、黑轴以及红轴。正是由于每一个按键都由一个独立的微动组成，因此按键段落感较强，从而产生适于游戏娱乐的特殊手感，通常作为比较昂贵的高端游戏外设。

2. 塑料薄膜式键盘

塑料薄膜式(Membrane)键盘如图 3-17 所示。这种键盘内部共分四层，实现了无机械磨损。其特点是低价格、低噪音和低成本，但是长期使用后由于材质问题手感会发生变化。塑料薄膜式键盘已占领市场绝大部分份额。

图 3-16　常见机械键盘

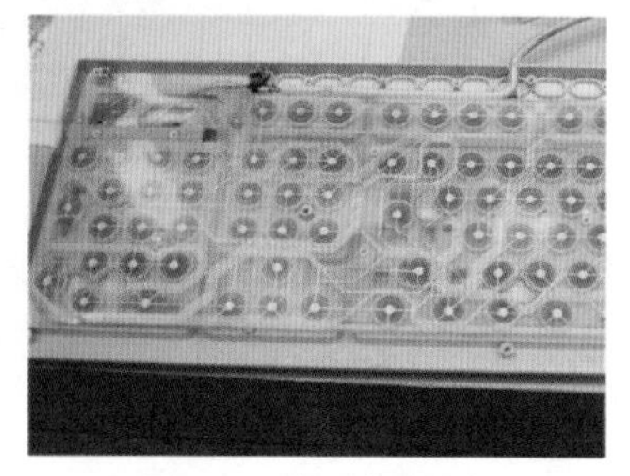

图 3-17　常见薄膜键盘

3. 导电橡胶式键盘

导电橡胶式 (Conductive Rubber) 键盘的触点结构是通过导电橡胶相连。键盘内部有一层凸起带电的导电橡胶，每个按键都对应一个凸起，按下时把下面的触点接通。

4. 无接点静电电容键盘

无接点静电电容 (Capacitives) 键盘使用类似电容式开关的原理，通过按键时改变电极间的距离引起电容容量改变从而驱动编码器。特点是无磨损且密封性较好。

3.3.3 机械键盘的优缺点

机械键盘有以下几个优点：

◎ 机械键盘最重要的是轴。机械键盘比普通薄膜键盘寿命长，好的机械键盘寿命可达 10 多年甚至 20 多年。

◎ 机械键盘使用时间长久之后，按键手感变化很小，而薄膜键盘则无法达到。

◎ 机械键盘不同的轴的按键手感都不相同，薄膜键盘则触感单一。

◎ 机械键盘可以做到 6 键以上无冲突，部分机械键盘可以全键无冲突。

◎ 可以自己更换键帽，方便个性 DIY。

◎ 青轴适合打字，黑轴适合游戏，让工作娱乐两不误。

机械键盘的缺点如下：

◎ 售价偏高，因为成本较高，市场上大部分都在 200 ～ 800 元，更有上千元的。

◎ 虽然键盘有很长的寿命，但是防水能力差，使用时需要多加小心。

作为机械键盘的核心组件，Cherry MX 机械轴仅仅是作为机械轴的代表，除此之外，还包括 Cherry ML 机械轴、Cherry MY 机械轴、ALPS 机械轴等。Cherry MX 机械轴，如图 3-18 所示，被公认为是最经典的机械键盘开关，特殊的手感和黄金触点使其品质倍增。MX 系列机械轴应用在键盘上的主要有 5 种，分别是青、茶、黑、红、白。

图 3-18 Cherry MX 机械轴

3.3.4 多功能键盘及创意键盘

键盘和鼠标往往成为个性展示的平台。下面介绍一些现在比较流行的特殊键盘。

1. 背光键盘

背光键盘是为了满足用户个性要求，也为了在晚上看清键盘的实用性而开发出来的。有些背光还是呼吸型，酷炫的感觉仍然吸引着大量的用户趋之若鹜。背光键盘如图 3-19 所示。

图 3-19　酷炫背光键盘

2. 防水键盘

大部分防水键盘仅仅是防溅水，如饮料等液体可以从排水口排出。千万不要直接泡在水里进行清洗。当然有些键盘的密封程度确实不错。如图 3-20 所示为常见的防水键盘。

图 3-20　防水键盘

3. 人体工程学键盘

人体工程学键盘按照人体工程学设计，可以最大限度减轻长时间打字、操作键盘的疲惫感，如图 3-21 所示。

图 3-21　人体工程学键盘

3.3.5 按照鼠标定位原理分类

老式的机械鼠标已经被淘汰了好多年，这里就不再介绍了。

1. 普通光电鼠标

◎ 定位原理：红光侧面照射，棱镜正面捕捉图像变化。

◎ 优缺点：成本低，足以应付日常用途，对反射表面要求较高，所以购买使用还是要配个合适的鼠标垫(偏深色、非单色、勿镜面较为理想)；缺点是分辨率相对较低。

◎ 分辨率典型值：1000dpi，正常范围 800 ～ 2500dpi。

◎ 光电鼠标器是通过红外线或激光检测鼠标器的位移，将位移信号转换为电脉冲信号，再通过程序的处理和转换来控制屏幕上的光标箭头的移动的一种硬件设备。这类传感器需要与特制的、带有条纹或点状图案的垫板配合使用。

2. 激光鼠标

◎ 定位原理：激光侧面照射，棱镜侧面接收。

◎ 优缺点：成本高，虽然激光鼠标分辨率相当高，对反射表面要求低。激光鼠标具有很高的分辨率，实际上价格并非贵得离谱，而且鼠标真正的成本是花费在无线收发器和模具上，缺点暂时没发现。

◎ 分辨率典型值：5000dpi，也有小于 2000 分辨率的低端产品。激光鼠标其实也是光电鼠标，只不过是用激光代替了普通的 LED 光。好处是可以通过更多的表面，因为激光是 Coherent Light(相干光)，几乎单一的波长，即使经过长距离的传播依然能保持其稳定性，而 LED 光则是 Incoherent Light(非相干光)。

3. 蓝光鼠标

◎ 定位原理：蓝光侧面照射，棱镜正面捕捉图像变化。

◎ 优缺点：成本低，日常用途。蓝光鼠标看起来比较醒目，实际上个人感觉 LED 蓝色对眼睛并不友好，反而没红色更耐看一些。蓝光鼠标对反射表面的适应性比传统的红色似乎要好一些，但并不明显。缺点是分辨率较低。

◎ 分辨率典型值：1000dpi，正常范围 800 ～ 2500dpi。

蓝光机理跟普通光电(红光)机理类似。

4. 蓝影鼠标

◎ 定位原理：蓝光侧面照射，棱镜侧面接收。

◎ 特点：成本略低，对反射表面要求低，当然如果要很好的效果，还是应该保证最佳的反射面；缺点暂时没发现。

◎ 分辨率典型值：4000dpi，也有小于 2000 分辨率的低端产品。

蓝影的工作原理：光学引擎鼠标利用的是发光二极管发射出的红色可见光源，利用光的漫反射原理，记录下单位时间内 LED 光源照射在物体表面的漫反射阴影的变化来判断鼠标移动轨迹。

3.3.6 鼠标的一些参数说明

下面介绍在挑选及使用鼠标时的一些常用参数。

1. 鼠标分辨率

DPI(也作dpi)，英文全称是dots per inch，直译为“每英寸像素”，意思是每英寸的像素数(1 inch=2.54cm)，是指鼠标内的解码装置所能辨认的每英寸长度内的像素数(屏幕上最小单位是像素)。下面简单举例说明一下。拥有400DPI的鼠标在鼠标垫上移动一英寸，鼠标指针在屏幕上移动400个像素。一般用户使用800DPI就可以了。

2. 鼠标采样率

CPI(也作cpi)的全称是count per inch，直译为“每英寸的测量次数”，可以用来表示光电鼠标在物理表面上每移动1英寸(约2.54厘米)时其传感器所能接收到的坐标数量。比如，罗技MX518光电鼠标的分辨率为1600DPI，也就是说当使用者将鼠标移动1英寸时，其光学传感器就会接收到反馈回来的1600个不同的坐标点，经过分析这1600个不同坐标点的反馈，鼠标箭头同时会在屏幕上移动1600个像素点。鼠标箭头在屏幕上移动一个像素点，就需要鼠标物理移动1/1600英寸的距离。CPI高的鼠标更适合在高分辨率的屏幕下使用。

3. 鼠标扫描率

鼠标扫描率也叫鼠标的采样频率，指鼠标传感器每秒钟能采集并处理的图像数量。扫描率也是鼠标的重要性能指标之一，一般以FPS为单位。也就是鼠标图像处理速度单位FPS(也作fps)。FPS全称是frame per second，即每秒多少帧。一般来说扫描率超过6000FPS之后，可以不用鼠标垫也能流畅使用。

3.3.7 多功能鼠标及创意鼠标

1. 模块化鼠标

模块化设计的出现让鼠标能够适应更多用户的手掌。模块化设计直到目前也并没有明确的概念，不过经过长时间的使用得出，模块化设计指的是将鼠标的某个区域独立出来并且可以更换或调节。比较具有代表性的产品就是Mad Catz R.A.T 9鼠标，如图3-22所示。

2. 有线无线双模式鼠标

有线无线双用的鼠标也是能够应对更多的环境。在使用的过程中，基本上都会在无线模式下使用，以解决远距离操作问题。鼠标内部供电不足时，可直接将鼠标通过USB连线与计算机相连接，在使用的同时也会为鼠标充电。如图3-23所示为双模式鼠标。

图3-22 模块化鼠标

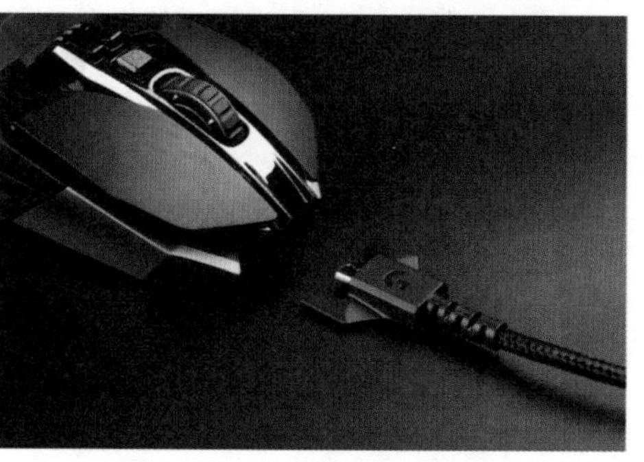

图3-23 双模式鼠标

双模式鼠标的设计相对于模块化设计以及可更换外壳设计来说普及程度更高。除了Razer以外，许多外设厂商也为旗下的鼠标搭载了双模的设计。像罗技G700就是一款非常不错的双模式鼠标，还有富勒的X200以及X3OO等。

3. 侧方按键鼠标

随着竞技游戏的逐渐火爆，出现了多侧键鼠标。多侧键的鼠标基本上都采用了人体工学造型，并且在拇指部位设计了多颗按键。多侧键鼠标能够很好地应对按键较多的游戏，多侧键的设计也让一些游戏玩家在游戏中可以快速地释放多个技能，同时也让放置在键盘上的手压力减轻不少。图3-24所示为罗技G600侧方按键鼠标。

图3-24 罗技G600侧方按键鼠标

4. 其他技术

最新的就是罗技G402身上出现的极速追踪技术；为了提升鼠标的性能和定位还在鼠标中增加了陀螺仪和加速器；还有罗技G502鼠标独特的配重系统，不仅可以调节鼠标的重量，还可以调节鼠标的重心。

3.3.8 主流键盘厂商及产品

键盘的主流厂商有：雷蛇、罗技、戴尔、Microsoft、双飞燕、明基、三星、多彩、爱国者、技嘉、惠普、现代、雷柏、Cherry、I-rocks等。

1. 雷蛇黑寡妇蜘蛛幻彩版V2键盘

如图3-25所示，该键盘采用了纯黑配色及左侧带有宏按键的设计，整体设计干净利落，并不会占用太多桌面空间。在外壳的表面采用了细腻的磨砂材质，使它不易沾染指纹、油渍或其他污迹，从而在寿命和颜值方面也都得到了进一步的提升。键帽依旧采用了ABS材质加类肤涂层的设计，虽然手感细腻、顺滑、舒适，但易打油的缺点还是无法避免。并且，这款键盘上的键帽字体还采用了最新的细小字体，比之前的粗字体更加漂亮、时尚，空格键上还加入了透光设计，使整体的一致性更好。该款键盘为1680万色的RGB背光，从图中可以看出这款键盘的灯光亮度、均匀度以及键帽的透光程度都是非常不错的。

2. 罗技G213 RGB键盘

如图3-26所示，罗技推出了一款拥有RGB灯效的G系列键盘新品G213 Prodigy RGB键盘，返璞归真地使用了薄膜轴(Mech-Demo)，拥有45g的压力克数，4mm按键行程，高键帽设计，让这款薄膜键盘可以拥有类似于机械键盘的“手感”体验，并且全键无冲模式。键盘背面的设计非常独特，将磨砂材质与镜面材质融合到了一起，在视觉上给人一种比较强的视觉冲击。防水性能非常出色。

图 3-25 雷蛇黑寡妇蜘蛛幻彩版 V2

图 3-26 罗技 G213 Prodigy RGB 背光键盘

3.3.9 主流鼠标厂商及产品

国外品牌：微软、罗技、LG、戴尔、雷蛇、精灵、Steelseries、QPAD、HP 等。

国内品牌：联想、明基、双飞燕、雷柏 (RAPOO)、多彩、新贵、华硕、爱国者、鲨鱼等。

1. 罗技 G102 鼠标

罗技 G102 鼠标如图 3-27 所示，内置 32b 处理器，搭载瑞士制造的 CGS 传感器，200 ～ 6000DPI 可调，侧裙 RGB 1680 万色灯光。

欧姆龙 10M 微动保证了起码的使用寿命，其余按键均采用凯华白点微动。凯华是国内一流的开关生产厂商之一，因此质量完全不用担心。两颗侧键并没有像大部分鼠标一样紧邻一起，而是分开放置，这让游戏过程中对两颗按键的识别更加容易。

图 3-27 罗技 G102

2. 罗技 M720 鼠标

罗技 M720 鼠标，如图 3-28 所示，可同时连接三台设备，支持蓝牙、罗技优联，系统支持 Windows、Mac OS、Chrome、Android 和 Linux，24 个月续航。滚轮采用了罗技高端产品才会用到的 Micro Gear，通过滚轮后方这个功能键来切换普通模式和平滑模式。平滑模式就是没有阻力般的如飘柔一样顺滑。侧面三个按键前面两个就是一般的前进后退的功能键，右边按键是用来在三台蓝牙或 Unifying 设备间自由切换。微动是罗技欧姆龙白点，

可以承受1000万次点击。M720的引擎只用了普通光学引擎，且只有1000DIP。

图3-28　罗技M720

3.3.10 键盘和鼠标的选购技巧

下面介绍在选购鼠标或键盘时需要注意哪些问题。

1. 键盘的选购技巧

选购键盘或鼠标时，需要注意以下几个方面。

1) 选择合适的类型

根据自己的使用情况进行选择。键盘注意选择薄膜式还是机械式，有线还是无线。建议如果是游戏玩家，则选择有线机械式键盘；而办公用户，则选择薄膜式就可以了；多媒体用户还是使用无线比较方便。另外，背光、防水等根据用户的资金情况进行选择即可。

2) 选择合适的接口

接口的话现在都有转接设备，但是用户还是应该根据主板有无PS/2接口进行选择。

3) 手感与做工

拿到设备后，观察键盘的表面是否光滑、无毛刺，手感是否符合用户要求，尤其是键程是否合适，否则长时间使用会有疲劳感。

4) 选择合适的厂商

这一点和鼠标一样，选择主流的大厂，售后什么的就很有保障了。

2. 鼠标的选购技巧

选购鼠标时需要注意以下几个方面。

1) 选择合适的类型及接口

一般现在的主流鼠标都是USB接口，如果用户买到PS/2接口，可以使用转接器。至于类型，同样根据预算，挑选附加功能的鼠标。

2) 注意手感

其实鼠标应该是最经常使用的输入设备，所以，用户要根据自己手掌大小、鼠标大小进行选择；然后根据鼠标的重量，选择是否添加配重块；最后感觉一下鼠标的材质和移动的顺畅程度。

3) 注意鼠标参数

过高的DPI、CPI及FPS其实没有太大的意义。用户根据自己的使用习惯选择。另外现在的鼠标都支持自动调节，所以买回来后，进行微调即可。

课后作业

一、填空题

1. 普通的机箱主要由 _____、_____、_____、_____ 等组成。
2. 电源主要的输出，包括 _____、_____、_____、_____、_____ 等。
3. 显示器主要的面板类型有 _____、_____、_____ 等。
4. 机械键盘主要的机械轴主要有 _____、_____、_____、_____、_____ 几种。
5. 鼠标按照定位原理，主要分为 _____、_____、_____、_____4 种。

二、选择题

1. 不可以放置在机箱中的计算机部件是 (　　)。
   A. CPU　　B. 主板
   C. 显卡　　D. 扫描仪
2. 电源可以输出的电压不包括 (　　)。
   A. +12V　　B. +5V
   C. +1V　　D. +3.3V
3. 显示器通过以下哪种接口来接收模拟信号 (　　)。
   A. HDMI　　B. VGA
   C. DVI　　D. DP
4. 以下不属于机械键盘的优点是 (　　)。
   A. 性价比高　　B. 全键无冲突
   C. 按键手感变化小　　D. 寿命长
5. 描述鼠标采样率的英文简称是 (　　)。
   A. CPI　　B. FPS
   C. PS　　D. BPI

三、动手操作与扩展训练

1. 百度下在线计算功率的网站，通过输入计算机组件，计算计算机正常情况下的功率，并与电源提供的功率进行比较，查看是否满足。

2. 找到并下载一款显示器测试工具，学习计算机显示器的测试方法。

3. 如果使用的是大品牌的键鼠，去官网下载键鼠设置软件，并完成一个编程任务。

计算机的组装过程

第4章

知识概述

从各单体硬件到计算机主机，需要进行组装操作。在此之前，需要进行计算机各硬件的比较、配置工作。下面将介绍从罗列配置详单开始，到计算机完成安装的过程。

要点难点

- 计算机硬件的选择与匹配
- 计算机配置方案的形成
- 计算机硬件的组装与软件的安装

4.1 计算机组装及配置流程

一般的计算机从配置方案到正常使用，期间需要经历如图 4-1 所示的步骤。

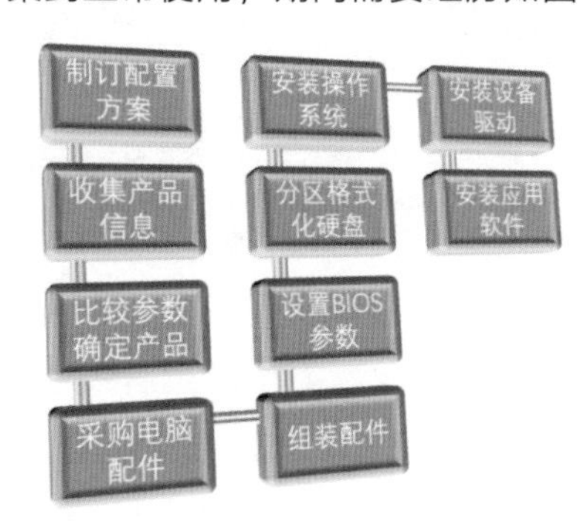

图 4-1　计算机组装及配置流程图

4.2 制订计算机配置方案

计算机配置方案需要根据以下要素进行合适的制订。

4.2.1 购买计算机的目的

从购买计算机的目的可以从总体上把握硬件水平，根据日常工作、学习、娱乐的需要，选择适合自己的硬件。

4.2.2 购买计算机的预算

规划得再好，也要从实际出发。根据预算，有侧重点地增加某些硬件的档次，或者取消不需要的部件以达到节约预算的目的。

4.2.3 购买计算机的途径

以前配置计算机，主要是通过装机店从经销商处拿货。现在可以从各大电商处直接买到各种配件，而且服务及售后享受全国统一联保，有些电商还提供比硬件厂商更长的质保期。但经销商的优势就在于发现问题可以立即处理，直到完成机器组装后，才付全款。回去后出现问题也可以立即找经销商进行解决。但在经销商拿货需要用户有一定的经验。用户从什么途径进行配货，需要根据用户的硬件水平等综合考虑后才能确定。

4.2.4 根据操作系统要求进行选择

如近期安装系统的话，首选应该是 Windows 10 系统。在配置计算机时，尤其是入门级计算机，至少需要满足 Windows 10 系统的最低配置。当然，Windows 10 系统要求还是比较低的，一般配置还是比较容易达到该要求。但是如果是传统计算机，或者给老计算机升级装系统，最好查看一下准备安装的操作系统最低硬件要求。Windows 10 操作系统的最低硬件配置要求如图 4-2 所示。

Windows 10 配置要求（最低）	
处理器	1GHz 或更快（支持 PAE、NX 和 SSE2)
内存模组	1GB(32 位版）
	2GB(64 位版）
显示卡	带有 WDDM 驱动程序的微软 DirectX9 图形设备
硬盘空间	≥ 16GB(32 位版）
	≥ 20GB(64 位版）
操作系统	Microsoft Windows 10 64 位版
	Microsoft Windows 10 32 位版

图 4-2　Windows 10 最低配置要求

当然，最低配置是指用户的计算机可以运行 Windows 10，可以使用 Windows 10 的基本功能。如果想要用得流畅，充分体会 Windows 10 的特色，就需要更高的配置，需要至少达到标准配置才行。如图 4-3 所示，是 Windows 10 的标准配置。

Windows 10 配置要求（标准）	
内存模组	1GB(32 位版）
	2GB(64 位版）
固件	UEFI 2.3.1，支持安全启动
显示卡	支持 DirectX9
硬盘空间	≥ 16GB(32 位版）
	≥ 20GB(64 位版）
显示器	800×600 以上分辨率
	（消费者版本≥ 8 吋；专业版≥ 7 吋）
操作系统	Microsoft Windows 10 64 位版
	Microsoft Windows 10 32 位版

图 4-3　Windows 10 的标准配置要求

4.2.5 根据需求进行选择

这里指计算机配件的各种新功能。各计算机配件是根据功能的多少进行定价并设定详细型号的，用户在选择时，要明确需不需要这些功能。增加新功能当然就会需要相应的费用。在预算不是特别宽裕的情况下，是需要进行取舍的。

4.3　硬件选择时需要注意的问题

在了解硬件参数及比较选购时，需要注意以下几个方面的问题。

1. CPU 与主板芯片组的匹配

在选择时，需要根据 CPU 的类型及触点或针脚数，选择合适的芯片组的类型和种类。以免产生触点或针脚数与主板不匹配，Intel 的 CPU 使用了 AMD 的主板等低级错误。

2. 主板与内存条的匹配

在选择时，需要了解主板及 CPU 支持的内存条类型和接口。根据主板的参数，选择对应的内存条，避免代数不匹配或者频率不匹配的问题。

还要明确选择单通道还是双通道的问题，如买单条 8G 还是买 2 条 4G 组建双通道的问题。组建双通道一定要选择参数相同的两条内存。另外，还要考虑以后升级的问题。

3. 固态硬盘与主板的匹配

这里说的匹配是指 M.2 接口的固态硬盘。需要查看主板的参数，确定 M.2 接口的固态硬盘尺寸、总线类型、大小等问题。在可使用范围内达到高性价比。

4. 显卡与显示器的匹配

无论核心显卡或者独立显卡，都需要与显示器的接口相对应，尽量选择主流的接口，方便以后的升级扩展。如果不匹配，需要用户提前购置转接器。

5. 机箱电源与其他部件的匹配

首先，电源的额定功率需要比各部件额定功率相加要大一些。其次，电源提供的接口一定要足够其余各部件的使用，否则要提前购置各种转接线。

6. 其他需要考虑的问题

根据需要，选择风冷或者水冷的散热器、机箱、机箱风扇、鼠标键盘的接口、硬盘的大小、是否需要安装光驱或刻录机等问题。

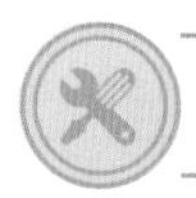

4.4 安装前的准备工作

硬件全部买回来后，就可以进行装机的操作了。在正式装机前，需要做以下准备工作。

4.4.1 工具的准备

装机的工具一般有螺丝刀，如图 4-4 所示。螺丝刀需要准备中、小口径的“一”字形及“十”字形两种。

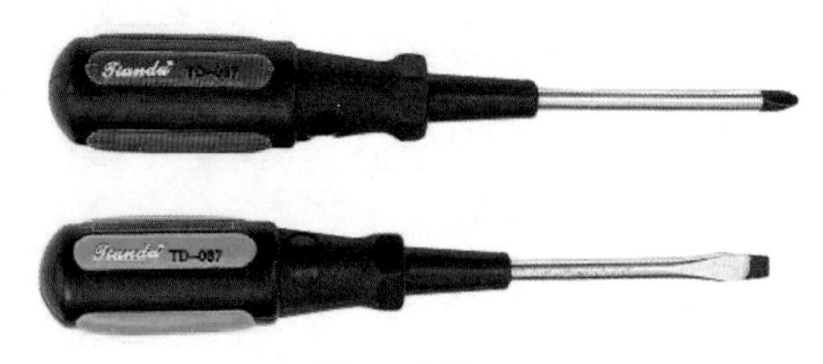

图 4-4 螺丝刀

可以准备尖嘴钳，如图 4-5 所示，用来拆卸机箱上的挡板或其他容易伤手的各种操作。另外可以准备美工刀、剪子、扎带、小毛刷、CPU 硅脂、镊子、干净的餐巾纸等。

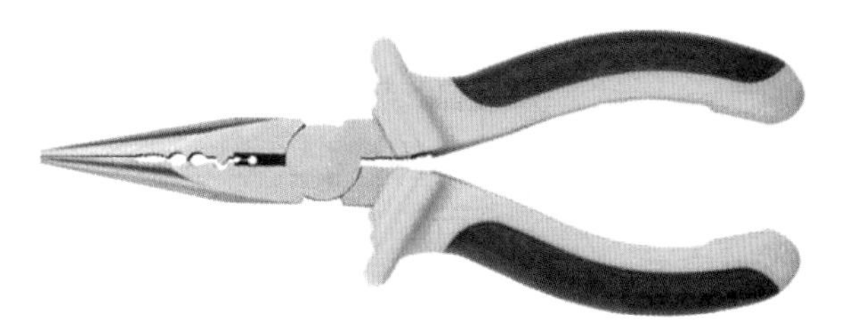

图 4-5　尖嘴钳

4.4.2 硬件的确认

将购买的硬件包装进行拆除，并确认硬件是否齐全：CPU、散热器、主板、内存、显卡、硬盘、机箱电源、主机箱。其他的如光驱、显示器、鼠标、键盘等设备。

另外，需要将各种数据线归类放置好，如机箱及显示器的电源线、各种 SATA 数据线。

最后，需要将机箱上固定各零件的螺丝放置好。一般有固定主板时放置在主板下的铜柱螺钉，如图 4-6 所示。

还有固定用螺钉，分为固定主板、光驱用的细纹螺钉，如图 4-7 所示；固定硬盘、挡板用的小粗纹螺钉，如图 4-8 所示；固定机箱、电源用的大粗纹螺钉，如图 4-9 所示。另外，还有机箱开盖一侧的手拧螺丝。所有的螺丝按类型分开放置，以便取用。

图 4-6　铜柱螺钉

图 4-7　细纹螺丝钉

图 4-8　小粗纹螺丝钉

图 4-9　大粗纹螺丝钉

4.4.3 释放静电

静电是计算机硬件的最大杀手，在安装计算机前，需要通过一定的手段将身体中的静电释放出去。释放的方法有：接触大块的接地金属物，如自来水管，也可以通过洗手释放。

4.5 计算机安装流程图

准备完成后，就可以进行装机了。装机的顺序不当，有可能造成部件安装不到位、安装难度增大等不良后果。结合以往经验，用户可以按照如图 4-10 所示的顺序进行安装，将会使安装过程简单、顺利、可控。

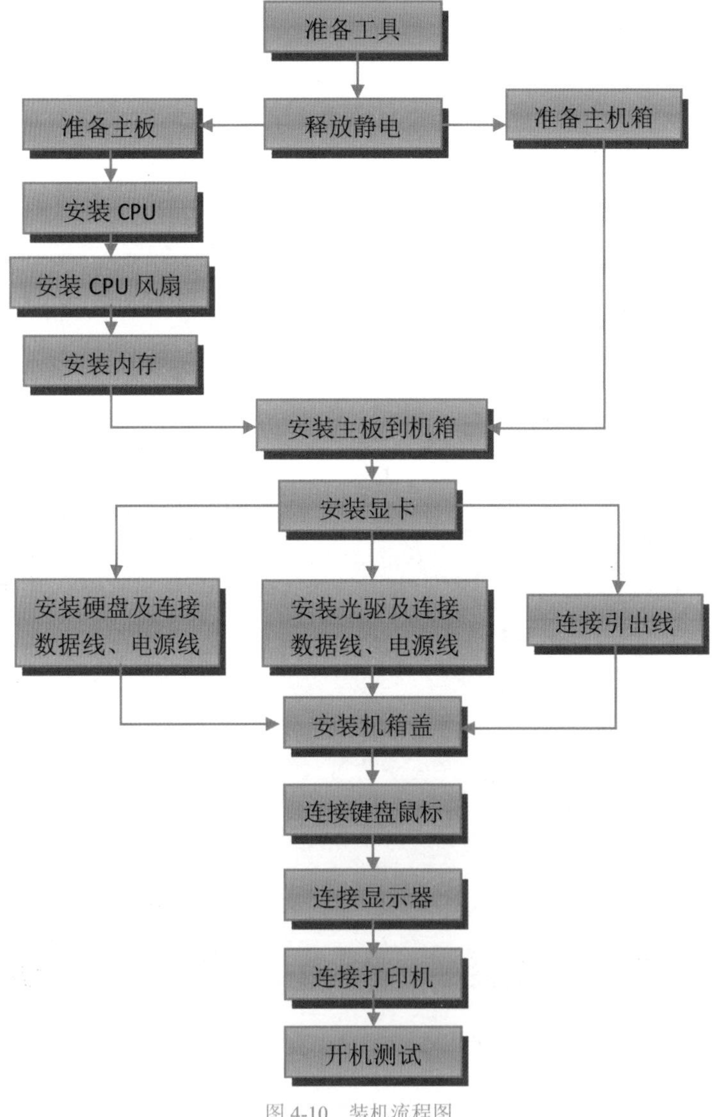

图 4-10　装机流程图

4.6 安装 CPU 及散热器

安装计算机时，首先需要进行 CPU 的安装。先取出计算机主板，将主板放置在桌面上，如果有防静电海绵的话，将主板放置在该海绵上，再进行 CPU 的安装。由于 Intel 的 CPU 和 AMD 的 CPU 安装方法略有不同，下面将分开进行讲解。

4.6.1 安装 Intel CPU

安装 Intel CPU 的步骤如下。

步骤 01：将主板上的 CPU 插座固定杆稍向下压，再往外拉一点，就可将固定杆抬起，如图 4-11 所示。

图 4-11　抬起固定杆

步骤 02：将 CPU 固定金属框向上抬起，即可看到 CPU 将要固定的针脚，如图 4-12 所示。记得千万不要碰触到针脚。

图 4-12　抬起固定金属框

步骤 03：拿出 CPU，观察 CPU 上的防呆插口与三角缺角指示，并将 CPU 上的两个防呆插口对准主板上的防呆插口，轻轻将 CPU 放入插座，如图 4-13 所示。

步骤 04：将金属固定框放下，并将固定杆放下，扣住卡扣，如图 4-14 所示。记住，该过程一定要轻，如果遇到很大阻力，请检查 CPU 是否已放到正确的位置。

步骤 05：使用 CPU 自带的硅脂，或打开准备好的硅脂，轻轻涂抹在 CPU 上，记得只要薄薄一层即可，如图 4-15 所示。

图 4-13　放入 CPU

图 4-14　固定 CPU

图 4-15　涂抹硅脂

步骤 06：拿出风扇，将 CPU 风扇轻轻放到 CPU 风扇固定孔中，用手将 CPU 风扇四个固定柱按进固定孔中，用一字螺丝刀将固定柱向下压，并按顺时针方向转动。按照该方法完成其余三个固定柱的安装。最后，将固定柱拧到最紧即可，如图 4-16 所示。

步骤 07：将风扇的插头插入主板上的风扇接口，如图 4-17 所示，完成安装。

图 4-16　安装 CPU 风扇

图 4-17　接入风扇电源接口

4.6.2 安装 AMD CPU

安装 AMD CPU 的步骤如下。

步骤 01: 将主板上的 CPU 固定杆轻轻向下压，并向外侧拉一点，让固定杆离开卡扣位置，然后抬起，如图 4-18 所示。

图 4-18　抬起固定杆

步骤 02：观察 CPU，可发现有一角有三角形的缺口标记位符号，将 CPU 的缺口标记对准插座上相应的一角，垂直放入 CPU，如图 4-19 所示。该过程一定要慢，不可用手触碰针脚，以免压弯针脚。

图 4-19　放入 CPU

步骤 03：将固定杆按抬起的路径缓缓往回压下至卡扣位置，当听到“咔”的声响后，表示已经固定到位，如图 4-20 所示。轻微晃动 CPU，检查是否卡紧。

步骤 04：使用 CPU 自带的硅脂，或打开准备好的硅脂，轻轻涂抹在 CPU 上，记得只要薄薄一层即可。

步骤 05：将散热器放入插座中，将散热器没有扳手的一端与主板处理器支架上的卡扣对齐并卡好，如图 4-21 所示。

步骤 06：将散热器有扳手的一端的卡扣与 CPU 支架另外一端的卡扣对齐并卡紧，如图 4-22 所示。

步骤 07：朝扳手另一方向，将扳手扳到位，散热器就被牢牢卡在了 CPU 支架上，如图 4-23 所示。

图 4-20 固定 CPU

图 4-21 卡入卡扣

图 4-22 卡入另一卡扣

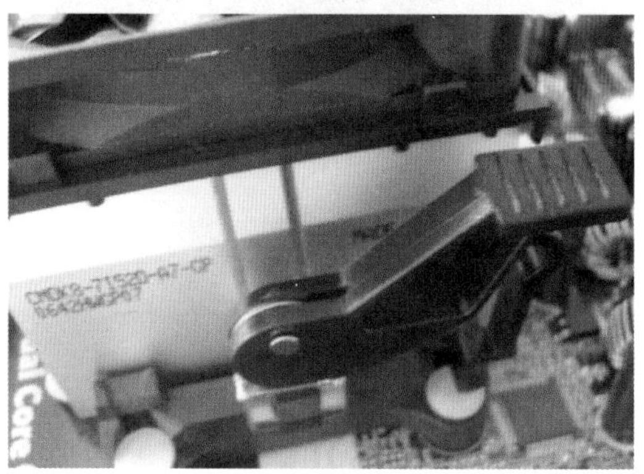

图 4-23 卡死散热器

步骤 08：将散热器风扇线接入主板风扇电源接口，如图 4-24 所示。

需要注意，主板上的散热器风扇接口是四针，而散热器为三针。四针的风扇接口是为一些转速较高的风扇设计的，由于 AMD CPU 的发热量并不太大，因此散热风扇的转速并不太高。主板的四针接口同样提供了防呆设计，在插入接线时，一目了然，如图 4-25 所示。

图 4-24 接入主板风扇电源接口

图 4-25 注意防呆设计

4.7 安装内存条

内存条的颜色代表了哪些可以组成双通道模式。内存只要和内存插槽相匹配，那么安装方法是一样的。内存条的安装比较简单，具体步骤如下。

步骤 01：将内存插槽的两端塑料卡扣向外掰出，如图 4-26 所示。

步骤 02：查看内存防呆凹槽与内存插槽的防呆位置，将内存对准内存插槽。

步骤 03：双手捏住内存条两个上角，由上至下缓慢插入插槽，如图 4-27 所示。

图 4-26　掰开卡扣

图 4-27　插入插槽

步骤 04：插到底后，按住内存两个上角，用力向下按。听到“咔”的声音后，插槽两边的塑料卡扣会自动合拢并卡住内存条，如图 4-28 所示。到这里，内存安装完毕，如果组建双通道，则按照以上的方法再插入另一根内存条。

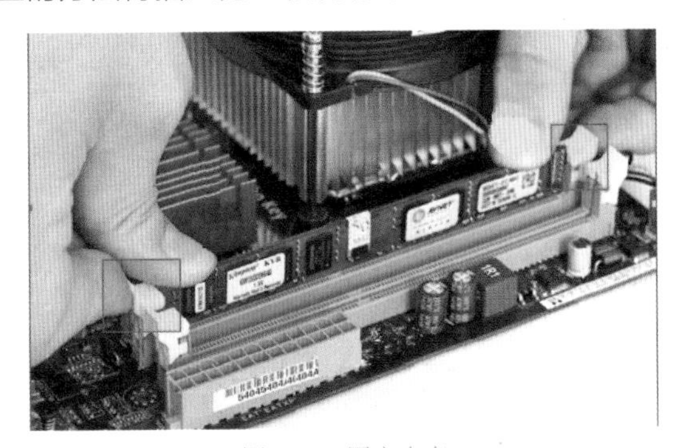

图 4-28　固定内存

4.8 安装机箱电源

接下来准备安装电源。电源一般放置在机箱后上部。具体安装步骤如下。

步骤 01：准备好十字螺丝刀与大粗纹螺丝，打开机箱侧盖。

步骤 02：将电源螺丝孔对准排风口周围的螺丝孔，如图 4-29 所示。

步骤 03：用螺丝刀将螺丝拧入电源与主板相对应的螺丝孔即可，如图 4-30 所示。

图 4-29　对准螺丝孔

图 4-30　拧上螺丝

4.9　安装主板

接下来是将主板安装到机箱内，其安装步骤如下。

步骤 01：使用尖嘴钳拆下机箱原有的后部接口挡板，如图 4-31 所示。

图 4-31　拆下机箱挡板

步骤 02：拿出主板自带的挡板，安装在该位置，如图 4-32 所示。注意挡板的方向。

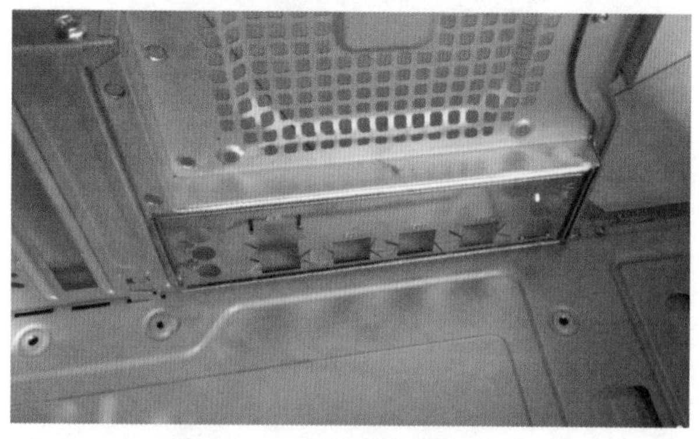
图 4-32　将主板挡板扣在原有位置

步骤 03: 将主板先放置在机箱内，查看主板的螺丝孔和机箱哪些孔相对应，并做好标记。拿出铜柱螺钉，拧在这些机箱螺丝孔上，如图 4-33 所示。

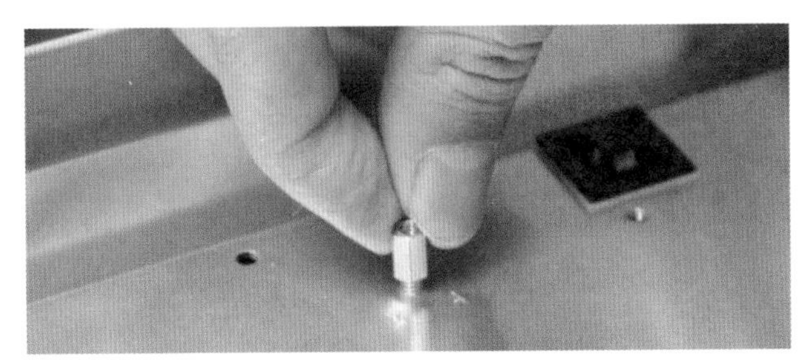

图 4-33　将铜柱螺丝拧在机箱上

步骤 04: 将主板放入机箱，对准后盖的接口挡板以及机箱上的铜柱螺丝，如图 4-34 所示。

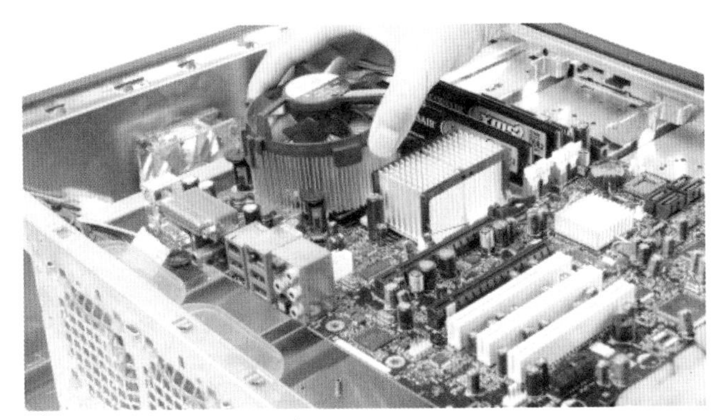

图 4-34　将主板放入机箱

步骤 05：拿出细纹螺丝，使用十字螺丝刀，将螺丝拧入铜柱螺钉中，以固定主板，如图 4-35 所示。

图 4-35　固定主板

需要注意，此时不要将一个个螺丝拧到最深，先将所有螺丝全部拧入铜柱，再挨个拧紧，以防止有些孔对不准。

步骤 06：在电源中，找到主板供电的 20 针或者 24 针的接口，接到主板的供电接口位置，如图 4-36 所示。因为有防呆设计，所以安装时注意看清。

步骤 07：在电源中找到 CPU 的 4 针或者双 4 针的接口，接入主板的 CPU 插座中，如图 4-37 所示。

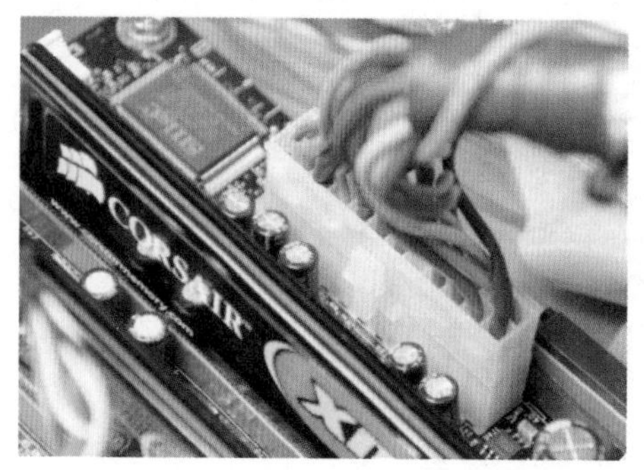

图 4-36　接入主板电源

图 4-37　接入 CPU 电源

步骤 08：从机箱前面板中找到前面板的接线，如图 4-38 所示，按照主板的接线柱说明，如图 4-39、图 4-40 所示，进行跳线。

图 4-38　前面板接线柱

图 4-39　主板接线柱及说明

图 4-40　主板声音及 USB 接线柱

◎ POWER SW：电源按钮

◎ RESET SW：重启按钮

◎ POWER LED：电源工作指示灯

◎ HDD LED：硬盘工作指示灯

◎ SPEAKER：主机箱扬声器

◎ AUDIO：前面板声音接口

◎ USB：前面板 USB 接口

电源按钮与重启按钮不分正负，直接安装跳线即可。指示灯及扬声器需要根据主要跳线柱旁边的说明，确定哪个是正极，再进行连接，以免损坏前面板指示灯和扬声器。USB 及 AUDIO 接线有防呆设计，安装时，注意接口有无插针即可。

4.10 显卡的安装

显卡的安装步骤具体如下。

步骤 01：拆开机箱上对应主板 PIC-E x16 接口的机箱挡板。有些显卡的接口有可能不是正对 PCI-E 接口的挡板，用户可以将显卡放入机箱，比对一下后，用尖嘴钳拆掉挡板。

步骤 02：将主板 PCI-E x16 插槽的卡簧向下按，如图 4-41 所示。该卡簧主要起固定显卡的作用，并防止接触不良的事故发生。

步骤 03：将显卡插入主板的 PCI-E 显卡插槽中，同时显卡的固定钢片也要和机箱上的螺丝固定孔相对应。注意不要将手接触显存等显卡元器件。对准后，将显卡向下轻按，听到“咔”的响声后，稍使劲拽一下显卡，以确定是否卡紧。

步骤 04：用螺丝将显卡的钢片固定在机箱上，如图 4-42 所示。

图 4-41　主板 PIC-E x16 插槽

图 4-42　固定显卡

步骤 05：将电源的 6 针或 8 针接口接入显卡的供电接口，完成显卡的安装，如图 4-43 所示。

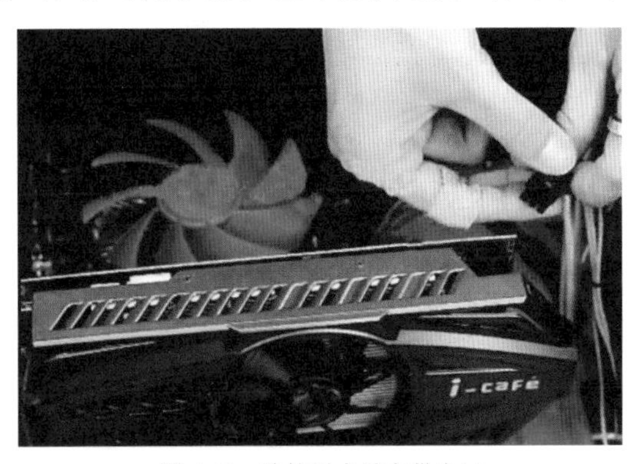

图 4-43　连接显卡独立供电口

4.11 安装硬盘

硬盘分为老式的 IDE 接口硬盘，以及主流的 SATA 接口硬盘。

4.11.1 SATA 接口硬盘的安装

SATA 接口硬盘的安装步骤如下。

步骤 01：将机箱另一侧的挡板拆下。

步骤 02：将硬盘放入机箱托架的 3.5 英寸固定架中，硬盘有电源和数据线接口的一侧要面向机箱内部。注意固定架中，两侧的托板，如图 4-44 所示。

图 4-44　将硬盘放入固定架中

步骤 03：将硬盘的螺丝孔和机箱的条形孔对齐，用小粗纹螺丝将其固定，如图 4-45 所示。一共要固定硬盘两侧共 4 颗螺丝。可以先拧上，上完 4 颗螺丝后再拧紧。

步骤 04：将 SATA 数据线一侧与硬盘的 SATA 数据线接口相连，如图 4-46 所示。连接时需看好接口的防呆设计。

图 4-45　为硬盘安装螺丝

图 4-46　连接硬盘 SATA 数据线接口

步骤 05：将 SATA 数据线的另外一侧接入主板的 SATA 接口中，如图 4-47 所示。

步骤 06：将机箱电源的 SATA 电源线接到硬盘的 SATA 电源接口。连接时注意看好接口防呆设计。完成后，如图 4-48 所示。

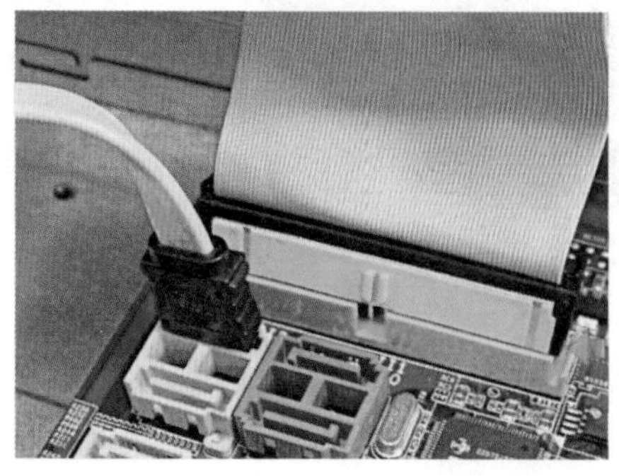

图 4-47　连接硬盘 SATA 数据线接口

图 4-48　连接好 SATA 电源线的硬盘

步骤 07：盖上机箱侧盖，完成硬盘的安装。

4.11.2 IDE 接口硬盘的安装

IDE 接口硬盘与 SATA 接口的硬盘相比，仅在连接线路时略有不同。在固定好 IDE 接口的硬盘后，按照以下步骤连接线路。

步骤 01：首先将 IDE 数据线的一侧接入硬盘的 IDE 接口中，如图 4-49 所示。注意接口的防呆设计。

步骤 02：接着将 IDE 数据线另一侧接入主板的 IDE 接口中，如图 4-50 所示。注意接口的防呆设计。

步骤 03：将机箱电源的大 4D 电源接口接入硬盘的电源接口上，如图 4-51 所示。注意接口的防呆设计。

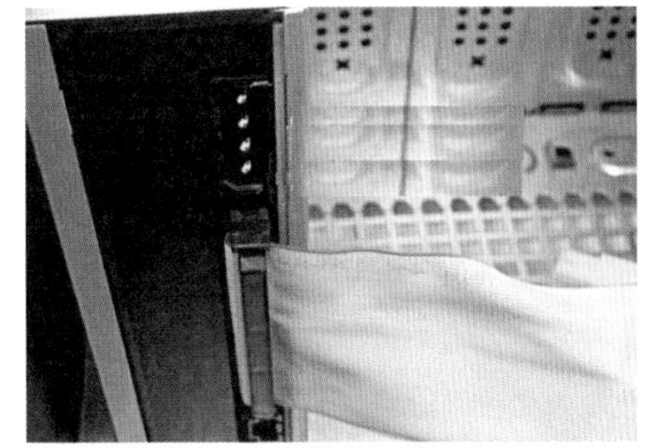

图 4-49　连接硬盘的 IDE 接口

图 4-50　连接主板上的 IDE 接口

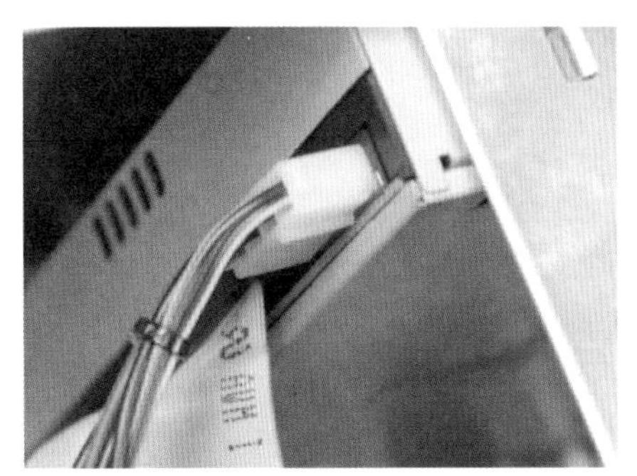

图 4-51　连接好 IDE 数据线和电源线的硬盘

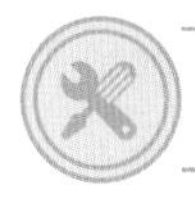

4.12 光驱的安装

光驱的接线与硬盘一样，需要注意的是在放入光驱时，先要将机箱前面挡板拆下一块，然后将光驱从机箱前方推入机箱，如图 4-52 所示。然后用螺丝固定住即可。

所有部件组装完成后，按照前面连接计算机外部设备的介绍，将显示器、键盘、鼠标、音箱、网线、打印机等接入到主机后部接口，连接主机电源线及其他部件电源线，按下主机上的开机按钮，即可启动机器。如果不能启动，那么需要检查各部件的运行状态，这部分维修内容将在后面的章节中重点讲解。

图 4-52　将光驱从前面板处推入机箱

课后作业

一、填空题

1. 在选择硬件时，需要考虑 _____、_____、_____、_____、_____ 等的匹配问题。

2. Intel 的 CPU 针脚在 ____ 上，而 AMD 处理器的针脚在 _____ 上，安装时需要特别注意。

3. 关于机箱跳线，一般分为按钮和指示灯两类。那么 _____ 和 ____ 在连接时一定要注意正负极。

4. 固定主板应当使用 _____ 螺丝，固定硬盘应当使用 _____ 螺丝，固定电源应当使用 _____ 螺丝。

二、选择题

1. 如果安装 64 位 Windows 10，以下配置中哪个不符合要求？(　　)

A. 酷睿 6770K　　B. 1GB 的内存
C. 40GB 的硬盘　　D. 2GB 的内存

2. 安装显卡时，发现接口被机箱挡板挡住了，那么合理的操作是 (　　)。

A. 拆下挡板　　B. 拆掉显卡外壳
C. 更换 PCIE 插槽　　D. 更换机箱

3. 下面哪种释放静电的做法是错误的？(　　)

A. 洗手　　B. 接触大块接地金属
C. 触摸水管　　D. 面纸擦拭

4. 安装 SATA 硬盘时，不需要用到的零件包括 (　　)。

A. SATA 数据线　　B. SATA 电源线
C. IDE 数据线　　D. 螺丝

5. 安装内存时不能确定方向，应该 (　　)。

A. 强行安装　　B. 根据防呆设计安装
C. 退货　　D. 更换内存

三、动手操作与扩展训练

1. 按照前面介绍的步骤，自己拆解，并将零件重新组装成一台整机。

2. 通过第三方网站完成新计算机的清单罗列，并通过电商系统进行询价，完成一整套配置单。

3. 将内存、硬盘、键盘、鼠标等计算机部件拔下，启动计算机，观察在缺少零件的情况下，计算机有什么反应。

准备安装系统

第5章

知识概述

在安装系统前，需要了解一些关于系统安装的知识点，包括传统以及最新的UEFI BIOS、分区知识。另外由于现在已经基本上不使用光驱进行系统安装了，而改为U盘，用户需要了解启动U盘的制作方法。

要点难点

- UEFI BIOS的设置
- 传统BIOS的设置
- 硬盘分区知识及方法
- 启动U盘的制作

5.1 BIOS 及常用设置

BIOS 是基本输入输出系统，是操作系统与硬件的接口。在安装系统、超频、更改硬件属性等情况下，需要进行设置。下面将介绍最新的 UEFI BIOS 与传统 BIOS 的相关知识及设置技巧。

5.1.1 认识 UEFI BIOS

UEFI(Unified Extensible Firmware Interface，统一的可扩展固件接口) 是一种详细描述类型接口的标准。这种接口用于操作系统自动从预启动的操作环境，加载到一种操作系统上。其主要目的是提供一组在 OS(操作系统) 加载之前 (启动前) 在所有平台上一致的、正确指定的启动服务，被看作是有 20 多年历史的 BIOS 的继任者。下面将介绍 UEFI 的优势。

1. 纠错特性

与 BIOS 显著不同的是，UEFI 是用模块化、C 语言风格的参数堆栈传递方式、动态链接的形式构建系统，它比 BIOS 更易于实现，容错和纠错特性也更强，从而缩短了系统研发的时间。更加重要的是，它运行于 32 位或 64 位模式，突破了传统 16 位代码的寻址能力，达到处理器的最大寻址，此举克服了 BIOS 代码运行缓慢的弊端。

2. 兼容性

与 BIOS 不同的是，UEFI 体系的驱动并不是由直接运行在 CPU 上的代码组成的，而是用 EFI Byte Code(EFI 字节代码) 编写而成的。Java 是以 Byte Code(字节代码) 形式存在的，正是这种没有一步到位的中间性机制，使 Java 可以在多种平台上运行，UEFI 也借鉴了类似的做法。

3. 鼠标操作

UEFI 内置图形驱动功能，可以提供一个高分辨率的彩色图形环境，用户进入后能用鼠标点击调整配置，一切就像操作 Windows 系统下的应用软件一样简单。

4. 可扩展性

UEFI 将使用模块化设计，它在逻辑上分为硬件控制与操作系统软件管理两部分，硬件控制为所有 UEFI 版本所共有，而操作系统软件管理其实是一个可编程的开放接口。借助这个接口，主板厂商可以实现各种丰富的功能。

5.1.2 图形化 UEFI 界面介绍

UEFI 的一个特点是使用图像化的操作界面，用户可以直接用鼠标进行操作。

1. 进入 UEFI BIOS

UEFI BIOS 的进入同传统 BIOS 的方式基本一致，在计算机启动后，按键盘 Del 键或者 F2 键进入。当然，根据主板品牌的不同，进入方法略有不同。用户可以根据开机后界面提示进行操作，如图 5-1 所示。

2.UEFI BIOS 主界面

1) 基本信息

如图 5-2 所示，UEFI BIOS 主界面上方显示主板型号、BIOS 版本、BIOS 日期、处理器型号、当前速度、内存信息、时间和日期、CPU 及主板温度、电源输入电压、风扇转速等基本信息。

图 5-1　华硕主板提示按 Del 或 F2 键进入 UEFI　BIOS

图 5-2　华硕 UEFI　BIOS 的主界面

2) 系统性能

“系统性能”分为节能、标准、最佳化三种模式，右侧显示出三种不同模式的各参数档次水平。

3) 启动顺序

“启动顺序”栏目显示了当前硬件中连接了哪些可以启动的设备，以及当前的启动顺序。

4) 高级模式

EZ 模式便于入门用户观察系统参数及调节启动顺序。单击“高级模式”按钮后，会进入高级设置界面，如图 5-3 所示，这是给高级用户进行详细设置的界面。

5) 语言选择

传统 BIOS 都是英文界面，如图 5-4 所示。为了便于用户使用，现在基本上都可以设置 BIOS 的语言种类。

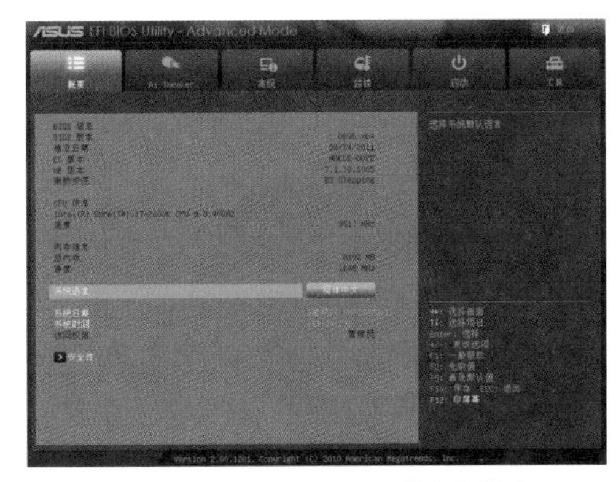

图 5-3　华硕 UEFI　BIOS 的高级模式

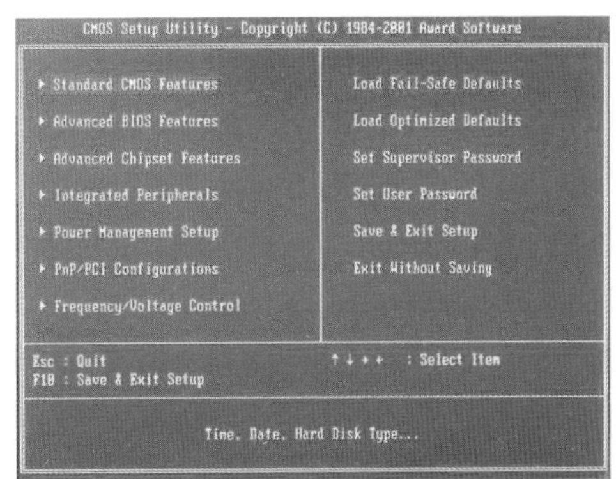

图 5-4　传统 BIOS 的界面

6) 启动菜单

启动菜单用于从 BIOS 中跳转到启动设备列表，为用户临时设置从某个设备进行启动而设置。

3. 传统 BIOS 的主界面

传统 BIOS 的主界面与 UEFI BIOS 相去甚远，只能用键盘操作，没有形象直观的效果，其中各选项 (也称菜单或菜单项) 的说明如下。

◎ Standard CMOS Features(标准 CMOS 功能设定)

此选项用来设定日期、时间、软硬盘规格及显示器种类。

◎ Advanced BIOS Features(高级 BIOS 功能设定)

使用此选项对系统的高级特性进行设定。

◎ Advanced Chipset Features(高级芯片组功能设定)

此选项用来设定主板所用芯片组的相关参数。

◎ Integrated Peripherals(外部设备设定)

此选项包括所有外围设备的设定。如声卡、Modem、USB 键盘是否打开等。

◎ Power Management Setup(电源管理设定)

此选项用来设定 CPU、硬盘、显示器等设备的节电功能运行方式。

◎ PNP/PCI Configurations(即插即用 /PCI 参数设定)

此选项用来设定 ISA 的 PnP 即插即用接口及 PCI 接口的参数。

◎ Frequency/Voltage Control(频率 / 电压控制)

此选项用来设定 CPU 的倍频，设定是否自动侦测 CPU 频率等。

◎ Load Fail-Safe Defaults(载入最安全的默认值)

使用此选项载入工厂默认值作为稳定的系统使用。

◎ Load Optimized Defaults(载入高性能默认值)

使用此选项载入最好的性能，但有可能影响稳定的默认值。

◎ Set Supervisor Password(设置超级用户密码)

使用此选项可以设置超级用户的密码。

◎ Set User Password(设置用户密码)

使用此选项可以设置用户密码。

◎ Save & Exit Setup(保存后退出)

使用此选项可以保存对 CMOS 的修改，然后退出 Setup 程序。

◎ Exit Without Saving(不保存退出)

选择此选项将放弃对 CMOS 的修改，然后退出 Setup 程序。

操作方法：在主界面上用方向键选择要操作的选项，然后按 Enter 键进入该选项对应的子菜单，在子菜单中用方向键选择要操作的项目，然后按 Enter 键进入该子项，然后用方向键选择，完成后按 Enter 键确认，按 F10 键保存改变后的 CMOS 设定值并退出。

5.1.3 BIOS 常用设置

BIOS 常用的设置目的就是更改启动顺序、设置硬盘模式、设置密码、恢复出厂值等。

1. UEFI BIOS 的常用设置

1) 设置启动顺序

启动顺序是计算机最常使用的设置。计算机中，通常包含多种可启动的设备，如硬盘、光驱、U 盘。有时候，这些介质还不止一个。计算机启动时，该从哪个设备启动呢，除了默认启动顺序外，用户可以根据自己的需要，设置启动的顺序。

UEFI BIOS 的 EZ 模式界面中，在“启动顺序”一行，可以看到当前的启动设备及默认的启动顺序，用户根据需要，拖动设备图标，即可决定启动顺序，如图 5-5 所示。

图 5-5　改变硬件启动顺序

2) 设置 BIOS 语言

进入“高级模式”，在“概要”选项卡中，单击“系统语言”后面的按钮，如图 5-6 所示。在“系统语言”列表中，选择需要的语言，如图 5-7 所示。

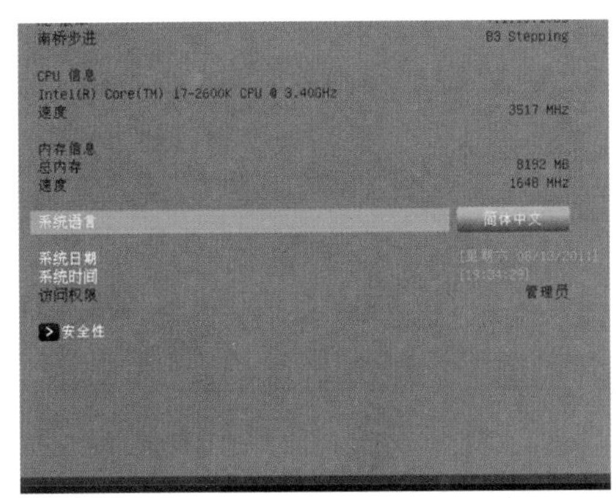

图 5-6　进入语言更改界面

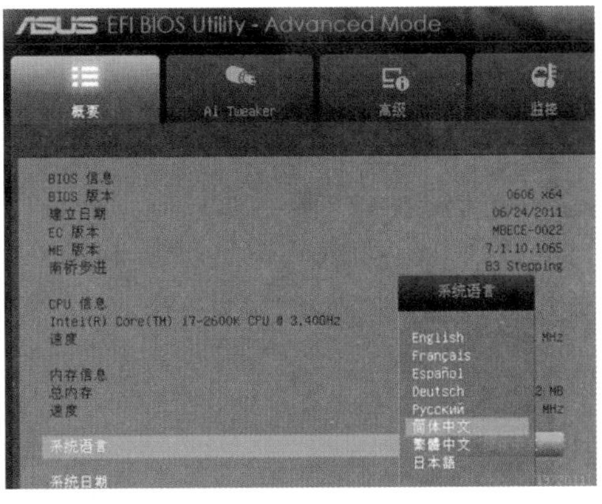

图 5-7　选择系统语言

3) 设置 SATA 模式

SATA 模式中有 3 种模式可以选择。

◎ IDE 模式：IDE 是表示硬盘的传输接口。常说的 IDE 接口，也叫 ATA(Advanced Technology Attachment，高级技术配置) 接口。

◎ RADI 模式：磁盘阵列模式，简单说就是利用多个硬盘同时工作，来保证数据的安全以及存取速度的。它共有九个模式，以数字命名，为 RAID 0、RAID 1 到 RAID 7 以及 RAID 0+1，目前最常见的是 RAID 0、RAID 1、RAID 5 和 RAID 0+1 这四种模式。

◎ AHCI 模式：AHCI(Advanced Host Controller Interface，高级主机控制器接口) 本质是一种 PCI 类设备，在系统内存总线和串行 ATA 设备内部逻辑之间扮演一种通用接口的角色 (即它在不同的操作系统和硬件中是通用的)。这个类设备描述了一个含控制和状态区域、命令序列入口表的通用系统内存结构；每个命令表入口包含 SATA 设备编程信息，和一个指向 (用于在设备和主机传输数据的) 描述表的指针。

AHCI 模式是现在普遍使用的模式。进入高级模式界面，切换到“高级”选项卡，单击“SATA 模式”后的按钮，如图 5-8 所示。在弹出的列表中，选择合适的选项，如图 5-9 所示。

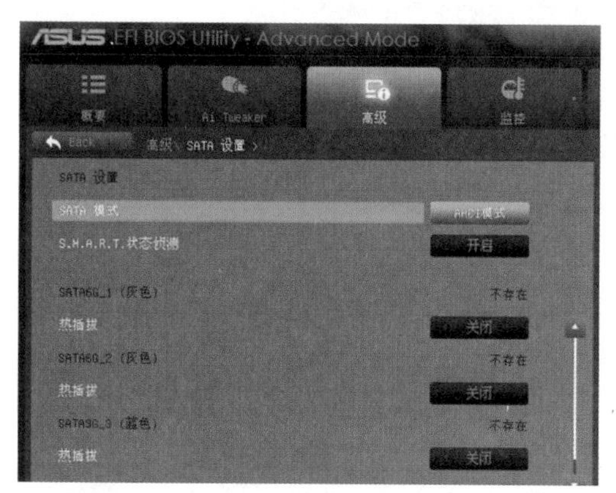

图 5-8　进入模式选择

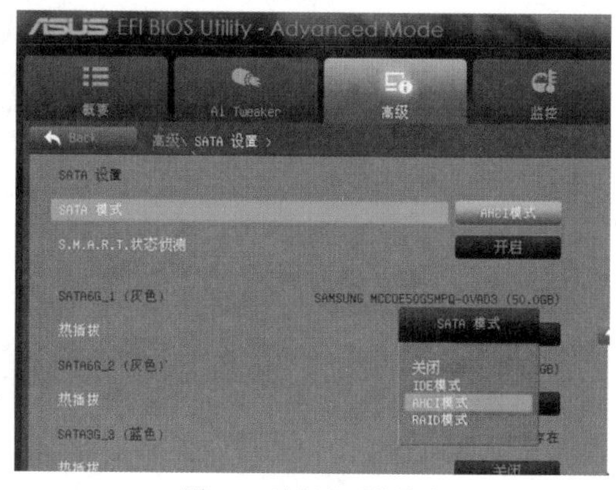

图 5-9　选择合适的模式

4) 启动设备选择

在高级模式中，也可以选择启动顺序。在“高级模式”中，切换到“启动”选项卡，如图 5-10 所示，单击“启动选项 #1”后面的按钮。在弹出的列表中，选择第一启动的设备，如图 5-11 所示。

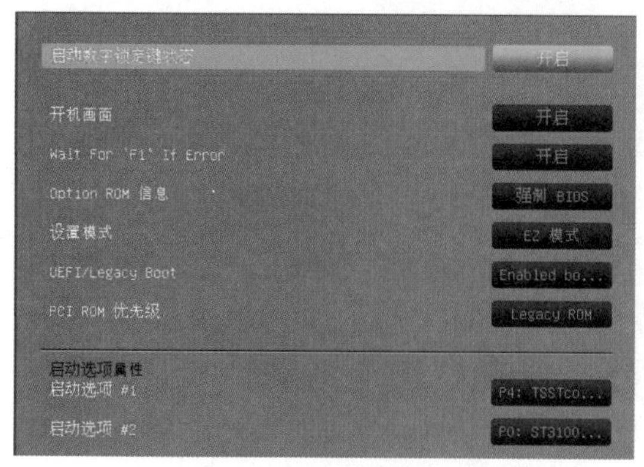

图 5-10　进入启动列表

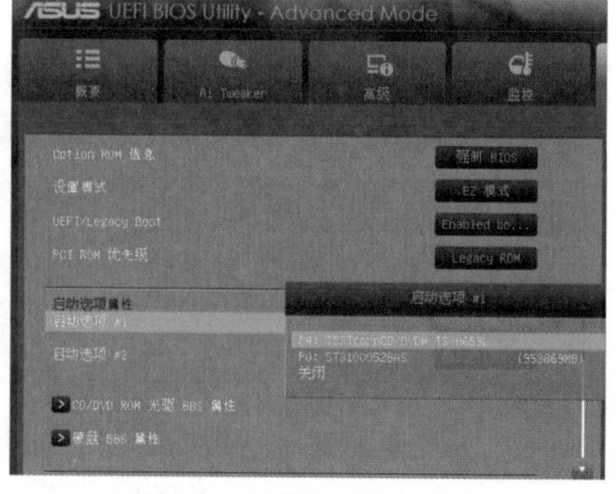

图 5-11　选择第一启动设备

5) 设置密码

BIOS 提供了两种密码设置：用户密码和管理员密码。在 BIOS 的说明中，给出了说明。下面讲解设置密码的步骤。

步骤 01：在“高级模式”中切换到“概要”选项卡，单击“安全性”按钮，如图 5-12 所示。

步骤 02：在“安全性”界面中，给出了密码的说明。单击“管理员密码”按钮，如图 5-13 所示。

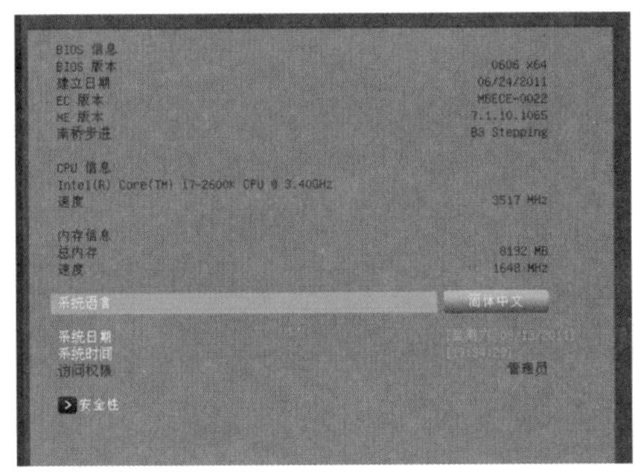

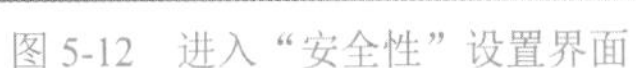

图 5-12 进入“安全性”设置界面

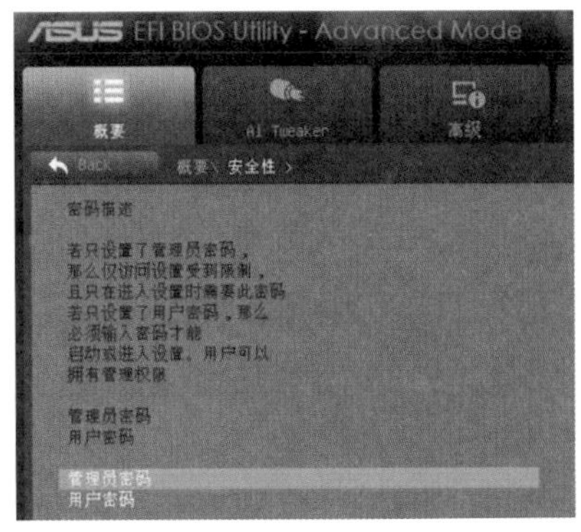

图 5-13 设置密码界面

步骤 03：在弹出的界面中，输入两次密码，完成密码设置。用户密码的设置过程与管理员密码设置过程相同。

如果要变更密码，则再单击该选项，输入当前密码，再输入两次新密码即可完成更换密码的操作。如果要清空密码，则在输入新密码时，直接按两次 Enter 键，即可清除密码。

6) 升级 BIOS

UEFI BIOS 升级要比传统 BIOS 简单得多。用户可以通过升级 BIOS，来实现更多的功能。当然，主板厂商建议在没有问题的情况下，最好不要升级 BIOS。

准备好 U 盘，并到官网上下载对应主板型号的 BIOS 文件后，存储到 U 盘中。将 U 盘插入计算机 USB 接口后，启动计算机，进入 BIOS。在“高级模式”界面的“工具”选项卡中，单击“华硕升级 BIOS 应用程序 2”按钮，如图 5-14 所示。

在驱动器中，选择升级文件，按 Enter 键即可更新 BIOS，如图 5-15 所示。更新完毕后，重启计算机，即可完成 BIOS 的更新。

图 5-14 进入升级界面

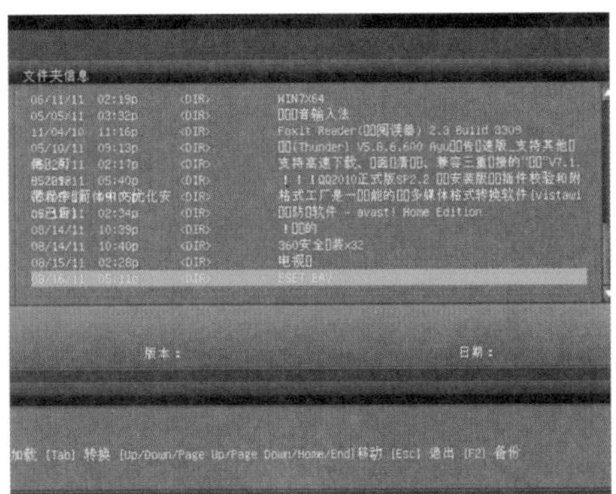

图 5-15 选择 BIOS 升级文件

7) 断电恢复后的电源状态

该选项将设置计算机因意外断电后，再次通电，是否要开机。用户可以在“高级模式”的“高级电源管理”中，单击“断电恢复后电源状态”，并从中选择合适的选项，如图 5-16 所示。

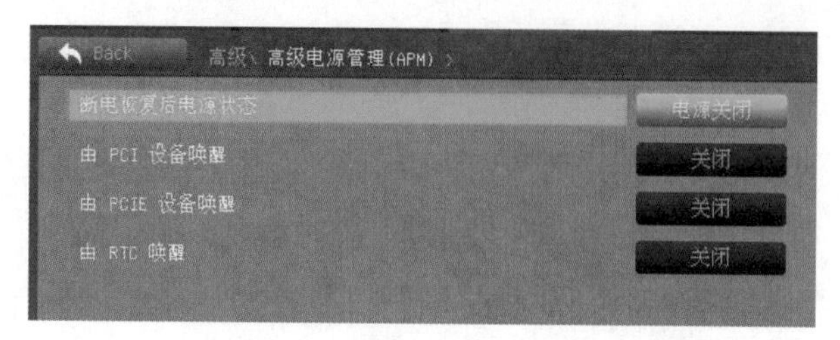

图 5-16　选择断电恢复后电源状态

8) 保存设置

在主界面中，按 F10 键，进行保存即可。如果设置错了，在“退出”选项卡中，单击“确定要载入最佳默认值”即可，如图 5-17 所示。

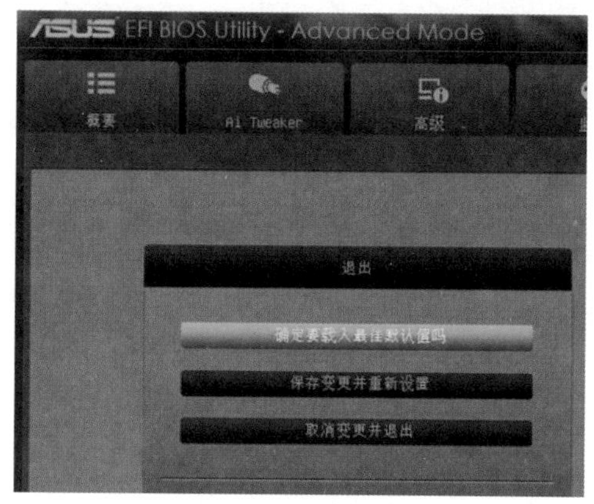

图 5-17　保存设置

2. 传统 BIOS 的常用设置

传统 BIOS 应用范围较 UEFI BIOS 广泛，下面将介绍传统 BIOS 常用的设置。

1) 修改时间

BIOS 修改时间比较简单，进入 BIOS 设置后，在 Standard CMOS features 选项中即可找到 BIOS 时间设置，然后按键盘上的 +、- 键进行修改时间即可，修改完成后按 F10 键保存并退出，在弹出的确认框中，选择 Yes(默认)，然后按 Enter 键即可，如图 5-18 所示。

2) 设置启动顺序

在 Advanced bios features(老主板在 BIOS FEATURE SETUP 里) 选项设置里可以找到 First Boot Device(老主板叫 Boot Sequence 里)，只要将这项设置为 CD-ROM 即可，完成后，同样按 F10 键保存并退出，如图 5-19 所示。

如果是设置 BIOS 从 U 盘启动，只要将 First Boot Device 设置为 USB-HDD 或 USB-ZIP(根据 USB 启动盘类型确定，另外请提前插入 U 盘，以让计算机检测到)，完成后，同样是按 F10 键保存退出。

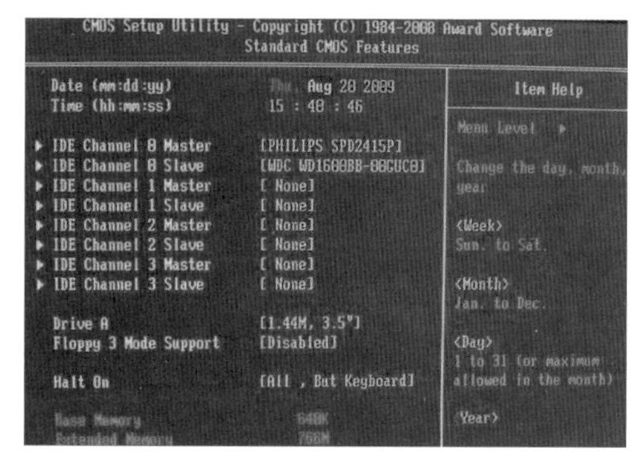

图 5-18　修改时间

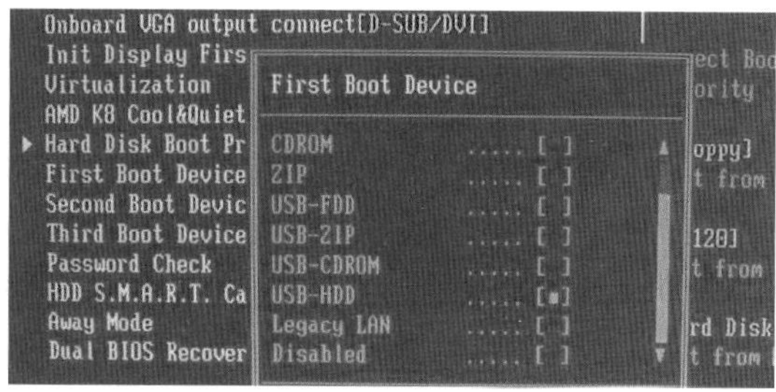

图 5-19　设置启动顺序

3) 关闭软驱

进入 BIOS 设置，然后找到 Standard CMOS features，下面有个 Drive A 选项，移动到该项上按 Enter 键，选择 NONE 或 DISABLE 即可关掉，如图 5-20 所示。

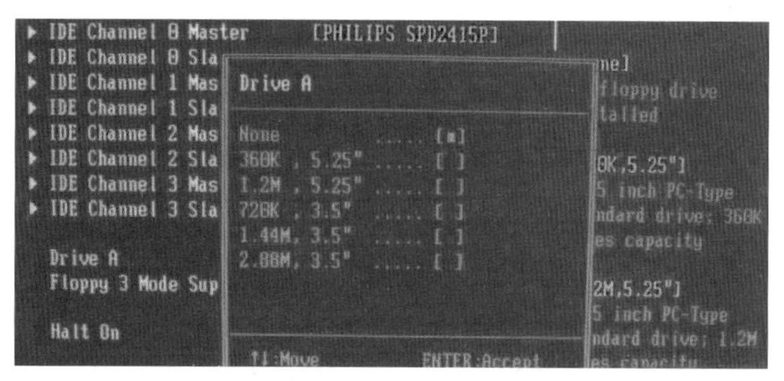

图 5-20　关闭软驱

4) 恢复出厂设置

由于 BIOS 界面基本都是全英文，往往容易设置 BIOS 出错。这种情况就需要用到 BIOS 主界面里的“Load Optimized Defaults”，相当于恢复默认安全设置，相当于计算机的安全模式。

BIOS 恢复出厂设置比较简单，进入 BIOS 设置界面后，找到并选中右侧的“Load Optimized Defaults”，然后按 Enter 键，在弹出的确认框中输入“Y”，然后再按一次 Enter 键即可，如图 5-21 所示。

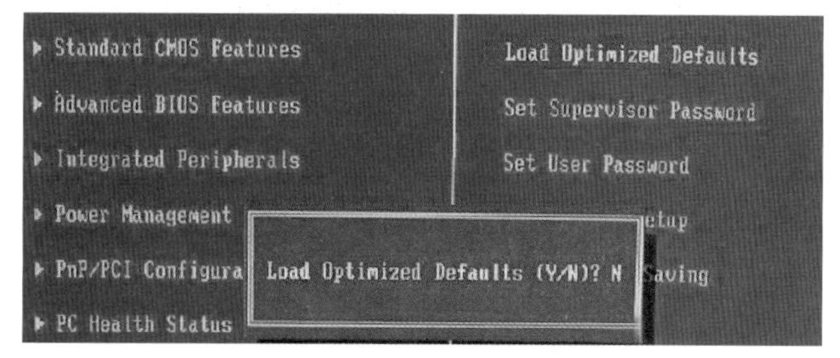

图 5-21　恢复默认设置

5) 取消硬盘 AHCI 模式

硬盘的 AHCI 模式的设置位置一般在 Integrated Peripherals(集成设备) 界面里，选择

OnChip SATA Type，可以看到下面的三个选项：Native IDE/RAID/AHCI，如果需要关掉AHCI，则选择 Native IDE 即可，开启则选择 AHCI。有些笔记本电脑上可能只有 AHCI 和 ATA 还有 DISABLE 选项，选择 ATA 模式也可以。还有显示 Compatible Mode(兼容模式) 的，含义也与 Native 相同，如图 5-22 所示。

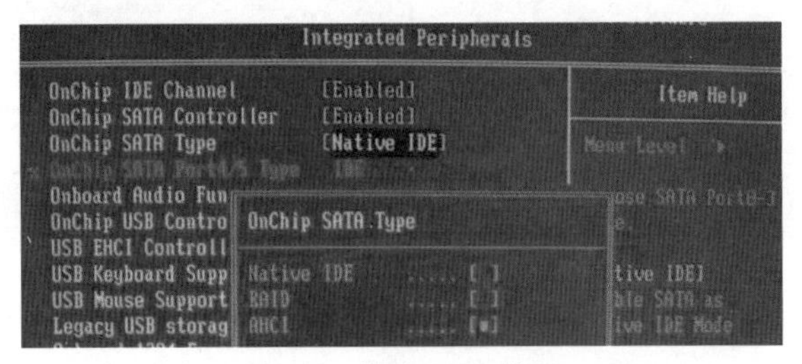

图 5-22　修改 SATA 模式

BIOS 中还会有一个 On Chip SATA Controller(片上 SATA 控制器) 选项，如果系统已经安装了，要是选择关闭该模式，可能会导致一些不确定的问题，所以，如果计算机运行没问题，一般只需要设置 SATA 的工作模式即可，控制器不需要关闭。

6) 保存 BIOS

在设置完成后，按键盘的 F10 键，再按一次 Enter 键进行保存即可，如图 5-23 所示。

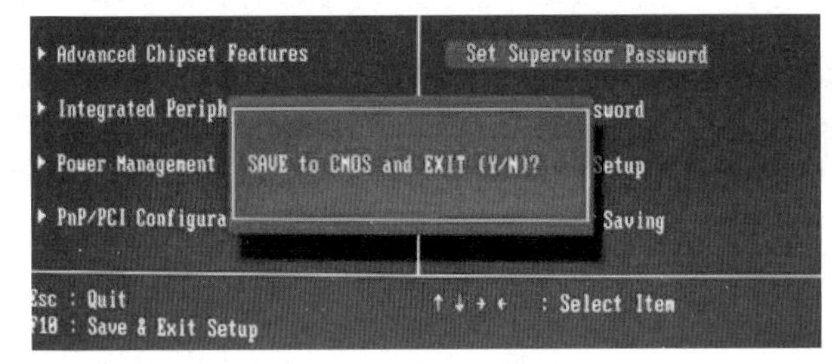

图 5-23　保存设置

7) 其他界面 BIOS 设置启动顺序

在 Boot 选项卡中，单击 Boot Device Priority 选项，如图 5-24 所示。

在选项中，单击第一选项，选择启动设备，这里选择 U 盘启动，如图 5-25 所示。

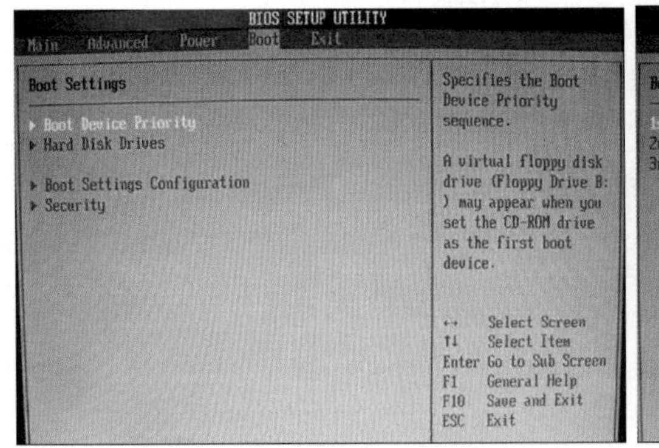

图 5-24　进入启动设置界面

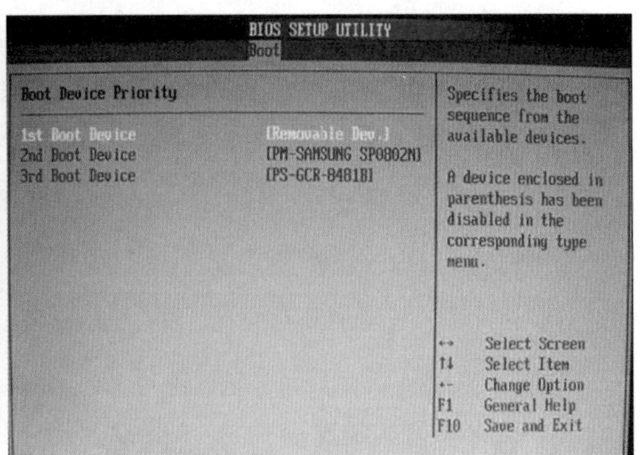

图 5-25　设置设备启动顺序

进入 Hard Disk Drives(硬盘驱动器) 界面，需要选择 U 盘作为第一启动设备“1st Drive”。如果之前在“Hard Disk Drives”里已经选择 U 盘为第一启动设备，那么在这个界面里就会显示有 U 盘，如图 5-26 所示。至此就可以选择 U 盘作为第一启动设备，如图 5-27 所示。

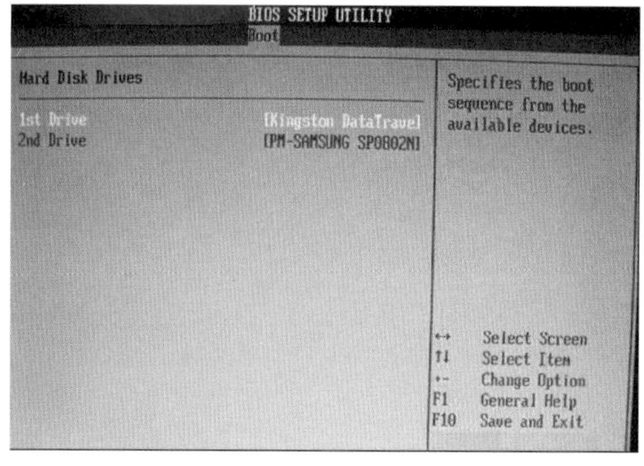

图 5-26　查看是否检测到 U 盘

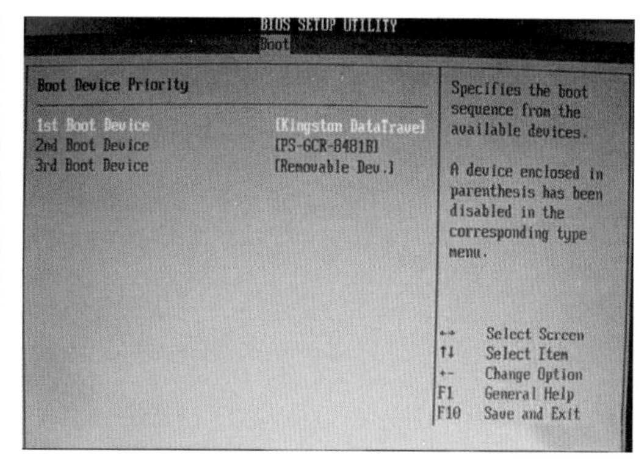

图 5-27　设置 U 盘启动

5.2　计算机分区

分区是对硬盘的一种特殊格式化，只有经过分区，才能对硬盘进行各种操作。

5.2.1　认识计算机分区

首先，介绍下计算机分区的相关知识点。

1.　分区的定义

当创建分区时，就已经设置好了硬盘的各项物理参数，指定了硬盘主引导记录 (即 Master Boot Record，一般简称为 MBR) 和引导记录备份的存放位置。而对于文件系统以及其他操作系统管理硬盘所需要的信息则是通过之后的高级格式化，即 Format 命令来实现。

安装操作系统和软件之前，首先需要对硬盘进行分区和格式化，然后才能使用硬盘保存各种信息。而且必须把硬盘的主分区设定为活动分区，这样才能够通过硬盘启动系统。

2.　分区的目的

计算机分区从本质上说，是对计算机硬盘的一种格式化，只有格式化以后，才能进行数据的保存。计算机分区后，就出现了现在的 C 盘、D 盘、E 盘等盘符，实际上就是将一块硬盘从逻辑上将其划分为多个，从而方便系统的安装、文件的存储、灾难恢复。

3.　何时进行分区

1) 新购买的硬盘

新购买的硬盘，无论是机械硬盘还是固态硬盘，都需要先进行分区操作。

2) 重新对现有硬盘进行分区

对现有分区不满意，希望增加或减少一个分区。或者最常见的情况就是 C 盘不够了，可以通过重新分区给予更多的空间。

3) 感染病毒

引导区感染病毒，不能引导硬盘了，可以通过分区重写 MBR，完成修复。

4. 传统分区的类型

1) 主分区

主分区也叫引导分区，Windows 系统一般需要安装在这个主分区中，这样才能保证开机自动进入系统。简单来说，主分区就是可以引导计算机开机读取文件的一个磁盘分区。

一块硬盘，最多可以同时创建 4 个主分区，当创建完 4 个主分区后，就无法再创建扩展分区和逻辑分区了。此外，主分区是独立的，对应磁盘上的第一个分区，目前绝大多数计算机，在分区的时候，一般都是将 C 盘设成主分区。

2) 扩展分区

扩展分区是一个概念，实际在硬盘中是看不到的，也无法直接使用扩展分区。

除了主分区外，剩余的磁盘空间都是扩展分区了。当一块硬盘将所有容量都分给了主分区，那就没有扩展分区了，仅当主分区容量小于硬盘容量，剩下的空间就属于扩展分区了，扩展分区可以继续进行扩展切割分为多个逻辑分区。

3) 逻辑分区

在扩展分区上面，可以创建多个逻辑分区。逻辑分区相当于一块存储介质，和操作系统还有别的逻辑分区、主分区没有什么关系，是“独立的”。

5.2.2 分区需要考虑的问题

在分区前，需要提前对分区进行规划。

1. 分区的个数及容量

分区前，需要根据自己日常使用习惯，确定需要分几类。除了系统分区，分区的个数及大小都可以按用户的要求进行制订。系统分区一般作为 C 盘。系统盘的分区尽量在 50GB 以上，最好 100GB。因为 Windows 的各种补丁、各种驱动以及某些专业软件，会造成 C 盘越来越小。其余的盘可以分为 D 盘 (用于存放软件)、E 盘 (用于存放工作文件)、F 盘 (用于存放游戏) 等。

2. 传统分区的格式

1)FAT16

FAT16 格式采用 16 位的文件分配表，能支持的最大分区为 2GB，是曾经应用最为广泛和获得操作系统支持最多的一种磁盘分区格式。

2)FAT32

FAT32 格式采用 32 位的文件分配表，使其对磁盘的管理能力大大增强，突破了 FAT14 对每一个分区的容量只有 2GB 的限制。但是，FAT32 的单个文件不能超过 4GB。

3)NTFS

NTFS 是现在主流的磁盘格式，其显著的优点是安全性和稳定性极其出色，在使用中不易产生文件碎片，对硬盘的空间利用及软件的运行速度都有好处。而且单个文件可以超过 4GB。它能对用户的操作进行记录，通过对用户权限进行非常严格的限制，使每个用户只能按照系统赋予的权限进行操作，充分保护了网络系统与数据的安全。

3. 分区前的准备工作

如果是新硬盘那么直接进行分区即可。如果是其他情况，那么最好先将盘中的数据复制到安全的位置，如移动硬盘或者其他计算机，再进行分区工作。

5.2.3 3TB 及以上大硬盘的分区

采用 MBR 分区表的硬盘，最大访问容量是 2.19TB，因此大于该容量的硬盘，系统无法进行识别。那么该问题如何解决？这里就需要一个新的存储格式 GPT。

1. 认识 GPT

GPT 分区全名为 Globally Unique Identifier Partition Table Format，即全局唯一标示磁盘分区表格式。GPT 还有另一个名字叫作 GUID 分区表格式，而 GPT 也是 UEFI 所使用的磁盘分区格式。GPT 分区表采用 8 字节即 64B 来存储扇区数，因此它最大可以支持 264 个扇区。按照每扇区 512B 容量计算，每个分区的最大容量可达 9.4ZB(94 亿 TB)。

GPT 分区的一大优势就是针对不同的数据建立不同的分区，同时为不同的分区创建不同的权限。GPT 能够保证磁盘分区的 GUID 唯一性，所以 GPT 不允许将整个硬盘进行复制，从而保证了磁盘内数据的安全性。

计算机想要快速开机，需要具备三个条件：第一是主板支持 UEFI，第二是系统支持 UEFI(Win10)，第三是硬盘需要采用 GPT 分区。

2. GPT 的使用范围

并不是说所有的盘都可以使用 GPT，以下列出了常用操作系统支持 GPT 分区情况，如图 5-28 所示。

	数据盘	系统盘
Windows 7 32B	支持 GPT 分区	不支持 GPT 分区
Windows 7 64B	支持 GPT 分区	需要 UEFI BIOS 支持
Windows 8 32B	支持 GPT 分区	不支持 GPT 分区
Windows 8 64B	支持 GPT 分区	需要 UEFI BIOS 支持
Windows 10 64B	支持 GPT 分区	需要 UEFI BIOS 支持

图 5-28 转换分区表类型为 GPT

3. MBR 转换为 GPT

GPT 分区的创建或者更改其实并不麻烦，但是一块硬盘如果想从 MBR 分区转换成 GPT 分区的话，就会丢失硬盘内的所有数据。所以在更改硬盘分区格式之前需要先将硬盘备份，然后使用 Windows 自带的磁盘管理功能或者使用 DiskGenius 等磁盘管理软件就可以轻松地将硬盘转换成 GPT(GUID) 格式，转换完成后，就可以真正开始系统的安装过程了。

在启动了 DiskGenius 后，选择需要转换的分区，在“硬盘”菜单中，选择“转换分区表类型为 GUID 格式”命令，如图 5-29 所示。

软件弹出确认信息，并提示谨慎选择，如图 5-30 所示。单击“确定”按钮，进行转换。

图 5-29　转换分区表类型为 GPT

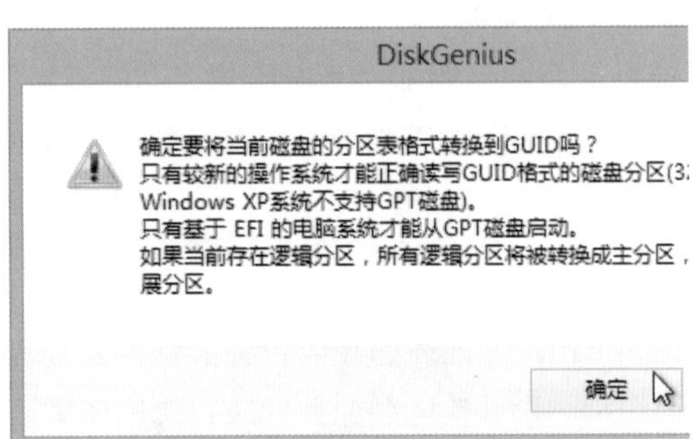

图 5-30　转化确认信息

5.2.4 分区操作

分区操作有多种方法，如使用 DiskGenius 软件、系统安装时进行分区，以及安装好系统后进行分区。

1. 使用 DiskGenius 软件进行分区

使用DiskGenius软件进行分区，可以先进入PE系统，再启动该软件。具体操作步骤如下。

步骤 01：在主界面中，选择左侧的 HD0 硬盘，或直接选择图形化的硬盘，如图 5-31 所示。完成后，按照上一节提到的转换方法转换成 GPT 格式。

步骤 02：在硬盘图标上右击，在弹出的快捷菜单中选择“建立新分区”命令，如图 5-32 所示。

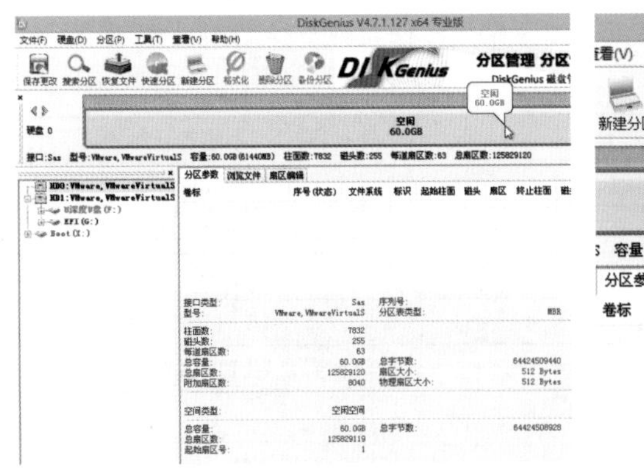

图 5-31　选择待分区硬盘

图 5-32　选择建立选项

步骤 03：系统弹出“建立 ESP、MSR 分区”对话框，选择所有选项，单击“对齐到此扇区数的整数倍：”下拉按钮，选择“4096 扇区”，完成后单击“确定”按钮，如图 5-33 所示。

步骤 04：系统弹出“建立新分区”对话框，选择分区类型及分区大小，完成后，单击“确定”按钮，如图 5-34 所示。

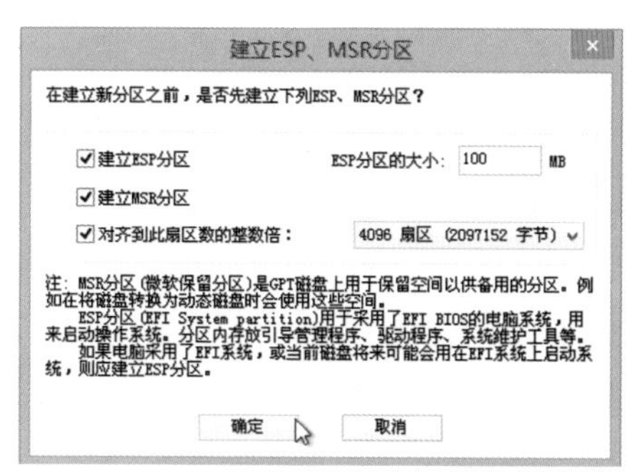

图 5-33　建立默认分区

图 5-34　建立分区

步骤 05：按同样方法，完成所有分区，如图 5-35 所示。

图 5-35　建立所有分区

步骤 06：完成后，单击“保存更改”按钮，系统弹出保存提示，单击“是”按钮，如图 5-36 所示。

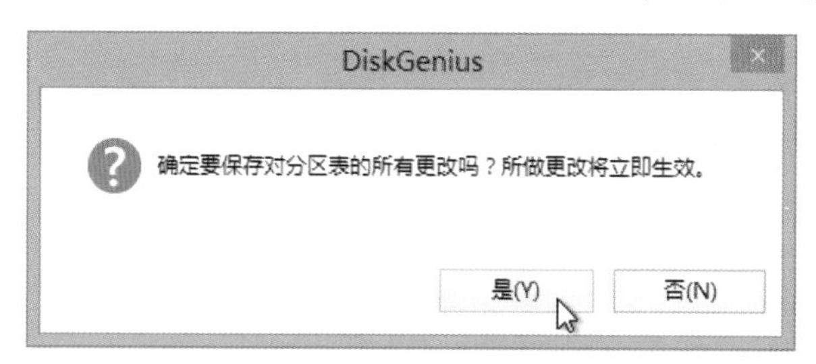

图 5-36　确定更改

步骤 07：软件提示是否立即格式化，单击“是”按钮，如图 5-37 所示。

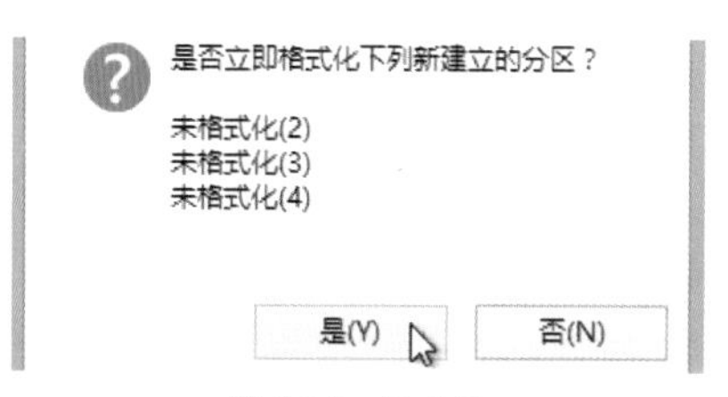

图 5-37　格式化

2. 使用安装光盘进行分区

使用安装光盘进行分区的具体步骤如下。

步骤 01：将安装光盘放入光驱后，启动计算机，进入安装界面，如图 5-38 所示。一直进入到硬盘分区界面。

步骤 02：在硬盘选择界面中选择磁盘，单击“新建”按钮，如图 5-39 所示。

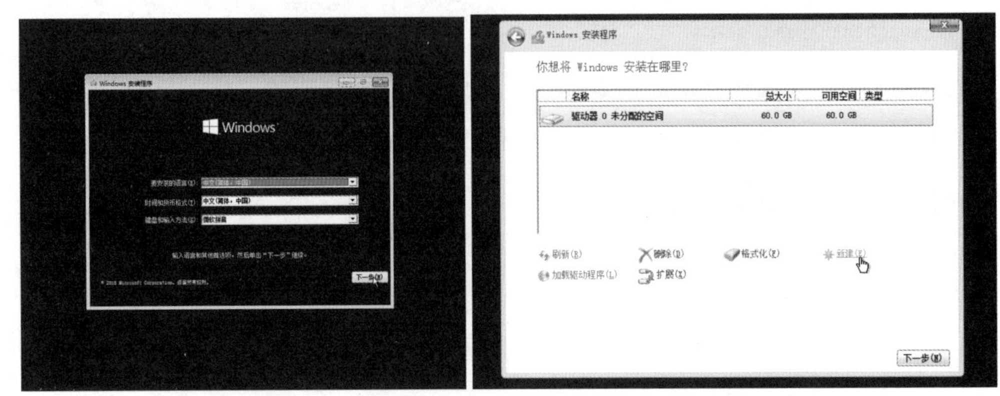

图 5-38　安装界面

图 5-39　新建分区

步骤 03：为分区设置大小，并单击“应用”按钮，如图 5-40 所示。

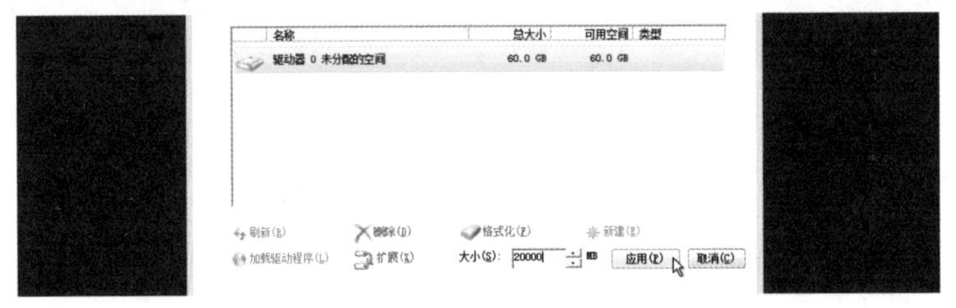

图 5-40　设置分区大小

步骤 04：系统提示创建额外分区，单击“确定”按钮，如图 5-41 所示。

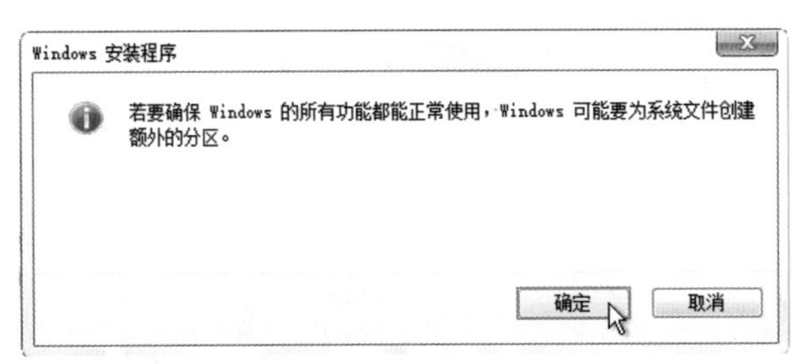

图 5-41　创建额外分区

步骤 05：按同样方法，完成所有分区的建立，完成后，如图 5-42 所示。

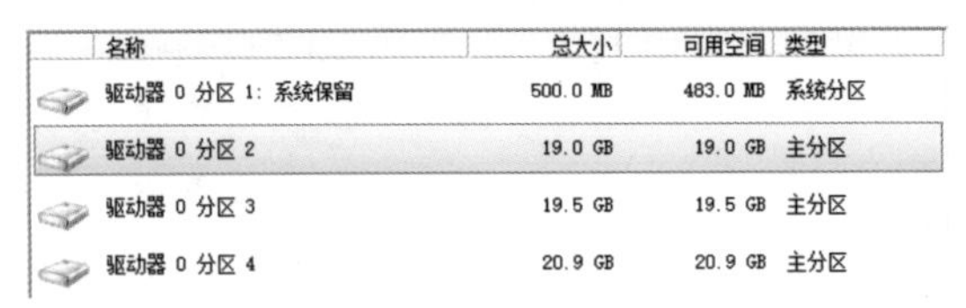

名称	总大小	可用空间	类型
驱动器 0 分区 1: 系统保留	500.0 MB	483.0 MB	系统分区
驱动器 0 分区 2	19.0 GB	19.0 GB	主分区
驱动器 0 分区 3	19.5 GB	19.5 GB	主分区
驱动器 0 分区 4	20.9 GB	20.9 GB	主分区

图 5-42　完成分区建立

3. 使用 Windows 7 自带的磁盘管理进行卷的创建

使用 Windows 7 自带的磁盘管理进行卷的创建的步骤如下。

步骤 01：如果新加入硬盘，在开机后，系统会提示初始化磁盘，并提示该硬盘采用什么分区形式。选择 GPT(GUID 分区表) 单选按钮，如图 5-43 所示，完成后，单击“确定”按钮。

步骤 02：完成后，系统显示新加的磁盘 1 为未分配状态。在磁盘 1 上，单击鼠标右键，在弹出的快捷键菜单中选择“新建简单卷”命令，如图 5-44 所示。

图 5-43　选择分区形式　　　图 5-44　新建简单卷

步骤 03：系统弹出新建向导，单击“下一步”按钮，如图 5-45 所示。

步骤 04：系统弹出指定卷大小界面，输入卷大小，完成后，单击“下一步”按钮，如图 5-46 所示。

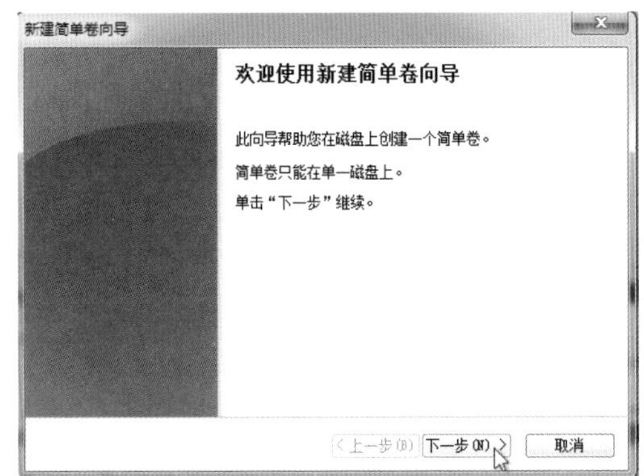

图 5-45　打开新建向导

图 5-46　指定卷大小

步骤 05：输入驱动器号，单击“下一步”按钮，如图 5-47 所示。

步骤 06：设置文件系统、单元大小，选中“执行快速格式化”复选框，完成后，单击“下一步”按钮，如图 5-48 所示。

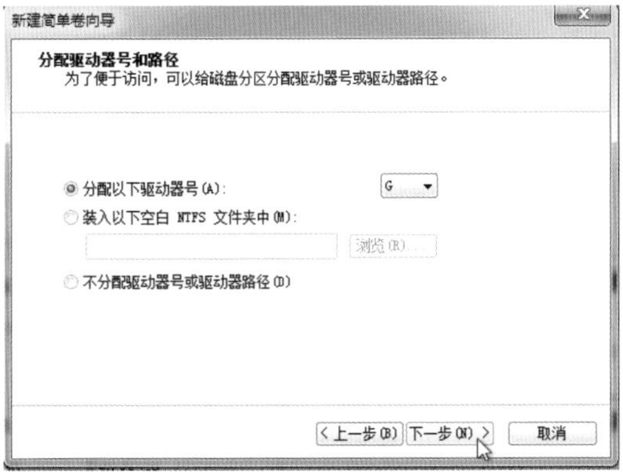

图 5-47　设置驱动器号

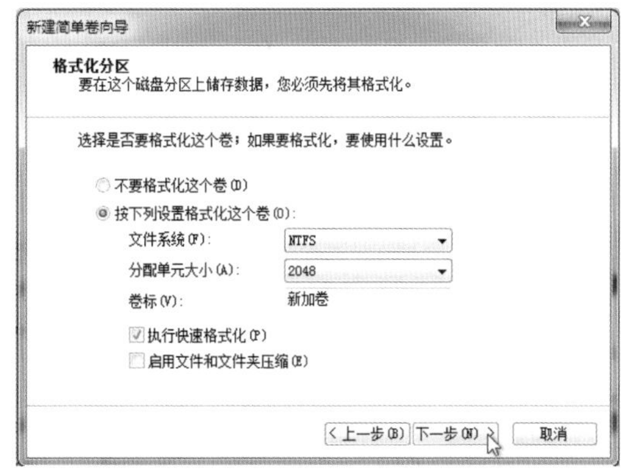

图 5-48　格式化新加卷

步骤07: 完成后,系统自动新建并格式化。完成后可以看到新建的卷G: ,如图5-49所示。

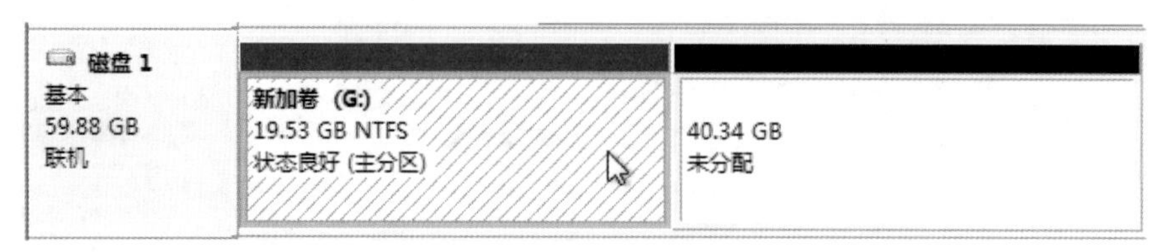

图 5-49　完成格式化后的新加卷

步骤 08：按同样方法，完成所有卷的建立，完成后，如图 5-50 所示。

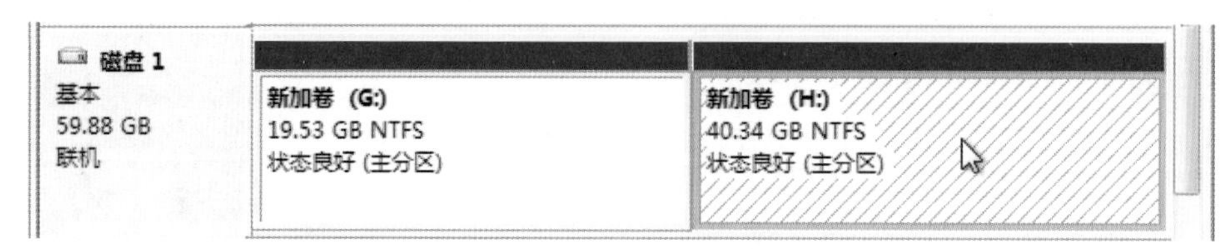

图 5-50　完成所有简单卷的建立

卷的好处是可以动态地调整分区的大小，不会影响分区中的数据，如图 5-51 所示。先进行压缩，然后在需要增加的分区上进行扩展。

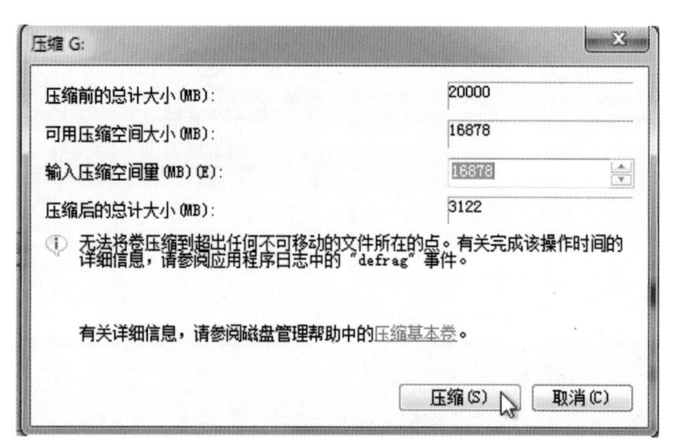

图 5-51　卷的压缩

5.3　启动 U 盘的制作与使用

U 盘启动可以理解为，在计算机自检后，不从硬盘启动，而从 U 盘启动，读取 U 盘中的系统，启动菜单。然后用户选择高级选项，如启动 PE 系统、安装系统、启动镜像文件、进行 Ghost 安装、检测修复系统、分区等操作。

5.3.1　U 盘启动模式

现在绝大部分计算机都支持 U 盘启动。U 盘启动按照模拟方式，有几种模式。

1)USB-HDD

这是硬盘仿真模式，此模式兼容性很高，但对于一些只支持 USB-ZIP 模式的计算机则无法启动。(推荐使用此种格式，这种格式普及率最高)

2)USB-ZIP

这是大容量软盘仿真模式，DOS 启动后显示 A 盘，FlashBoot 制作的 USB-ZIP 启动 U 盘即采用此模式。此模式在一些比较老的计算机上是唯一可选的模式，但对大部分新计算机来说兼容性不好，特别是大容量 U 盘。

3)USB-HDD+

这是增强的 USB-HDD 模式，DOS 启动后显示 C 盘，兼容性极高。其缺点在于对仅支持 USB-ZIP 的计算机无法启动。

4)USB-ZIP+

这是增强的 USB-ZIP 模式，支持 USB-HDD/USB-ZIP 双模式启动，从而达到很高的兼容性。其缺点在于有些支持 USB-HDD 的计算机会将此模式的 U 盘认为是 USB-ZIP 来启动，从而导致 4GB 以上大容量 U 盘的兼容性有所降低。

5)USB-CDROM

这是光盘仿真模式，DOS 启动后可以不占盘符，兼容性一般。其优点在于可以像光盘一样进行 XP/2003 安装。制作时一般需要具体 U 盘型号 / 批号所对应的量产工具来制作，对于 U 盘网上有通用的量产工具。

5.3.2 UEFI 模式 U 盘启动

现在网上提供了多种 U 盘启动的制作软件。通常分为 UEFI 版及装机版。

1. UEFI 模式的优点

UEFI 模式具有以下优点。

◎ 免除了 U 盘启动设置：对于很多计算机小白来说，BIOS 设置 U 盘启动无疑是非常苦恼的一件事，担心一不小心将 BIOS 设置错误导致系统无法正常启动。然而，只要主板支持 UEFI 启动的话就相对来说简单多了，UEFI 为传统 BIOS 的升级版，具有图形界面，操作更为简洁，大部分 UEFI 可以选择 U 盘为优先启动甚至直接选择 U 盘启动。

◎ 可直接进入菜单启动界面：将 U 盘设置为第一启动项之后，在没有插入 U 盘的情况下，UEFI 将会获取下一个启动项进入系统，免除了频繁更改启动项的烦恼。当需要进入 PE 时只需将 U 盘启动盘插入计算机，启动后，可直接进入菜单启动界面。

◎ 进入 PE 快捷方便：UEFI 初始化模块和驱动执行环境通常被集成在一个只读存储器中，即使新设备再多，UEFI 也能轻松解决，这就可以大大地加快新设备预装能力，从而进入 PE 的速度更加迅速。

2. 传统装机版的优点

传统装机版具有以下优点。

◎ 启动稳定：作为资深的装机人员来说，稳定性远远比效率更加重要。

◎ 占用空间小：装机版工具比 UEFI 版的更省内存空间，相对比较更好地携带。

◎ 功能强大可靠，支持的主板比较多：在频繁地接触各类计算机过程中，使用 UEFI 版高效率重装系统远远不及装机版的好，装机版能够兼容广泛种类主板，且功能强大可靠。

5.3.3 制作启动 U 盘

使用网上的制作工具可以快速制作启动 U 盘，而且功能强大。具体制作步骤如下。

步骤 01：使用网上的制作软件通常需要进行安装。用户可在网上下载后，双击安装包，启动安装程序。完成后，如图 5-52 所示。

步骤 02：插入 U 盘，双击制作软件图标，打开软件，界面如图 5-53 所示。

图 5-52　安装制作工具

图 5-53　打开软件

步骤 03：单击选择设备下拉按钮，选择 U 盘。其他默认就可以了，完成后，单击“开始制作”按钮，如图 5-54 所示。

步骤 04：软件提示用户将会删除所有数据，且不可恢复，用户单击“确定”按钮，如图 5-55 所示，开始制作。

图 5-54　开始制作

图 5-55　确认提示

步骤 05：软件开始对 U 盘进行初始化操作，如图 5-56 所示，稍等片刻。

步骤 06：软件进行 UEFI 分区，如图 5-57 所示。

步骤 07：软件向 U 盘写入 PE 系统，有进度提示，如图 5-58 所示。

步骤 08：UD 分区及数据分区格式化并写入数据包，完成后，系统弹出成功画面，并询问是否进行测试，如图 5-59 所示。

图 5-56　初始化 U 盘

图 5-57　进行 UEFI 分区

图 5-58　写入 PE 文件

图 5-59　完成制作

步骤 09：稍等，软件弹出启动画面，说明测试通过，如图 5-60 所示。

步骤 10：此时，查看 U 盘，可以看到，U 盘已经变为了启动盘，如图 5-61 所示。

图 5-60　测试画面

图 5-61　完成后的 U 盘内容

5.3.4 使用启动 U 盘

下面，介绍启动 U 盘的使用步骤。使用 UEFI 模式制作的启动 U 盘，可以快速启动。

1.UEFI 模式 U 盘启动

UEFI 模式 U 盘启动的具体步骤如下。

步骤 01：在关机状态下，将 U 盘插入计算机 USB 接口，按计算机电源键，启动计算机。

步骤 02：因为是 UEFI 模式的启动 U 盘，在 LOGO 界面，会直接读取 U 盘中的系统，省去了很多时间，也不用选择启动项目，如图 5-62 所示。

步骤 03：PE 加载完毕后，界面如图 5-63 所示，用户可以根据情况，选择合适的工具。

图 5-62　快速启动界面

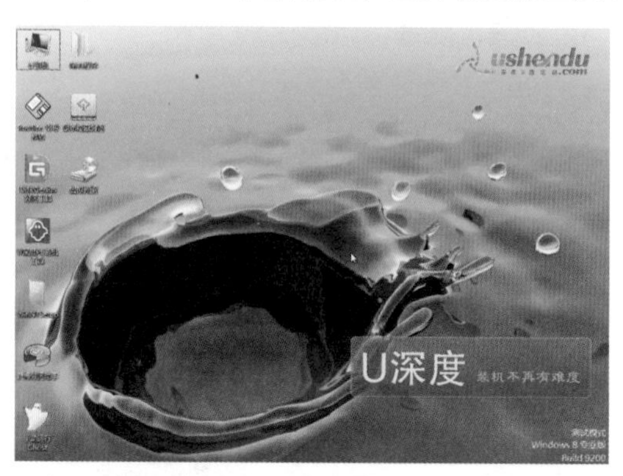

图 5-63　Win8PE 模式

2. 普通模式 U 盘启动

如果用普通模式制作的 U 盘，则按照下面的方法进行启动。

步骤 01：进入 BIOS，将 U 盘设置为第一启动项，如图 5-64 所示。因为使用了虚拟机，这里 U 盘是模拟成硬盘 0：1，选择时请注意分辨。

步骤 02：保存后，重新启动，系统自动进入菜单选取界面，如图 5-65 所示。用户可以使用键盘或鼠标选择需要的功能。

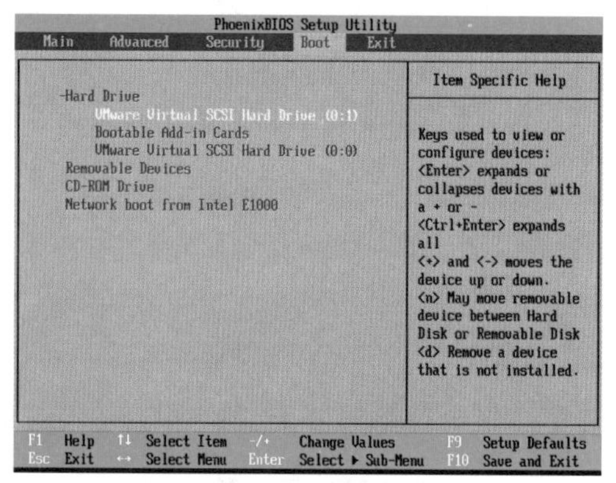

图 5-64　设置 U 盘为首选启动项

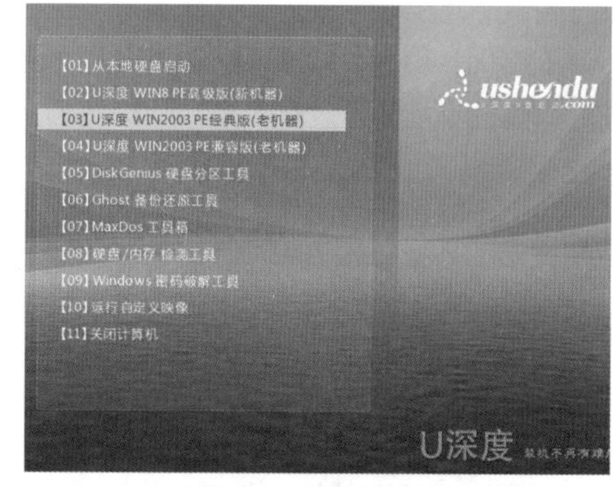

图 5-65　U 盘启动菜单

5.3.5 创建高级急救系统

U 盘启动的目的就在于计算机硬盘出现问题，而无法启动系统时，可以使用 U 盘进行急救。

在硬盘可以使用的情况下，可以将高级急救系统安装到本地硬盘，在系统引导时，可以选择启动方式，那么，在没有 U 盘的情况下，也可以使用 PE 系统进行急救，十分方便。

1. 本地模式

步骤 01：使用本地模式，需要在启动软件后，切换到“本地模式”选项卡，参数可以使用默认。如果为了防止其他用户误操作，可以设置启动密码。单击“开始制作”按钮，如图 5-66 所示。

步骤 02：软件提示“您确定要安装急救系统吗？”单击“确定”按钮，如图 5-67 所示。

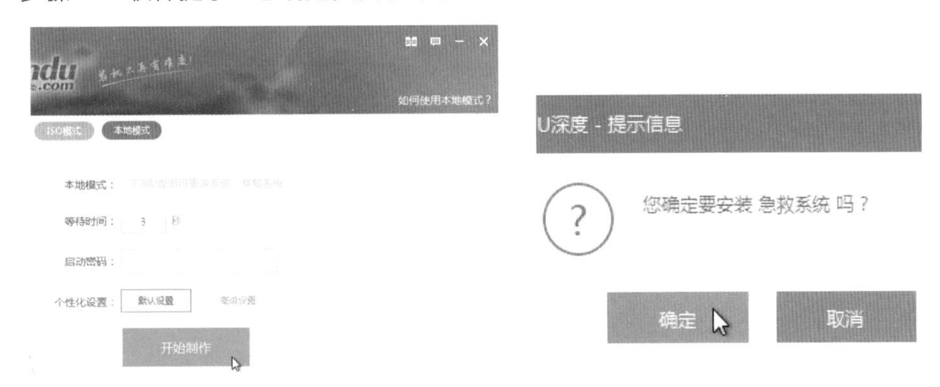

图 5-66 启动本地模式

图 5-67 确定安装

步骤 03：软件开始进行本地系统的制作，如图 5-68 所示。

步骤 04：稍等片刻，完成安装，如图 5-69 所示。

图 5-68 安装数据

图 5-69 完成安装

2. 高级操作

在软件的下方，还提供了多种操作模式，如图 5-70 所示。

◎ 升级启动盘：可以更新 U 盘上的系统，方便快捷。

◎ 归还空间：U 盘如果是 UEFI 模式，默认分了 3 个区，为了防止病毒，还有写保护和隐藏分区在里面，用户可以通过归还空间完成 U 盘初始状态的转换。

◎ 格式转换：格式转换可以将 U 盘转换成 NTFS 格式。

◎ 模拟启动：可以随时查看 U 盘模拟启动状态，确定在各系统中，可以进行启动，如图 5-71 所示。

◎ 快捷键查询：可以查看各品牌计算机的快捷启动按钮。

图 5-70 高级操作

图 5-71 模拟启动

课后作业

一、填空题

1. UEFI BIOS 的优点有 _____、_____、_____、_____ 等。
2. 计算机硬盘在 _____、_____、_____ 等情况下必须先分区。
3. 传统的 MBR 分区表，所支持的分区类型有 _____、_____、_____。
4. 计算机想要使用 UEFI 模式快速开机，需要满足 _____、_____、_____ 三个条件。
5. GPT 分区表除了主分区外，还需要额外的 _____、_____ 分区。

二、选择题

1. 在 BIOS 中，不可以进行操作的是 (　　)。

   A. 设置启动顺序　　B. 升级 BIOS

   C. 超频　　D. 安装硬件

2. 传统的 MBR 分区表最多支持 (　　) 个主分区。

   A. 4　　B. 3

   C. 2　　D. 1

3. 不支持 GPT 分区启动的操作系统是 (　　)。

   A. Win10 64 位　　B. Win7 32 位

   C. Win7 64 位　　D. Win8 64 位

4. 使用第三方工具制作可以启动的 Win PE U 盘时，以下说法错误的是 (　　)。

   A. 兼容性强　　B. 自带工具

   C. 简单方便　　D. 无须备份

5. 以下不属于分区软件 DG 可以实现的功能是 (　　)。

   A. 重建 MBR　　B. 安装系统

   C. 模式转换　　D. 无损调整分区

三、动手操作与扩展训练

1. 使用 U 深度、老毛桃、微 PE 等第三方工具，制作一个自己的启动 U 盘，并测试是否可以进入 PE 环境。
2. 使用 DG 进行分区的无损调整，最好使用虚拟机操作，并备份好硬盘的资料。
3. 在 MBR 分区表的情况下，建立主分区，并测试看，是否可以建立超过 4 个主分区。

第6章 安装快速启动的Windows系统

知识概述

与传统方式安装系统不同，采用UEFI安装的系统可以支持快速启动。GPT还可以支持大于2TB的硬盘，在以后硬盘空间及文件越来越大的情况下，将会成为最常用的分区类型。那么如何才能实现UEFI安装与启动，本章将着重进行介绍。

要点难点

- 如何实现计算机快速启动
- 使用UEFI方式安装系统
- 使用UEFI方式启动计算机
- 安装计算机驱动及应用程序

6.1 计算机快速启动的方法

使用 UEFI 方式安装的系统，与 MBR 方式相比，可以跳过自检，而且支持更多硬件。

6.1.1 如何做到快速启动

如何做到快速启动，简单来说，就是需要 GPT+UEFI。硬盘需要采用 GPT 格式，并且在纯 UEFI 模式下安装支持 UEFI 的 Windows 系统。具体的要求如下：

◎ 支持 UEFI 的主板。

◎ 支持 UEFI 的启动设备（如 UEFI 模式 U 盘）。

◎ 支持 UEFI 的操作系统（如 Windows 7 64 位、Windows 8 64 位、Windows 10 64 位）。

◎ 硬盘必须是 GPT 格式（包含主分区、ESP 分区、MSR 分区和系统保留分区）。

6.1.2 快速启动系统的安装步骤

在安装内容上，采用UEFI的系统安装，与传统安装的内容并无不同。主要是安装方式上，需要进行特别的准备。具体安装步骤如下。

步骤 01：将硬盘格式由 MBR 转换成 GPT 格式。

步骤 02：在支持 UEFI 格式的主板 BIOS 中，开启 UEFI 模式。

步骤 03：在 BIOS 中设置启动设备为 UEFI 光驱或者 UEFI U 盘。

步骤 04：使用 Windows 7、8、10 64 位的安装光盘或镜像文件启动系统安装。

6.2 安装系统前的准备工作

无论是不是快速启动的系统安装，都需要在安装前做好准备工作。

6.2.1 备份重要资料

如果在还能开机的情况下，尽量将 C 盘中的资料，尤其是桌面上的资料复制到安全的位置，再进行安装。但如果是需要转换成 GPT 格式的硬盘，那么最好将所有资料都转移到其他的安全位置。因为转换会将分区中的资料消除。

如果计算机已经无法进入系统，那么可以尝试进入安全模式。当然，最好的方法是进入 PE，再复制资料，如图 6-1 所示。

当然，新加的硬盘或者新买的计算机，可以直接使用工具格式化计算机或调整格式。

图 6-1　在 PE 中查看并复制数据

6.2.2 记录重要数据

记录重要数据的具体步骤如下。

步骤 01：在安装系统前，最好进入到设备管理器中，查看当前设备的信息，并记录好主要的硬件型号，以便在安装后，下载驱动使用，如图 6-2 所示。

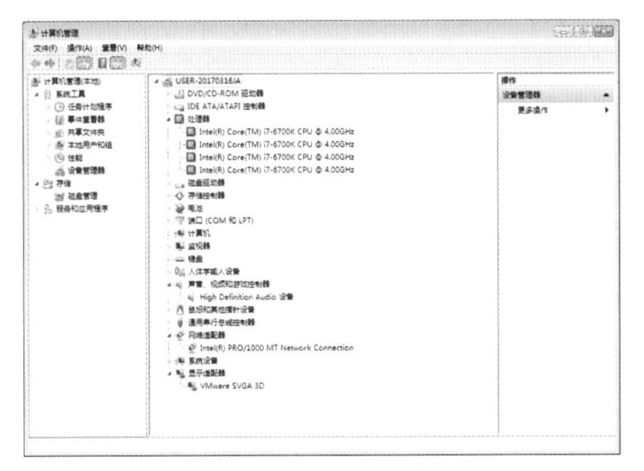

图 6-2　查看设备信息

步骤 02：打开 Windows 的程序管理，记录好经常使用的软件，如图 6-3 所示，以便在重装后，按照记录安装应用软件。

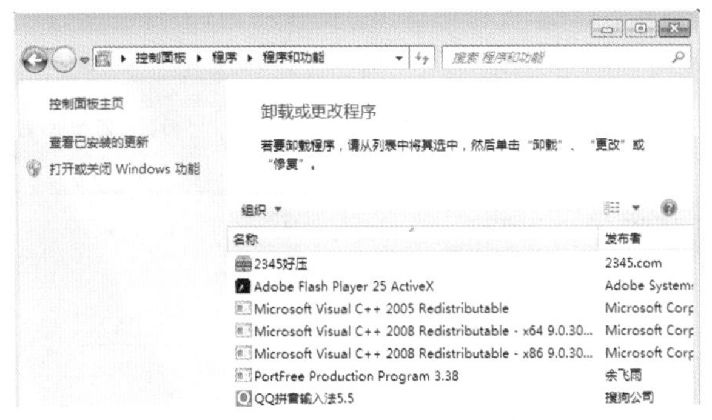

图 6-3　查看系统应用软件信息

6.2.3 准备安装的工具

安装的工具具体如下。

◎ 启动介质：U 盘、光盘。

◎ 操作系统光盘或镜像。

◎ 驱动盘或者驱动软件。

◎ 应用程序安装文件。

6.3 硬盘格式化与分区

在安装系统前最好先进行分区。这里使用的软件是 DiskGenius。DiskGenius 是一款硬盘分区及数据恢复软件。它是在最初的 DOS 版的基础上开发而成的。Windows 版本的 DiskGenius 软件，除了继承并增强了 DOS 版的大部分功能外，还增加了许多新的功能。

新购买的计算机，需要使用工具将硬盘进行格式转换以及分区。具体步骤如下。

步骤 01：使用 U 盘启动到 PE 模式，打开分区工具 DiskGenius，如图 6-4 所示。

步骤 02：选中新硬盘，在“硬盘”菜单中，选择“转换分区表类型为 GUID 格式”命令，如图 6-5 所示。

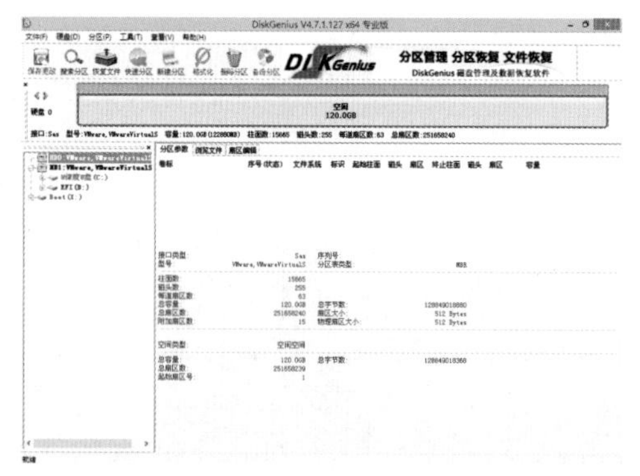

图 6-4　打开分区软件

图 6-5　转化分区表类型为 GPT

步骤 03：系统弹出提示，单击“确定”按钮，如图 6-6 所示。

步骤 04：在硬盘图标上右击，在弹出的快捷菜单中选择“建立新分区”命令，如图 6-7 所示。

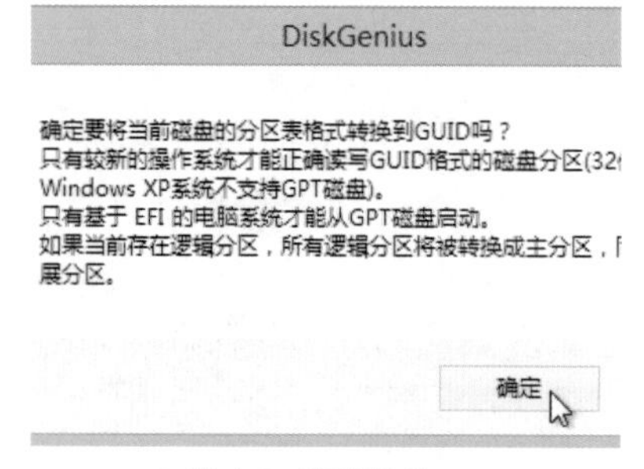

图 6-6　确定转换

图 6-7　新建分区

步骤 05：在弹出的提示中，选中“建立 ESP 分区”复选框，单击“确定”按钮，如图 6-8 所示。

步骤 06：接下来，按照用户的要求，建立相应的分区，完成后，单击“保存更改”按钮，如图 6-9 所示。完成后，系统进行分区及格式化操作。

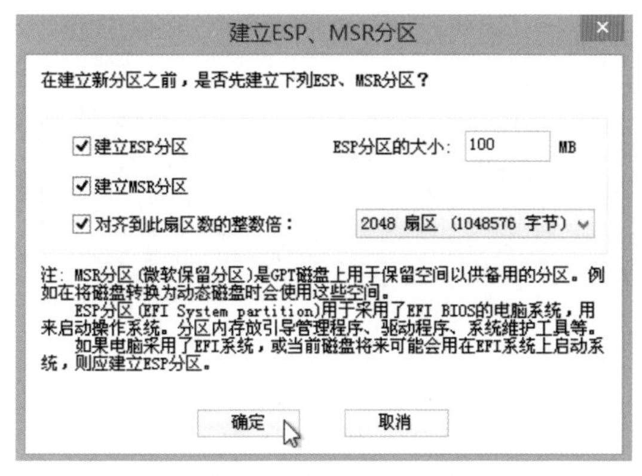

图 6-8 建立 ESP 分区

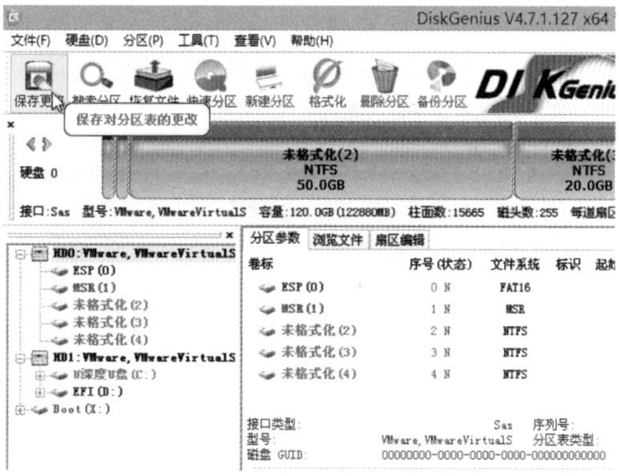

图 6-9 完成分区

6.4 设置 UEFI 启动模式

下面讲解开启 UEFI 模式的具体步骤。

步骤 01：由于各主板开启方式不同，用户可以参考主板 BIOS 说明，开启 UEFI 模式，如图 6-10 所示。

步骤 02：设置主板的 UEFI 启动顺序，如图 6-11 所示。也可以在开机时，选择启动顺序。

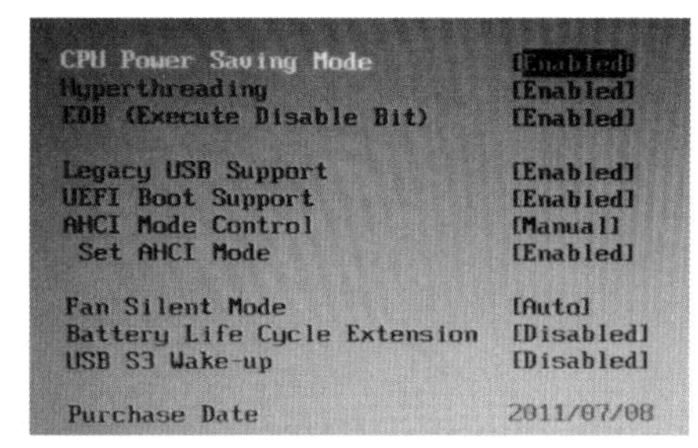

图 6-10 开启主板 UEFI 模式

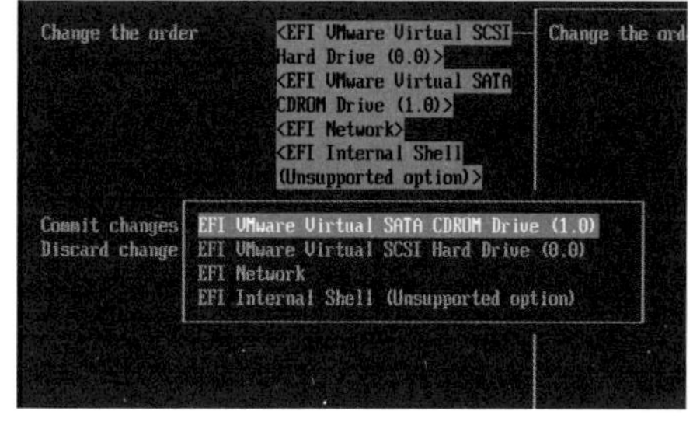

图 6-11 设置 UEFI 光盘首先启动

步骤 03：保存后，重启操作系统即可。

6.5 安装 Windows 10

安装 Windows 10 的具体步骤如下。

步骤 01：将光盘放入光驱，因为硬盘上没有系统，默认从光盘启动，读取启动数据，如图 6-12 所示。

步骤 02：设置国家及语言，单击“下一步”按钮，如图 6-13 所示。

图 6-12　启动安装

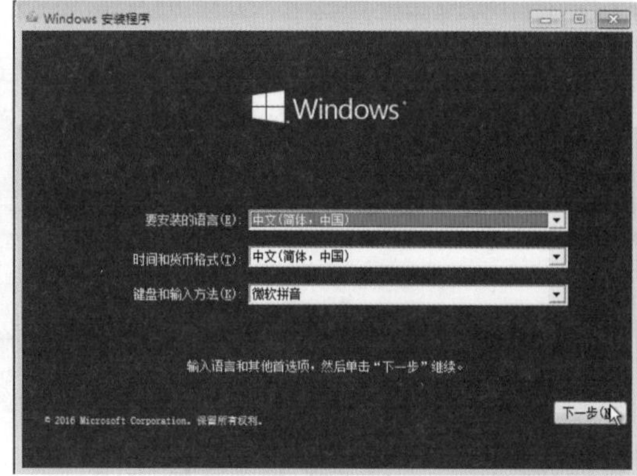

图 6-13　选择语言

步骤 03：单击“现在安装”按钮，如图 6-14 所示。

步骤 04：提示输入产品密钥，用户可以在安装完成后进行激活，这里单击“我没有产品密钥”按钮，如图 6-15 所示。

图 6-14　单击“现在安装”按钮

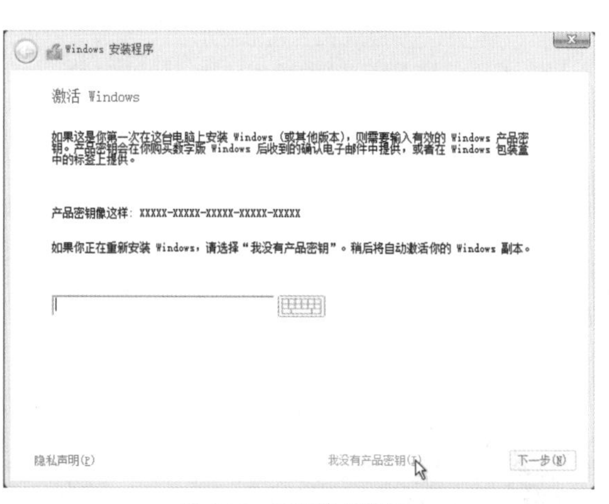

图 6-15　取消输入密钥

步骤 05：提示进行产品的选择，这里选择“Windows 10 专业版”选项，如图 6-16 所示，单击“下一步”按钮。

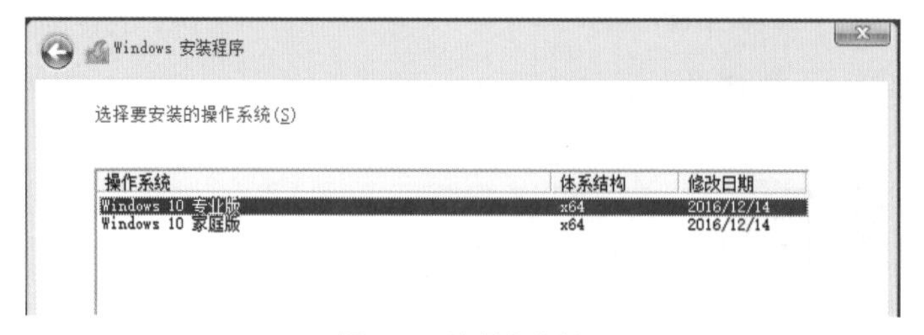

图 6-16　选择专业版

步骤 06：接受许可条款，单击“下一步”按钮，如图 6-17 所示。

步骤 07：选择安装类型，这里选择“自定义：仅安装 Windows(高级)”选项，如图 6-18 所示。

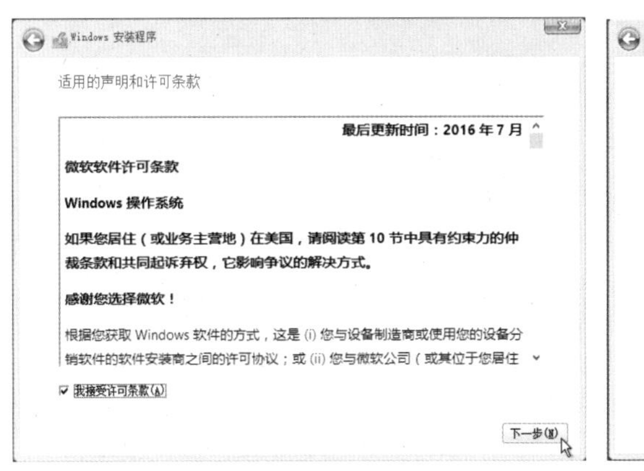

图 6-17　接受许可条款

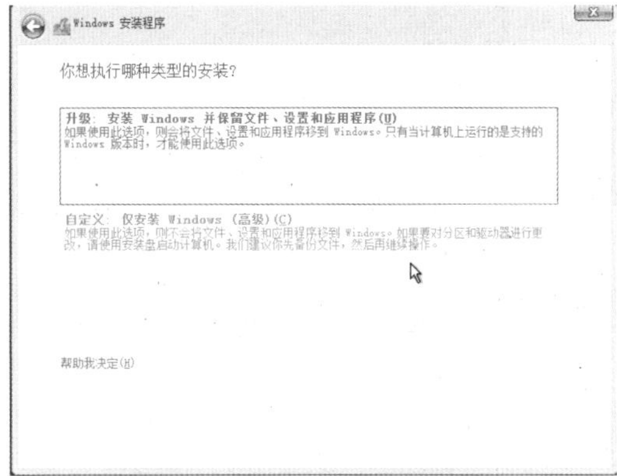

图 6-18　全新安装 Windows 10

步骤 08：选择安装位置，单击“下一步”按钮，如图 6-19 所示。该步骤中，因为之前已经采用 GPT 格式分区表，并使用 NTFS 格式化了分区。此时，只需选择安装位置即可。否则需要在该处调整分区表格式，并进行格式化操作。

步骤 09：系统进行文件的复制，如图 6-20 所示。

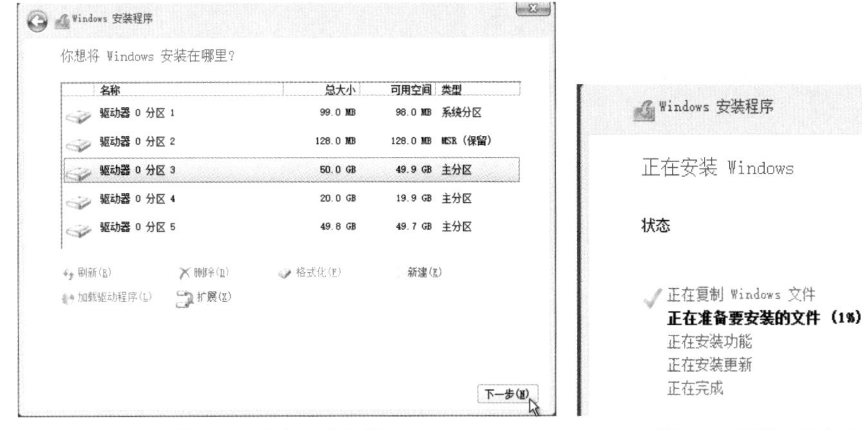

图 6-19　选择安装位置　　　　图 6-20　展开安装文件

步骤 10：文件展开完成后，系统进行重启操作，如图 6-21 所示。

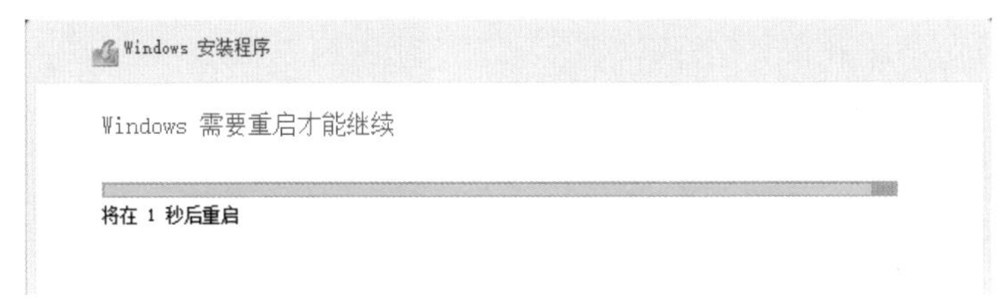

图 6-21　系统进行重启

步骤 11：此时在 BIOS LOGO 界面就可以发现下方出现了进度条，系统已经开始加载，比传统启动要快很多，如图 6-22 所示。

步骤 12：系统准备，并安装设备，如图 6-23 所示，完成后，重启计算机。

图 6-22 LOGO 界面加载系统

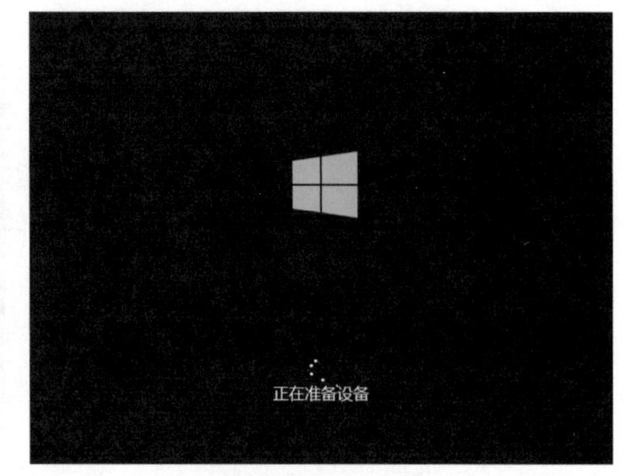

图 6-23 准备设备

步骤 13：重启完毕后，系统进入设置界面，单击“自定义”按钮，如图 6-24 所示。

步骤 14：选择个性化及位置服务，单击“下一步”按钮，如图 6-25 所示。

图 6-24 进入自定义设置

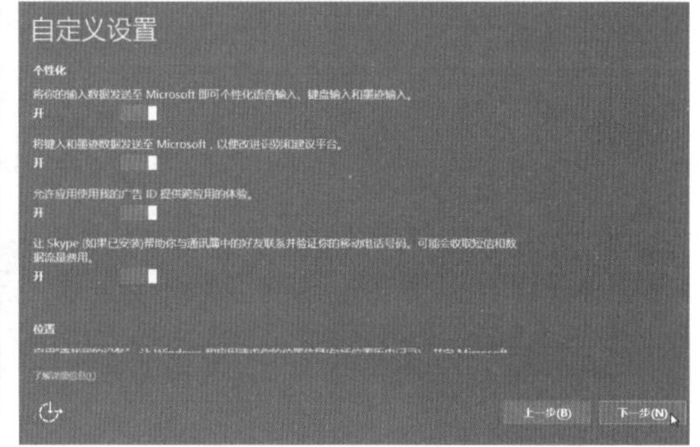

图 6-25 选择个性化及位置服务

步骤 15: 依次完成其他自定义设置后，进入计算机设置界面，选择“我拥有它”并单击“下一步”按钮，如图 6-26 所示。

步骤 16：系统提示是否使用 Microsoft 账户进行登录，以便可以共享配置和资源。这里选择“跳过此步骤”选项，如图 6-27 所示。

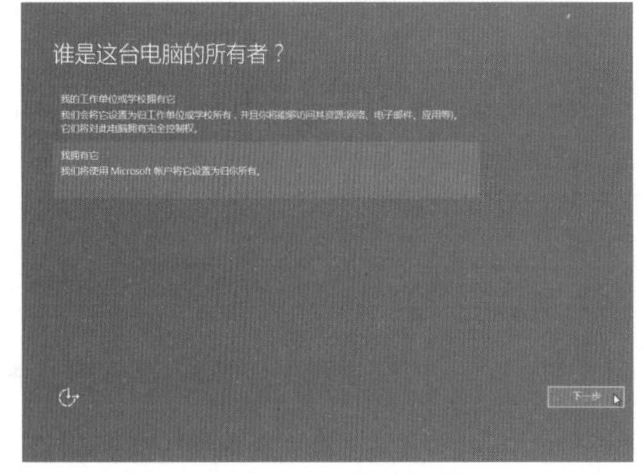

图 6-26 选择计算机的归属

图 6-27 取消使用 Microsoft 账户登录

步骤 17：创建账户，因为自己使用，不用输入密码，直接单击“下一步”按钮，如图 6-28 所示。

图 6-28　创建账户

步骤 18：系统提示是否启用 Cortana，单击“暂不”按钮，如图 6-29 所示。

图 6-29　是否启用 Cortana

步骤 19：系统提示准备更新，如图 6-30 所示。

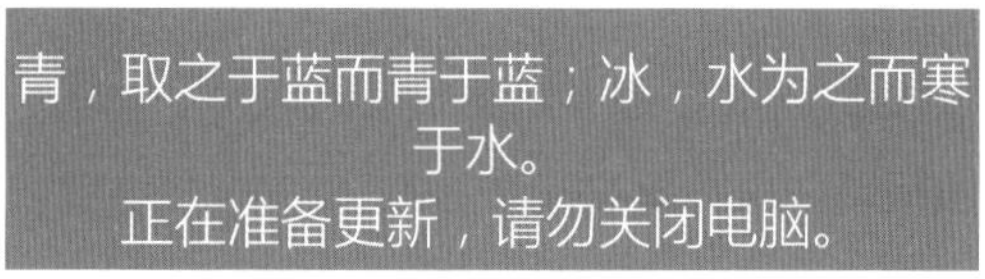

图 6-30　系统准备更新数据

步骤 20：稍等片刻，系统进入 Windows 10 主界面，安装工作到此结束，如图 6-31 所示。

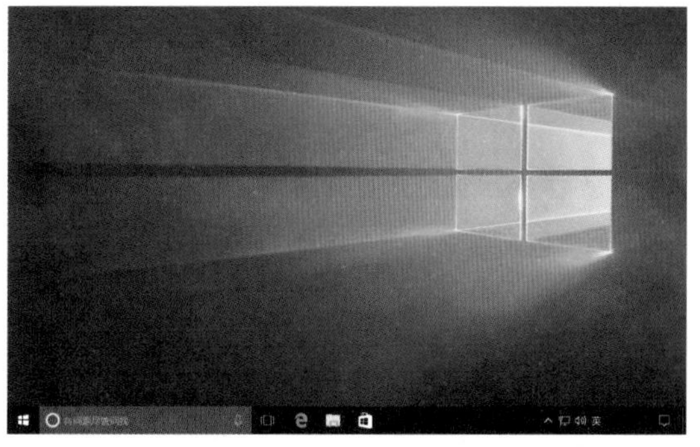

图 6-31　进入操作系统桌面环境

6.6 安装 Windows 7

有些计算机已经安装了系统，而且没有启用 UEFI 模式，硬盘也已经分区，并且没有采用 GPT 模式，那么这种情况，如何进行快速启动系统的安装，下面将介绍具体步骤。

6.6.1 安装前的准备工作

安装该种情况的系统，需要准备：

◎ 确定计算机主板支持开启 UEFI 模式。

◎ Windows 7 64 位的安装介质，可以是 U 盘，也可以是光盘启动。

6.6.2 安装的主要流程

安装的主要流程具体如下。

步骤 01：备份资料，因为要将硬盘分区表格式转化为 GPT，所以要将硬盘中的数据进行备份。

步骤 02：使用 U 盘启动计算机，使用工具进行格式转换，或用安装光盘在安装时进行转换。

步骤 03：使用光盘进行安装。

步骤 04：安装驱动文件及应用软件。

6.6.3 开始进行安装

安装的具体步骤如下。

步骤 01：在 BIOS 中，开启 UEFI 模式，并将光盘插入光驱。

步骤 02：在启动时，进入启动项选择界面，选择光盘启动，如图 6-32 所示。

步骤 03：从光盘读取安装文件并启动到安装界面，选择语言等选项，单击“下一步”按钮，如图 6-33 所示。

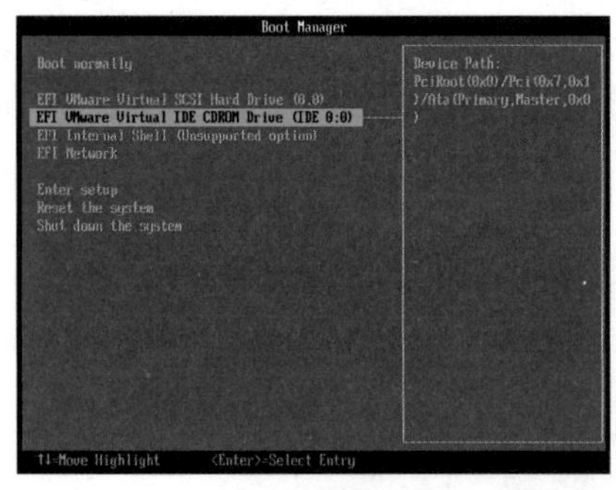

图 6-32　选择光盘启动

图 6-33　选择语言等选项

步骤 04：单击“现在安装”按钮，如图 6-34 所示。

图 6-34　选择现在安装

步骤 05：接受许可条款后，选择“自定义”安装模式，如图 6-35 所示。

步骤 06：进入到安装位置后，可以发现，系统无法安装到任何分区，单击“显示详细信息”后，可以查看到系统提示无法安装，因为老系统使用的是 MBR 分区表，在 EFI 系统上，Windows 只能安装到 GPT 磁盘上，如图 6-36 所示。

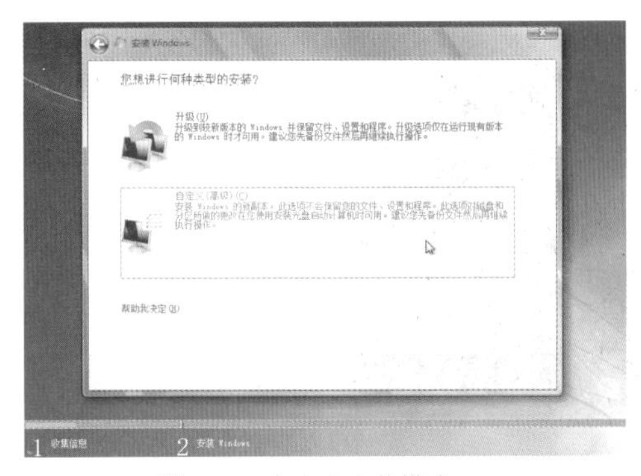

图 6-35　自定义安装模式

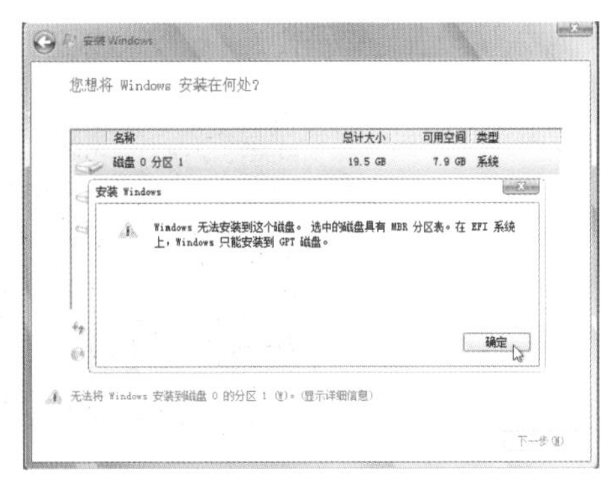

图 6-36　提示无法安装到该分区

步骤 07：那么应该怎么办呢，下面就需要使用命令来进行操作了。按 Shift+F10 键，使用管理员权限启动控制台，如图 6-37 所示。

步骤 08：使用 diskpart 命令进行分区调整，使用 list disk 命令列出当前计算机安装的所有硬盘，使用 select disk X 命令选择需要进行转换的硬盘，使用 clean 命令来清除所有磁盘分区，如图 6-38 所示。完成后，系统提示成功清除了磁盘。

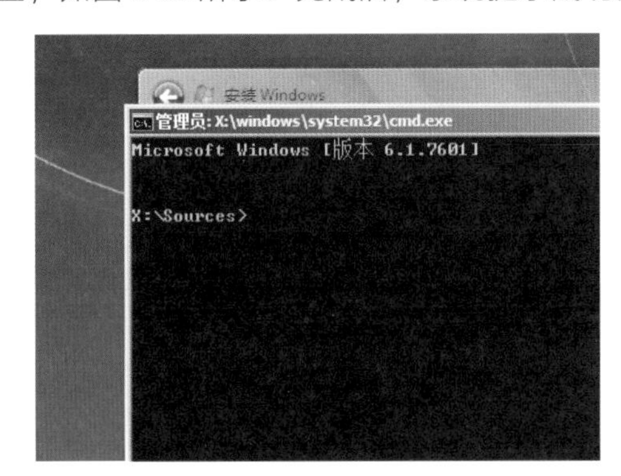

图 6-37　启动控制台

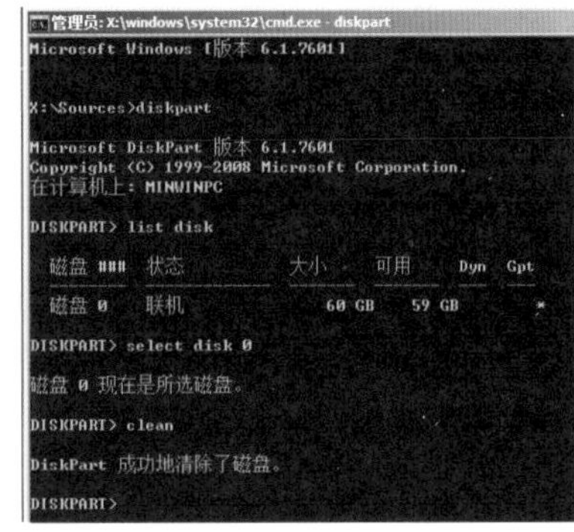

图 6-38　清除磁盘分区

步骤 09：使用 convert gpt 命令将磁盘转换成 GPT 格式，如图 6-39 所示。系统提示已经成功进行了转换。

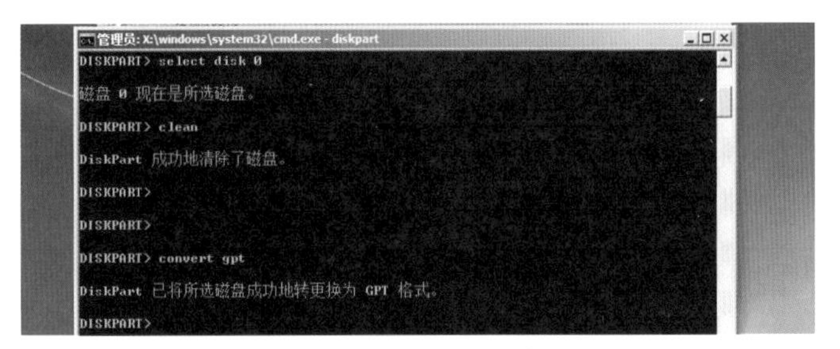

图 6-39　转换成 GPT 格式

步骤 10：当然，也可以使用命令创建系统必需的分区。使用 create partition efi size = 100 命令从总磁盘中创建 EFI 也就是 ESP 系统分区。使用 create partition msr size = 128 命令创建 MSR 保留分区。当然，也可以用命令创建其他主分区，这里的单位为 M，使用 exit 命令退出控制台，如图 6-40 所示。

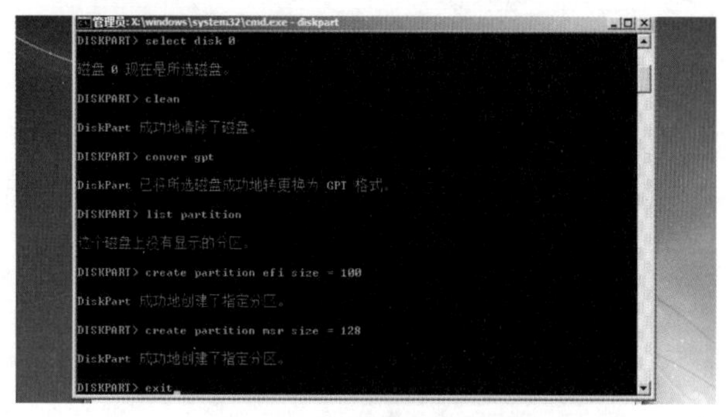

图 6-40　使用命令创建分区

步骤 11：返回到分区的界面，如果此时没有刷新，可以单击左上角的返回按钮，返回到上一级界面，再进入到分区界面。可以看到已经成功地进行了转换，而且创建了 2 个分区。选中剩下的未分配空间，单击“新建”按钮，如图 6-41 所示。

步骤 12：输入分区的大小，单击“应用”按钮，如图 6-42 所示。记得此时的单位为 MB。

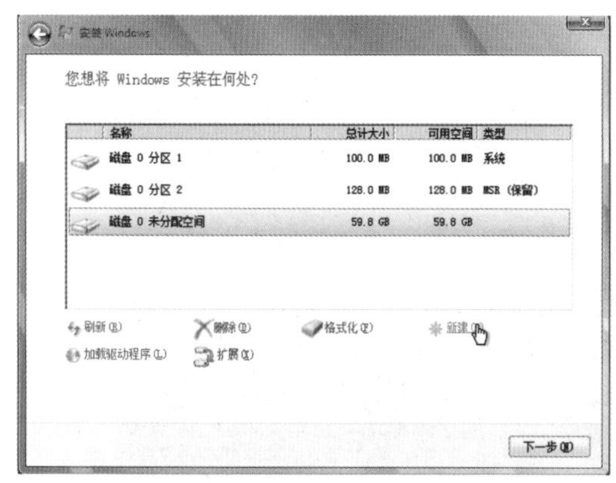

图 6-41　安装界面新建分区

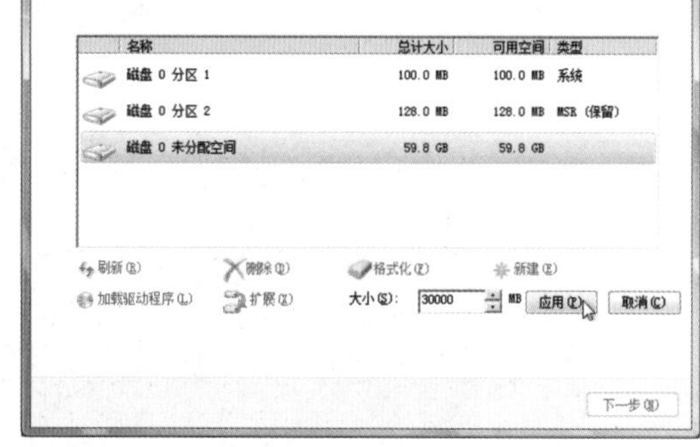

图 6-42　新建其他主分区

步骤 13：按照该方法完成所有硬盘的建立，选中刚建立的磁盘，单击“格式化”按钮，如图 6-43 所示。

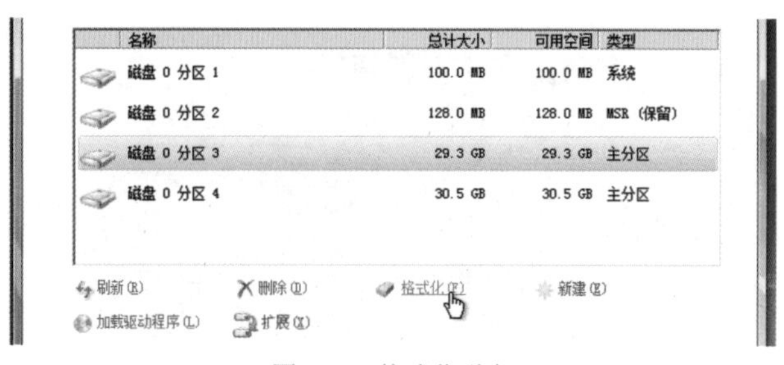

图 6-43　格式化磁盘

步骤 14：系统提示格式化会删除所有数据，单击“确定”按钮，如图 6-44 所示。

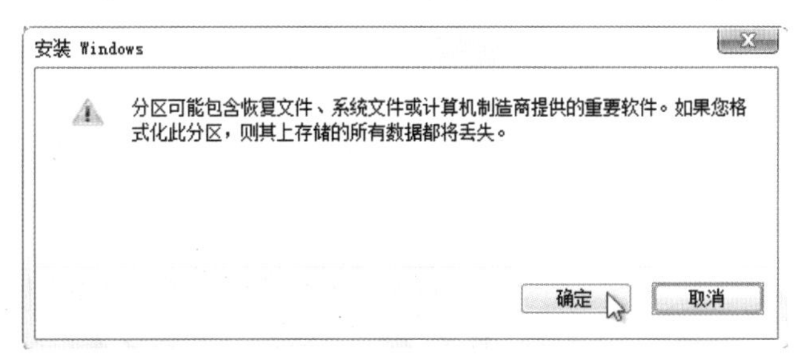

图 6-44　确定格式化

步骤 15：按照该方法完成所有主分区的格式化，完成后，选择需要安装的位置，单击“下一步”按钮，如图 6-45 所示。

步骤 16：系统复制并展开安装文件，如图 6-46 所示。稍等片刻即可。

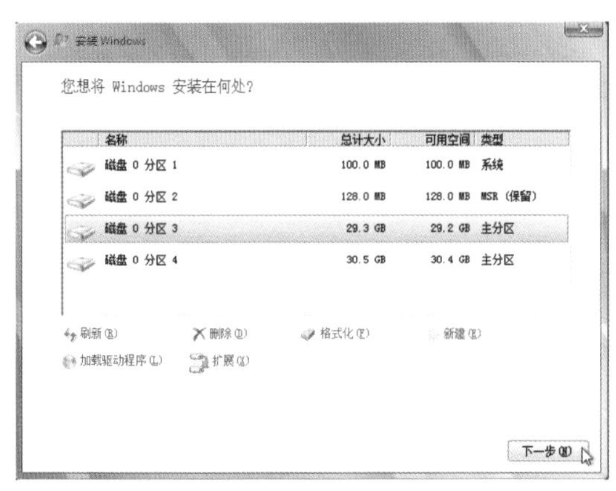

图 6-45　选择安装位置

图 6-46　复制并展开文件

步骤 17：完成展开后，系统进入重启界面，如图 6-47 所示。

步骤 18：从重启界面同样可以看出，系统在 LOGO 界面已经进行了系统加载，速度飞快，如图 6-48 所示。

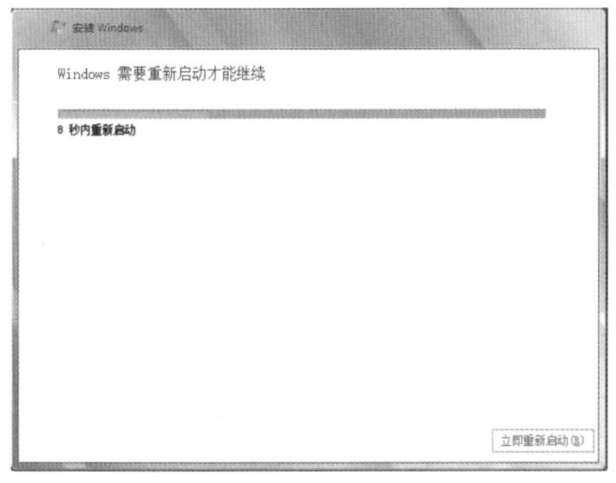

图 6-47　系统进行重启

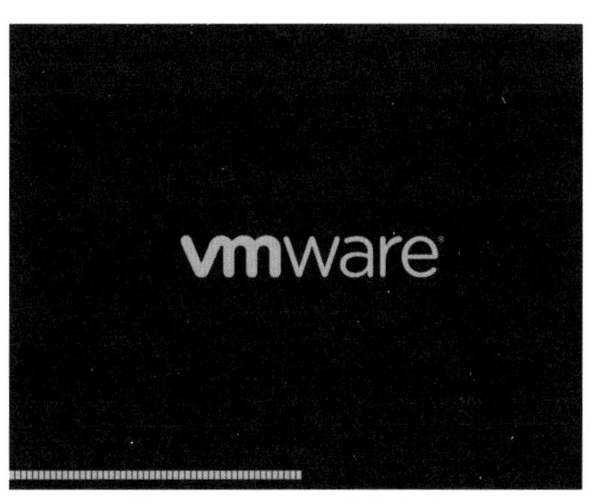

图 6-48　Windows 7 快速启动

步骤 19：安装程序进行注册表设置与服务启动，如图 6-49 所示。然后进入“完成安装”界面，再次进行重启。

步骤 20：启动后，系统进入视频性能的检查，如图 6-50 所示。

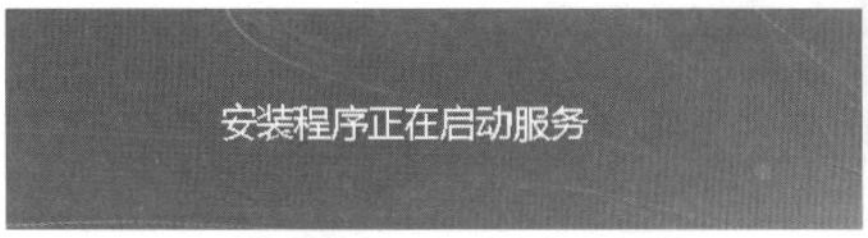

安装程序正在启动服务

图 6-49　Windows 7 启动服务

图 6-50　Windows 7 检查视频性能

步骤 21：输入用户名及计算机名称，完成后，单击“下一步”按钮，如图 6-51 所示。

步骤 22：输入密码，此处，单击“下一步”按钮，如图 6-52 所示。

图 6-51　设置用户名和计算机名称

图 6-52　设置密码

步骤 23：系统提示输入密钥，单击“跳过”按钮，如图 6-53 所示。

步骤 24：选择更新服务，这里根据需要进行选择，如图 6-54 所示。

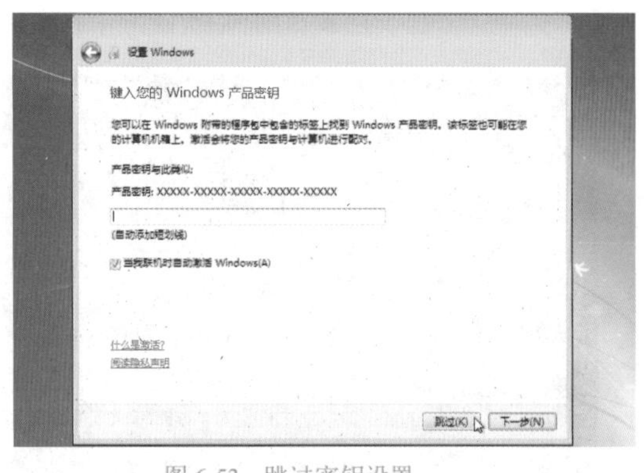

图 6-53　跳过密钥设置

图 6-54　选择更新方式

步骤 25：设置时间后，选择计算机网络位置，如图 6-55 所示。

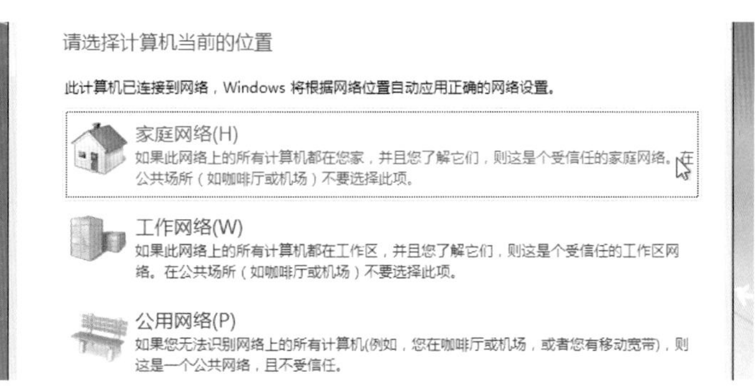

图 6-55　选择网络位置

步骤 26：系统自动应用网络设置，完成后，进入 Windows 7 桌面，如图 6-56 所示。至此，快速启动的 Windows 7 已经安装完毕。

图 6-56　进入系统桌面

6.7　安装 Ghost 版本系统

Ghost 安全系统由于其方便及时间短的特点，被大量应用在大规模部署上。

6.7.1　认识 Ghost 系统

Ghost 系统如图 6-57 所示，是指通过赛门铁克公司 (Symantec Corporation) 出品的 Ghost 软件在装好的操作系统中进行镜像克隆的技术。通常 Ghost 用于操作系统的备份，在系统不能正常启动的时候用来进行恢复的。

因为安装时间短，所以深受装机商们的喜爱。但这种安装方式可能会造成系统不稳定。因为每台机器的硬件都不太一样，而按常规操作系统安装方法，系统会检测硬件，然后按照本机的硬件安装一些基础的硬件驱动，如果在遇到某个硬件工作不太稳定的时候就会终止安装程序，稳定性方面做得会比直接 Ghost 好。

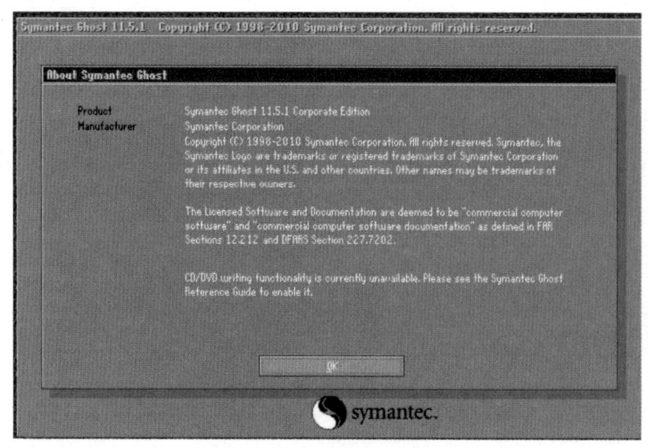

图 6-57 Ghost 的启动界面

6.7.2 Ghost 的运行环境

Ghost 系统可以在 DOS 环境下、PE 环境下，以及 Windows 环境下运行。可以使用光盘、U 盘、硬盘作为载体，不需要进行安装。用户可以使用编辑好的一键备份与还原进行操作，也可以使用手动设置。实际上 Ghost 安装 Windows 系统，就是将一个已经打包的 Windows 系统还原到硬盘上，打包的系统含有自动驱动检测及安装。

原版系统一般用于需要长期稳定的工作环境。而 Ghost 版本系统更适合家庭或者办公娱乐性计算机，或者需要大批量快速安装的情况。

6.7.3 Ghost 安装系统的准备

Ghost 安装系统准备工作可以按照以下分类进行准备。

◎ 安装程序：可以存储在光盘上，需要光盘启动；存储在 U 盘上，可以 U 盘启动；存储在计算机上，可以光盘启动、U 盘启动、本地硬盘启动后调用 Ghost 程序。

◎ Ghost 文件：指备份的系统。可以存储在光盘、U 盘、本地磁盘上。启动 Ghost 程序后，调用 Ghost 文件即可。

◎ 文件备份上，只要将 C 盘的重要文件迁移走即可。

6.7.4 使用 Ghost 安装系统

一键安装及其他方式原理是相通的，下面以 PE 手动 Ghost 为例，进行介绍。

步骤 01：将 U 盘插入计算机，进入 U 盘启动，选择 PE 模式，如图 6-58 所示。

步骤 02：系统读取数据文件，启动 PE 模式，进入主界面，如图 6-59 所示。

步骤 03：在桌面上找到 Ghost 文件，或者从“开始”菜单，或者从硬盘上启动 Ghost，在 Ghost 主界面上，单击 OK 按钮，如图 6-60 所示。

图 6-58　选择 PE 模式

图 6-59　进入 PE 界面

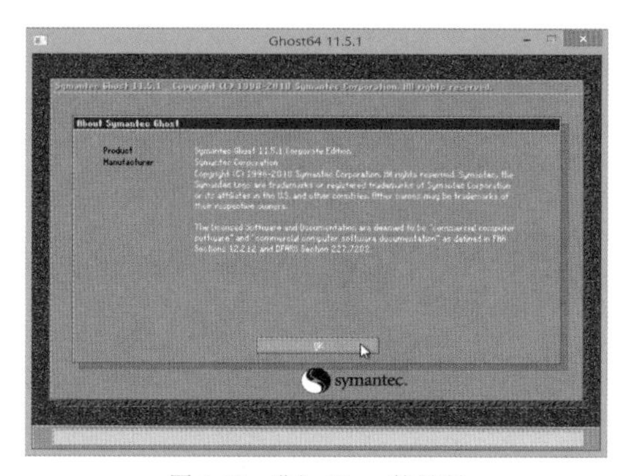

图 6-60　进入 Ghost 的界面

步骤 04：在 Ghost 主菜单中，可以看到有以下选项。

◎ Local：本地操作，对本地硬盘进行操作。

◎ Peer to peer：通过点对点的模式对网络计算机上的硬盘进行操作。当计算机没有安装网络驱动时，这一项与下一项 Ghost Cast 为不可选状态。

◎ Ghost Cast：通过单播、多播或者广播方式对网络计算机上的硬盘进行操作。这个功能在局域网大规模部署安装系统时，比较常用。

◎ Options：选项设置，一般采用默认即可。

因为从本地硬盘进行安装，选择 Local 选项，如图 6-61 所示。

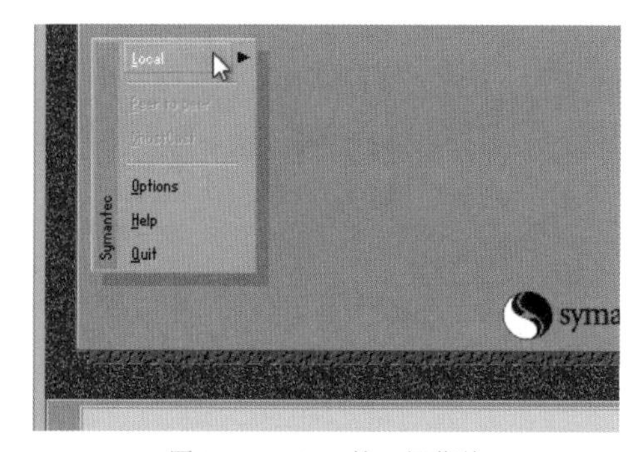

图 6-61　Ghost 的一级菜单

步骤 05：随后出现二级菜单，其中的含义如下。

◎ Disk：对整个硬盘进行备份和还原，一般早期的网吧或者采用同一品牌的计算机进行硬盘对刻时使用。

◎ Partition：对分区进行备份和还原操作，一般会使用该选项。

◎ Check：检查磁盘或备份档案。因不同的分区格式、硬盘磁道损坏等造成备份与还原的失败，可以使用此功能进行检查。

这里选择 Partition 选项，如图 6-62 所示。

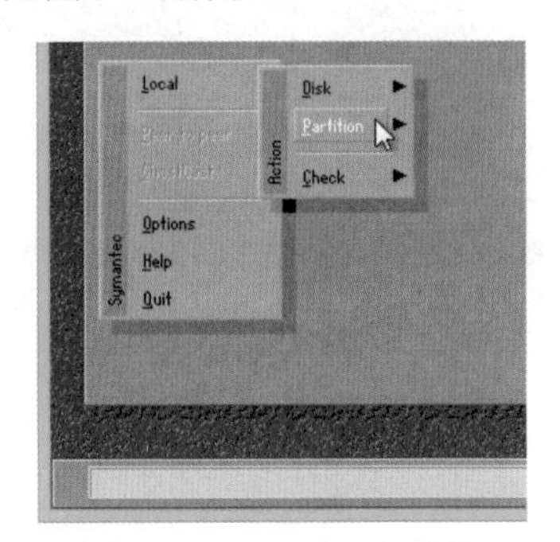

图 6-62 Ghost 的二级菜单

步骤 06：随后弹出三级菜单，其中的含义如下。

◎ To Partition：将原分区备份到目标分区，目标分区比源分区大或者一样大。

◎ To Image：将源分区备份成镜像文件，文件名后缀是 .GHO。目标分区必须足够大。

◎ From Image：从镜像文件还原到目标分区。目标分区必须足够大。

后面两条就是经常使用的备份和还原了。因为 Ghost 安装 Windows 相当于还原，这里选择 From Image 选项，如图 6-63 所示。

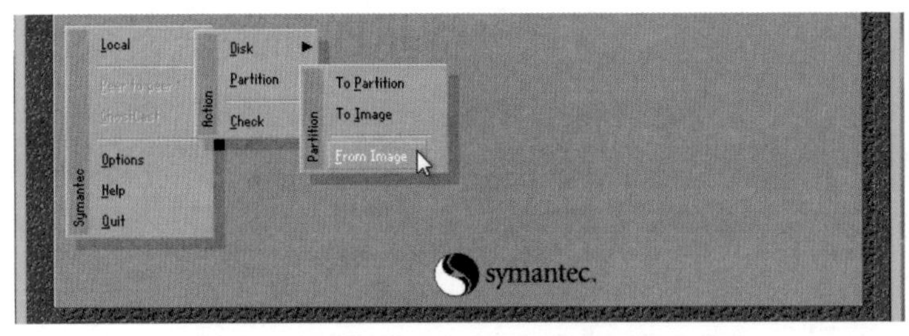

图 6-63 Ghost 的三级菜单

步骤 07：本例中，Ghost 文件在光盘上，将光盘插入光驱。在 Ghost 弹出的界面中，单击 Look in 下拉列表框中的下拉按钮，选择 E 盘即光驱所在盘符，如图 6-64 所示。

步骤 08：选择光盘中的镜像文件 WINXPSP3.GHO 文件，如图 6-65 所示。

步骤 09：从镜像文件中选择需要进行还原的分区，这里只有一项，单击 OK 按钮，如图 6-66 所示。

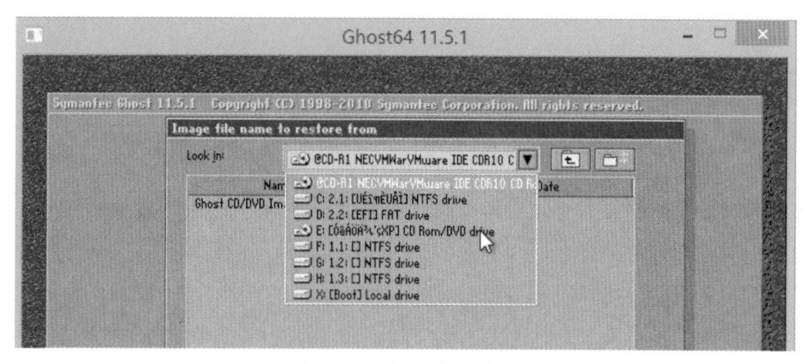

图 6-64 选取光驱盘符

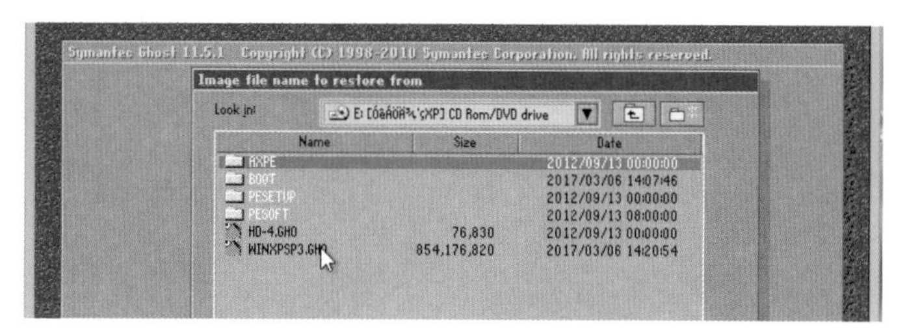

图 6-65 选择镜像文件

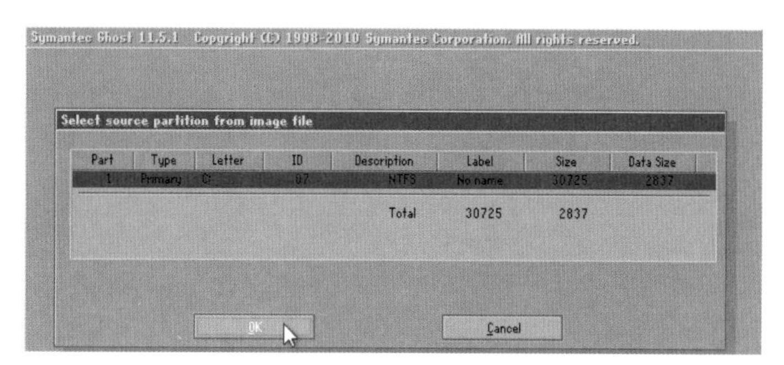

图 6-66 选择镜像中的分区

步骤 10：选择目标磁盘，就是需要还原到的磁盘或者说需要安装 Ghost 系统的磁盘。如果用户不知道，可以查看硬盘大小，以确定磁盘，这里选择第一行，单击 OK 按钮，如图 6-67 所示。

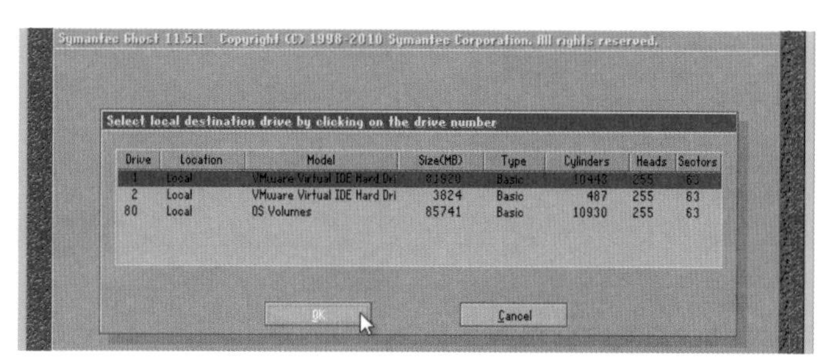

图 6-67 选择目标硬盘

步骤 11：选择需要还原的分区，这里可以打开“计算机”查看盘符，或者根据分区容量进行选择，这里选择 1 号分区，单击 OK 按钮，如图 6-68 所示。

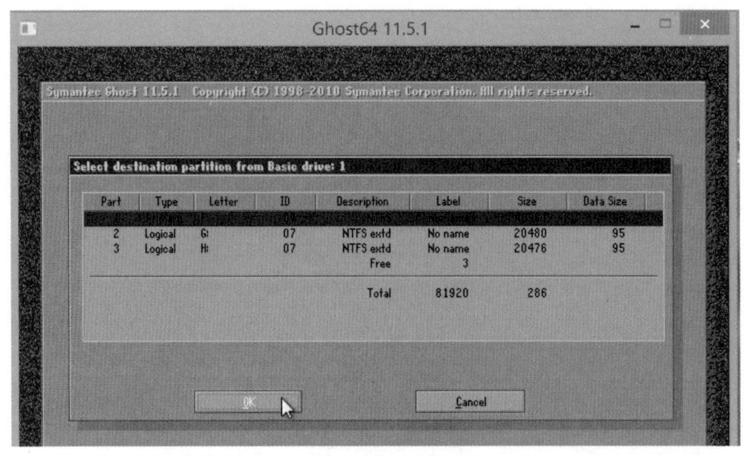

图 6-68 选择目标分区

步骤 12: 软件提示进行写入操作，并且将目标分区的所有文件进行覆盖，单击 Yes 按钮，如图 6-69 所示。

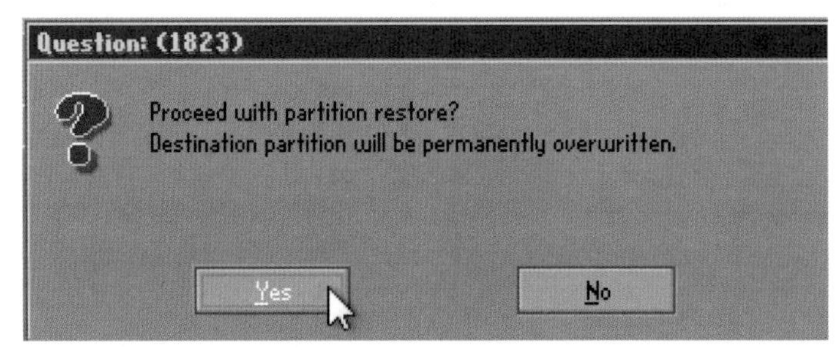

图 6-69 确定选项

步骤 13：Ghost 进行文件的写入操作，如图 6-70 所示。

步骤 14: 完成后，软件提示 Ghost 成功。单击 Reset Computer 按钮，进行重启计算机操作，如图 6-71 所示。

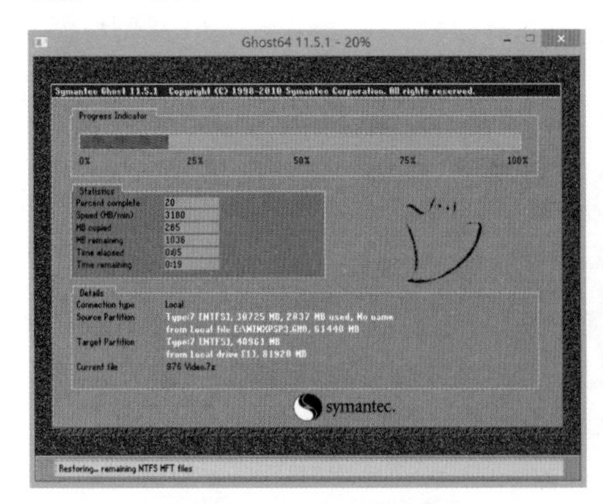

图 6-70 Ghost 执行写入操作

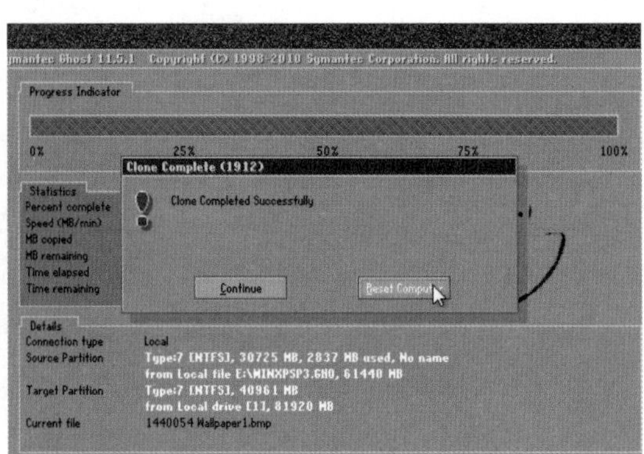

图 6-71 完成还原

步骤 15：系统重启计算机，自动进行驱动的安装，如图 6-72 所示。

步骤 16：系统进行最小化安装，如图 6-73 所示。

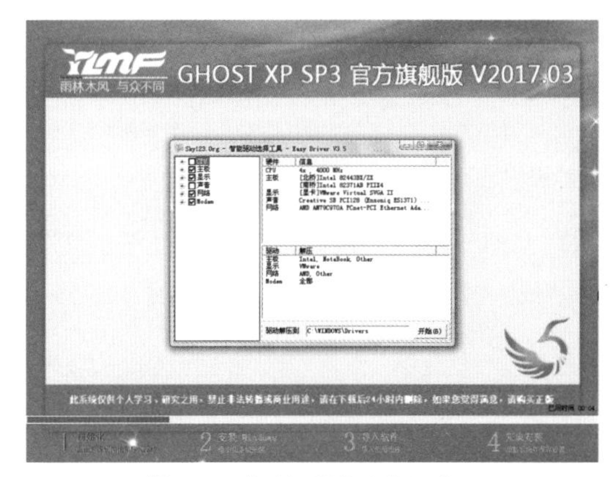

图 6-72　自动识别并安装驱动

图 6-73　进行最小化安装

步骤 17：系统进行数据还原和注册工作，如图 6-74 所示。

步骤 18：完成后，系统重启，进入系统桌面环境，Ghost 安装到此完成，如图 6-75 所示。

图 6-74　系统进行数据还原操作

图 6-75　进入桌面

6.8　安装快速启动系统注意事项

6.8.1　注意安装的系统版本

主流的 Windows 7 64 位、Windows 8 64 位、Windows 10 64 位的数据盘及系统盘都可以使用 GPT 分区表，并使用 UEFI 模式启动。其他版本的数据盘可以使用 GPT 分区表，但是系统盘不支持 GPT 分区。

6.8.2 U 盘系统的快速启动

除了硬盘的系统可以快速启动，UEFI 模式的启动 U 盘如果上面有系统，只要主板支持 UEFI，也可以快速启动，包括安装程序。

6.8.3 UEFI 安装系统，必须用 GPT 分区表

因为 Windows 安装程序在 UEFI 模式下只识别 GPT 分区，如果已经做好了这些，可以在已经列出的合适的分区上安装 Windows。如果不是这种情况的话，删除之前全部的分区直到只剩下“未分配空间”的标签出现在硬盘分区选项里。

6.8.4 是否一定要先分区

先进行分区可以避免很多麻烦，而且可以随心所欲分配磁盘空间。当然，用户也可以使用 UEFI 方式引导安装文件，到选择安装位置时，删除硬盘的所有分区，使硬盘变成一整块未分配空间，应输入建立的系统文件分区大小，如图 6-76 所示。

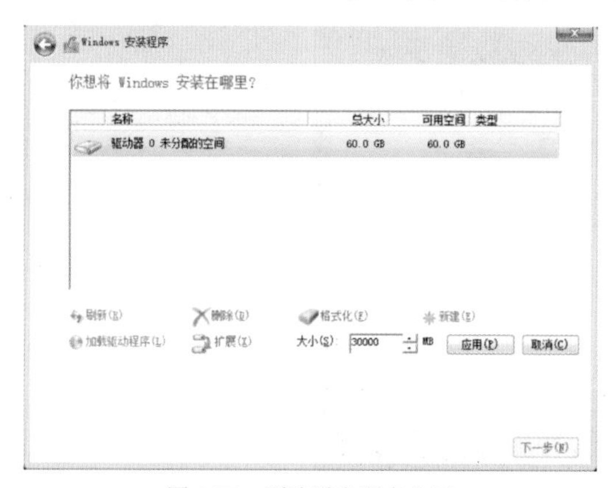

图 6-76 删除磁盘所有分区

系统会自动提示需要建立额外的分区，如图 6-77 所示。

图 6-77 系统建立额外分区

完成各种默认分区创建后，将硬盘分区表转换成 GPT 格式。可以查看到此时的分区状态，如图 6-78 所示。

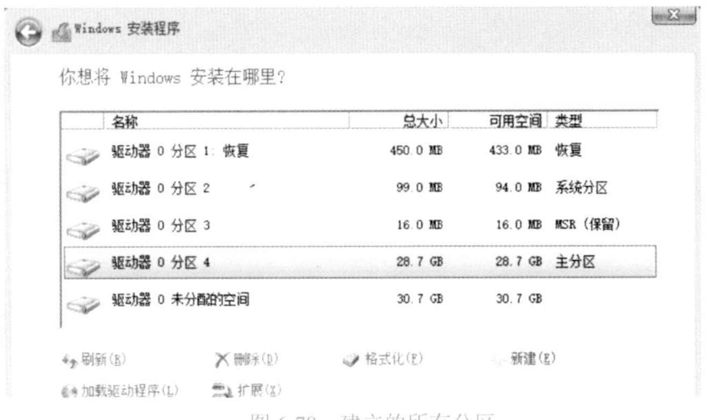

图 6-78 建立的所有分区

6.8.5 快速启动的系统，对介质的要求

安装介质有：光盘、U 盘、移动硬盘。

◎ 光盘：只需要注意一点，以 UEFI 方式启动计算机。

◎ U 盘、移动硬盘：存放安装文件的分区必须是 FAT 或者 FAT32 分区，不能是 NTFS 分区。因为 UEFI 不认识 NTFS 分区。

Windows 8 及以上系统原生支持 UEFI。Windows 7 不一样，如果是 U 盘或移动硬盘安装，需要添加 UEFI 支持文件，否则不能以 UEFI 方式启动。

6.8.6 如何以 UEFI 模式启动计算机

有些用户在进行到安装时，会提示无法安装到这个磁盘，选中的磁盘采用了 GPT 分区形式。其最主要的原因是安装介质必须以 UEFI 模式启动计算机。下面介绍什么是“以 UEFI 方式启动计算机”。

◎ 在 BIOS 中打开 UEFI 模式。

◎ 安装介质支持 UEFI 启动。

◎ Windows 7 及其以前的系统，用 U 盘或移动硬盘安装时，添加 UEFI 支持的方法：从 Windows 8 的安装文件中提取 Bootmgfw.efi 文件，重命名为 BOOTX64.EFI，复制到 Windows 7 安装文件的 \EFI\Boot\ 下，没有 BOOT 文件夹则新建一个。Bootmgfw.efi 也可以从已经安装好的 Win8 系统获得。

◎ 符合前两个条件时，启动菜单会出现以“UEFI”标识的 U 盘或移动硬盘启动项，选这一项，才会“以 UEFI 方式启动计算机”。计算机不同，此项稍有差异。

6.8.7 关于 BIOS 设置的问题

下面介绍关于 BIOS 设置的问题。

◎ 打开 BIOS 中的 UEFI 支持。把 Boot mode 选项设为 UEFI only；如果有 Lunch CSM 选项，将其设为 Enabled。

◎ 关闭安全引导。选择 Security → Secure Boot 选项，将其设为 Disabled。这是 Windows 8 新引入的安全机制，不关闭不能安装其他操作系统。

6.9 手动安装驱动软件

手动安装驱动软件的步骤如下。

步骤 01：在安装操作系统前，用户已经记录了主要设备的驱动，那么就可以登录官方网站，找到对应的驱动进行下载，如图 6-79 所示。

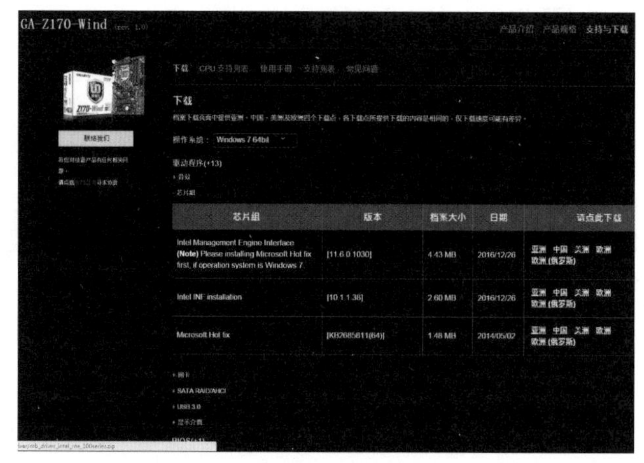

图 6-79 下载驱动

步骤 02：双击驱动文件即可安装驱动，如图 6-80 所示。

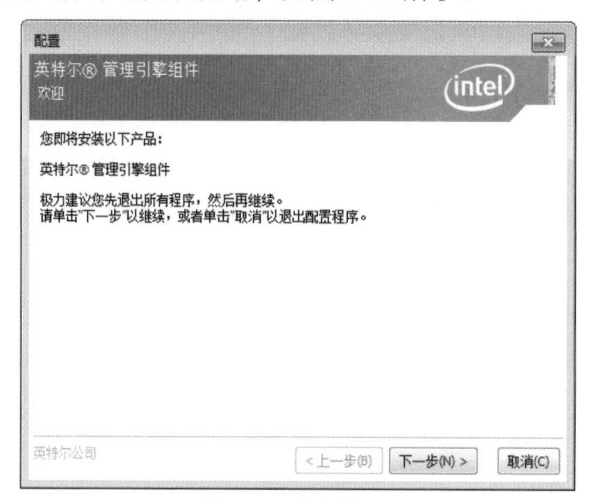

图 6-80 安装驱动

6.10 自动安装驱动软件

现在出现了可以自动识别系统硬件，并自动下载驱动程序的软件，十分方便。自动安装驱动软件的具体步骤如下。

步骤 01：启动驱动安装软件，如图 6-81 所示。单击“立即检测”按钮。

图 6-81　检测硬件

步骤 02：稍等片刻，软件将本机的硬件及可用的驱动罗列出来。用户可以根据实际情况安装驱动，或者升级驱动，如图 6-82 所示。

图 6-82　安装或升级软件

其实，Windows 的 Update 功能也可以对本机的硬件及软件进行检测，并且通过更新操作，及时下载相关的驱动进行安装，如图 6-83 所示。

图 6-83　Windows Update 自动安装驱动

课后作业

一、填空题

1. 无论使用何种方法安装系统，首先要做的工作是 ____________________。
2. 使用 __________、__________ 都可以对磁盘进行分区操作。
3. 新计算机安装 Windows 7 原版镜像，必须要准备的工具是 _____ 和 _____。
4. 可以使用 __________ 在安装系统过程中，对硬盘进行分区类型转换。
5. Ghost 程序可以对系统进行 _____、_____ 操作。

二、选择题

1. 做到 UEFI 快速启动，不包括 (　　)。

   A. 主板开启 UEFI　　B. 使用 UEFI 模式 U 盘
   C. MBR 分区格式　　D. UEFI 操作系统

2. 可以通过 (　　) 查看系统安装的软件信息并进行记录。

   A. 添加删除程序　　B. 设备管理器
   C. 我的计算机　　D. Word

3. Ghost 可以实现的功能不包括 (　　)。

   A. 硬盘对刻　　B. 网络安装
   C. 硬盘检测　　D. 备份还原

4. 关闭 UEFI 模式，必须做的是 (　　)。

   A. 关闭安全引导　　B. 启动 CSM
   C. BIOS 恢复默认　　D. 升级 BIOS

5. 可以安装驱动的途径有 (　　)。

   A. 设备管理器　　B. 第三方驱动软件
   C. Windows Update　　D. 添加删除程序

三、动手操作与扩展训练

1. 下载一个原版的系统镜像，并使用之前制作好的 PE，安装 Windows 10 及 7。
2. 使用 Ghost 软件安装一个 Ghost 版的 XP 系统。
3. 联系使用 DG 软件和命令，进行磁盘的分区表转换。

第7章 计算机维修准备

知识概述

工欲善其事，必先利其器。虽然不使用工具也可以进行一些故障检测与维修，但大多数情况下还是需要各种专业工具的支持，有时可以起到事半功倍的效果，而且基本的拆装工具也是必需的。在维修之前，需要了解计算机故障特点及维修的一些基本思路、处理顺序和排查方法。本章将就维修前的准备工作以及产生故障后的分析方法，向读者进行介绍。

要点难点

- 常用工具的种类及使用方法
- 故障处理顺序及方法

7.1 计算机维修工具

计算机的维修工具多种多样，每一种都有其特定的作用及应用范围。

7.1.1 常用工具的种类

常用工具可以分为以下几种。

◎ 拆装工具：拆装时使用。

◎ 清洁工具：灰尘是计算机杀手，清除各种灰尘是维护时经常要做的事。

◎ 检测工具：专业级检测工具，在准确判断中起到关键作用。

◎ 其他专业工具：为了维修的准确性、专业性，需要相应专业工具的支持。

7.1.2 常用工具及使用方法

下面介绍常用工具以及使用方法。

1. 螺丝刀

螺丝刀是维修时最为常用的工具。螺丝刀种类很多，一般要准备中号的十字螺丝刀和一字螺丝刀，用来拆装主要螺丝，如图 7-1 所示。

对于拆装计算机具体硬件来说，最好准备小号的一字和十字螺丝刀。当然，这里就涉及更加专业级别的维修。

维修用的螺丝刀最好带有磁性，可以更好地固定螺丝，或者沾取螺丝时使用。但在用于磁盘等磁性材料的设备上时，需要注意距离和时间，以免破坏数据。

2. 尖嘴钳

尖嘴钳用于拆装小型元件，如跳线帽、主板支撑架、金属螺柱、机箱挡板、塑料定位卡等需要用力或者其他工具需要进行协助的情况下，如图 7-2 所示。

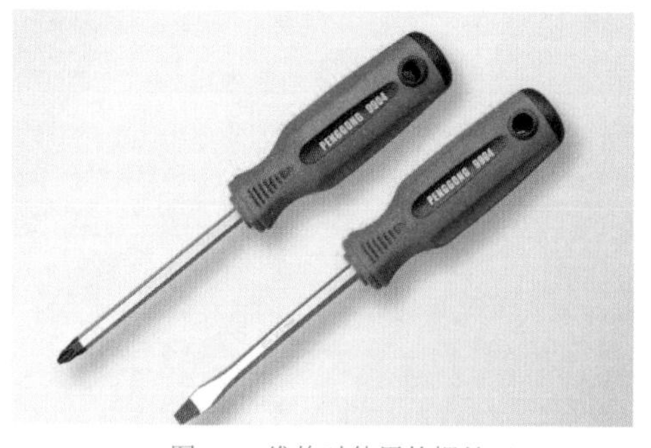

图 7-1 维修时使用的螺丝刀

图 7-2 维修时使用的尖嘴钳

3. 镊子

一般机箱并没有留有足够大的操作空间，很难拿取螺丝等小型零部件。或者拆装时，需要临时固定的情况，镊子是最为灵活、合适的工具，如图 7-3 所示。

4. 强光手电

在机箱内操作，光的来源比较重要，一般配备小型手电就解决了机箱内光线较暗的问题，如图 7-4 所示。

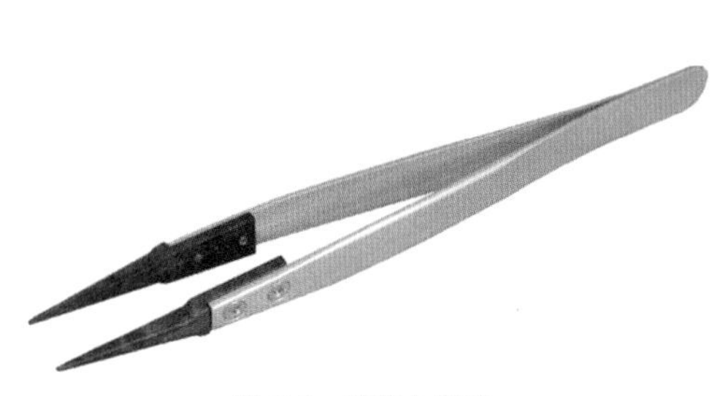

图 7-3 防静电镊子

图 7-4 可充电式强光手电

5. 橡皮擦

橡皮擦是金手指故障主要的维修工具，如图 7-5 所示。不要觉得橡皮怎么成为工具，在了解了问题的性质后，解决问题往往就是这么简单。

6. 收纳盒

收纳盒用于放置拆装时的螺丝、零件等，在维修笔记本电脑时经常使用。普通维修也可以作为收集小零件使用，方便维修时随时拿取并防止零件丢失的情况发生，如图 7-6 所示。

图 7-5 钢笔橡皮擦

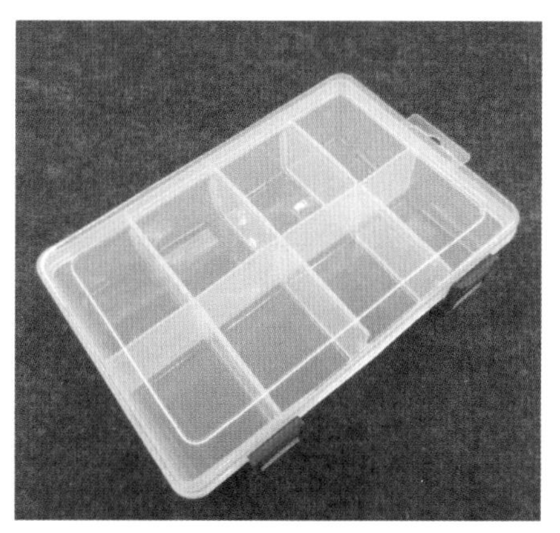

图 7-6 维修用收纳盒

7. 液晶屏清洁套装

液晶屏清洁套装是用于清理液晶屏的一套专业工具，如图 7-7 所示。

8. 光驱清洁套装

光驱清洁套装专门用来清洗光驱激光头的清洗盘，如图 7-8 所示。实际上是一张附有清洗液的特殊的 CD 盘，比普通的 CD 盘多了两个小毛刷。使用时将清洗液涂在 CD 盘小毛刷上，然后放入光驱中，使用播放软件来播放清洗盘上的 CD 音乐，即可完成清洗光驱激光头的工作。

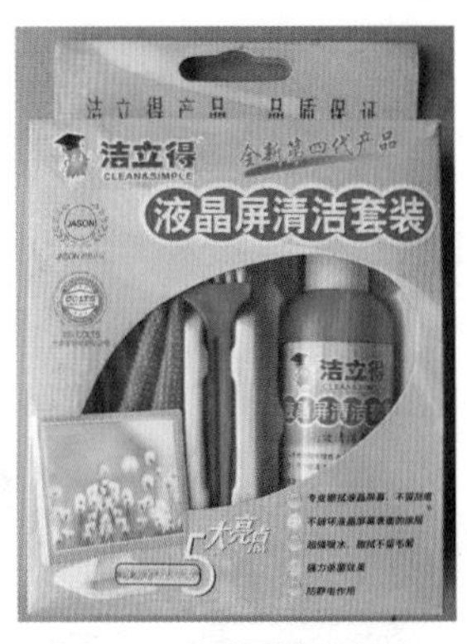

图 7-7　液晶屏清洁套装

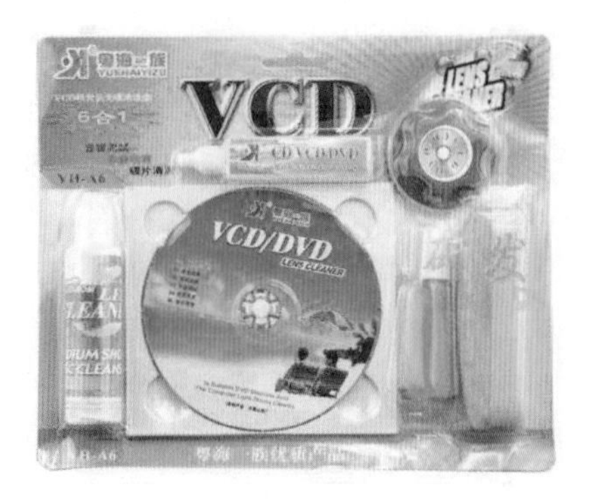

图 7-8　光驱清洁套装

9. 其他清洁工具

常用的其他清洁工具有小毛刷、皮老虎、棉签等。

10. 主板检测卡

主板检测卡是主板故障诊断卡，是利用主板中 BIOS 内部自检程序的检测结果，通过代码一一显示出来，结合代码含义速查表就能很快地知道计算机故障所在。尤其在 PC 不能引导操作系统、黑屏、主板不报警时，使用主板检测卡可以快速方便地定位计算机故障。使用时插入扩充槽内，根据卡上显示的代码，参照机器查看是属于哪一种 BIOS，再查出该代码所表示的故障原因和部位，就可清楚地知道故障所在。检测卡上一般有多盏指示灯。

◎ CLK：总线时钟，不论 ISA 或 PCI 只要一块空板接通电源就应常亮，否则 CLK 信号坏。

◎ BIOS：基本输入输出，主板运行时对 BIOS 有读操作时就闪亮。

◎ IRDY：主设备准备好，有 IRDY 信号时才闪亮，否则不亮。

◎ OSC ISA：槽的主振信号，空板上电则应常亮，否则停振。

◎ FRAME：帧周期，PCI 槽有循环帧信号时灯才闪亮，平时常亮。

◎ ±12V 电源：空板上电即应常亮，否则无此电压或主板有短路。

◎ ±5V 电源：空板上电即应常亮，否则无此电压或主板有短路。

现在由于 PCI 插槽已经逐渐被淘汰，现在主要流行 PCI-E 插槽检测卡，如图 7-9 所示。

11. 电源检测器

在维修过程中，判断电源问题时，可以使用电源检测器，如图 7-10 所示。可以判断多种电压是否符合要求。

图 7-9　PCI-E 主板故障检测卡

图 7-10　电源检测器

12. 数字万用表

数字万用表可以测量交流、直流的电流、电压，元器件电阻、是否短路，如图 7-11 所示。是维修必备工具之一。当然，也有指针式的，但没有数字万用表的功能直观、多样。

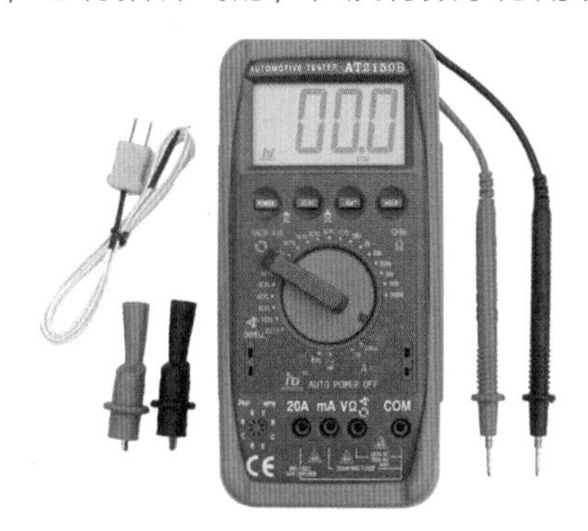

图 7-11 数字万用表

13. 电烙铁和热风枪

电烙铁是电子产品和电器维修的必备工具，如图 7-12 所示。主要用途是焊接元件及导线，按机械结构可分为内热式电烙铁和外热式电烙铁，按功能可分为无吸锡式电烙铁和吸锡式电烙铁，根据用途不同又分为大功率电烙铁和小功率电烙铁。当然，还需要焊锡丝以及助焊膏，如图 7-13 及图 7-14 所示。

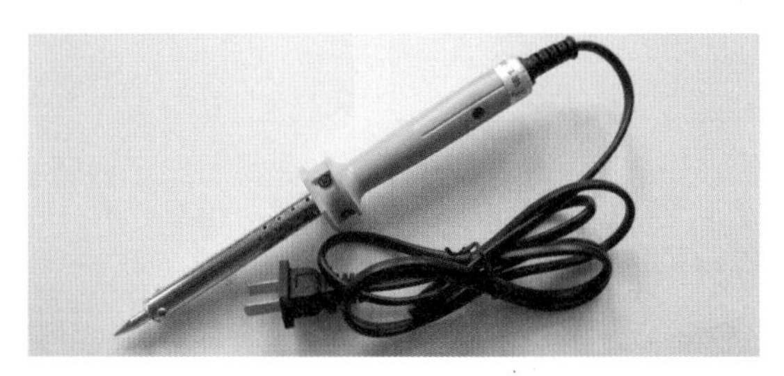

图 7-12 电烙铁

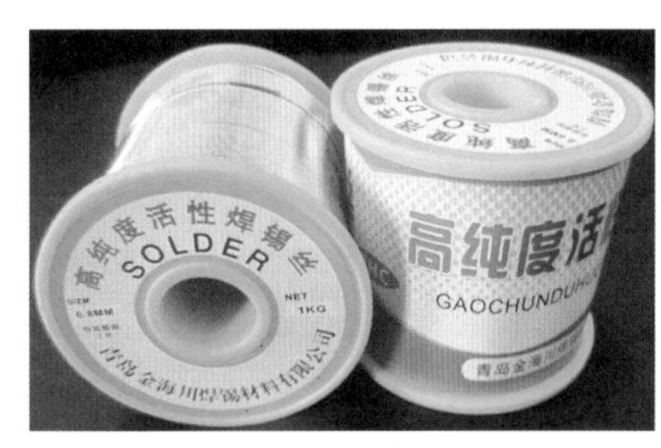

图 7-13 焊锡丝

图 7-14 无铅助焊膏

热风枪主要是利用发热电阻丝的枪芯吹出的热风来对元件进行焊接与摘取元件的工具，如图 7-15 所示。热风枪在主板维修中使用非常广泛，主板维修中一般采用 850 型热风枪。热风枪主要由气泵、加热器、外壳、手柄、温度调节按钮、风速调节按钮等组成，焊接不同元器件需要采用不同的温度和风速。

如果有必要，建议专业维修的用户，配置两者合一的热风枪焊台，如图 7-16 所示。

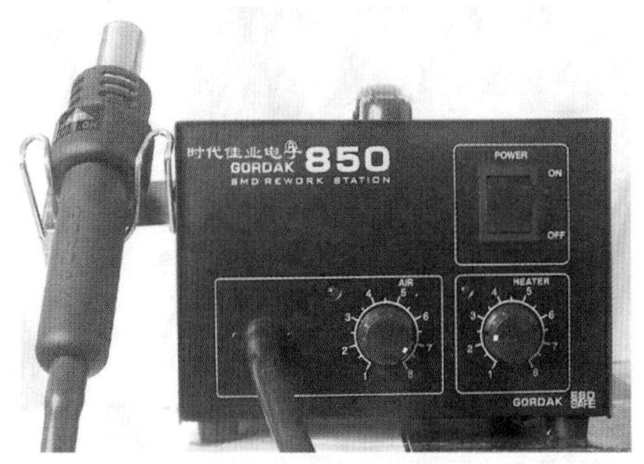

图 7-15　850 型热风枪

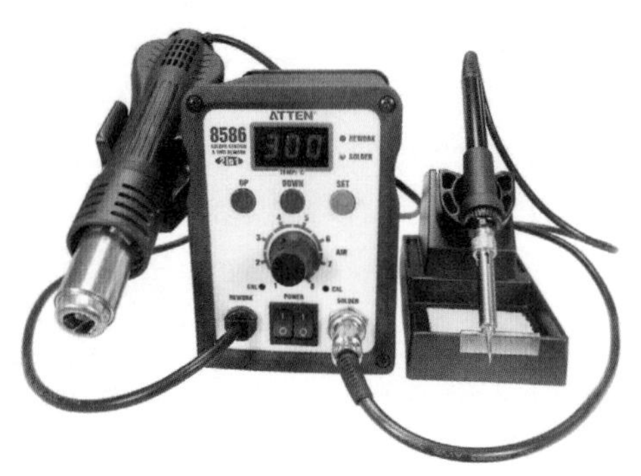

图 7-16　热风枪焊台

14.　U 盘及移动硬盘

U 盘不必说了，前面章节介绍了使用 U 盘安装系统的操作，另外，还需要在 U 盘中存储常用的测试软件、驱动软件等。移动硬盘主要起到在系统损坏后，从计算机向外复制重要数据的作用，以及系统镜像的存储、常用应用软件的存储。当然，如果准备的 U 盘足够大，那么将系统镜像存储在 U 盘上是最方便的了，安装起来也是非常快速。

15.　系统光盘及移动光驱

准备系统光盘是为旧计算机不支持 U 盘启动或者有其他问题时，可以直接使用计算机自带的光驱安装系统、进入 PE 环境等。如果计算机没有光驱，又不支持 U 盘，或者有各种问题，那么可以配备移动光驱 (见图 7-17) 进行系统的安装。

如果维修主板、显卡等，还需要更加专业的工具，用户可根据情况进行配置。如果维修网络方面，可以配置专业网络工具套装，如图 7-18 所示。

图 7-17　移动光驱

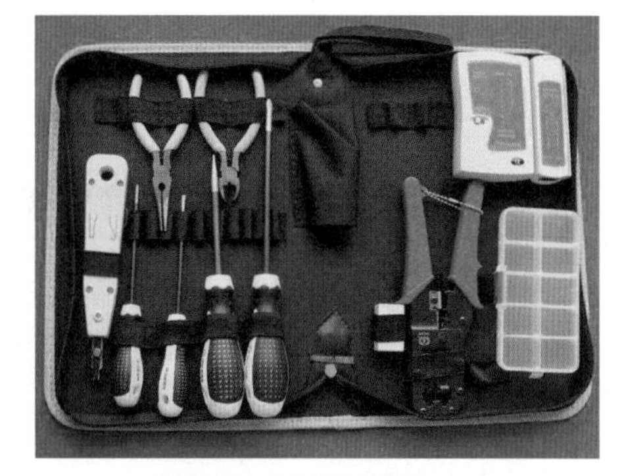

图 7-18　网络工具套装

7.2　计算机故障的分类

计算机是由软件及硬件组成，那么故障也主要集中在软件故障及硬件故障上，或者是两者均出现故障。

7.2.1 软件故障

软件故障主要指计算机的操作系统或者应用软件等产生的故障。具体包括 Windows 系统错误、系统配置不当、病毒入侵、操作不当、兼容性错误等造成计算机不能正常工作的故障。

如使用盗版 Windows 安装程序、使用了兼容性差的 Ghost 系统、安装过程不正确误操作造成的系统损坏、非法操作造成的系统文件丢失等 Windows 系统错误，该类错误可以采用重新安装操作系统或者使用操作系统提供的修复程序来进行修复。

另外，使用了与当前系统不兼容的应用软件、与计算机硬件不兼容的应用软件、程序本身的 Bug、缺少运行环境等，该类故障需要用户结合应用软件使用环境来判断，是否需要更换软件版本、是否采用兼容性模式使用该软件、是否需要管理员权限、是否属于正版软件。结合杀毒软件与防火墙判断软件及文件是否含有病毒与木马程序、是否有黑客袭击、系统是否有漏洞等情况。

网络故障往往与网络配置及网络参数设置有关，用户可以在该方面进行核查。

7.2.2 硬件故障

硬件故障主要指计算机硬件损坏或电气性能不良导致的计算机故障。了解故障产生的原因，提前进行预防，养成良好的使用习惯就可以有效防止硬件故障带来的损害，延长计算机使用年限。硬件主要的故障集中在以下几个方面。

1. 供电引起的故障

供电故障包括电压过大、电流过大、电源连接错误、突然断电等。电压或电流的突然增大，有极大可能对计算机硬件造成损害。比如短路、雷击等都会对包括计算机在内的各种家用电器造成损害。

家庭使用不稳定的大功率家用电器，也会改变线路中的电压及电流，不稳定的电压电流会对计算机中的各种电路元器件造成损害，所以在购买时一定要选择使用了优质元器件，如电容、电感等的主板、显卡等硬件设备。并选用带有防雷击、防过载的电源插座，如图 7-19 所示。另外尽量不要将计算机电源线接到大功率设备的电路上，如空调等。

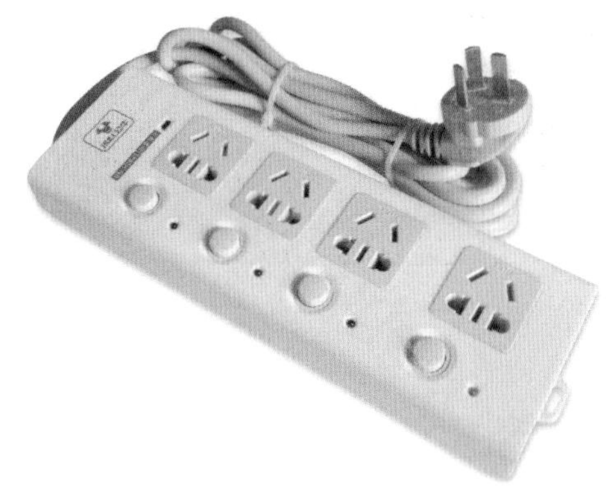

图 7-19　三重防雷接线板

2. 过热引起的故障

计算机内部配备了很多风扇包括机箱风扇、CPU 风扇、显卡风扇，以及各种散热装置。其目的是给计算机内部各种元器件进行散热。正常情况下，计算机的发热量不会影响正常使用。但如果产生了硬件故障，元器件就会发出几倍甚至几十倍的热量，从而导致硬件的损坏或者短路。

用户可以观察 CPU、显卡、机箱风扇的运转是否正常，可以通过软件查看转速。通过软件也可以观察到传感器显示的温度，从而及时获取信息。当发现转速下降或温度不正常升高，需要及时为风扇清理灰尘，重新涂抹散热硅脂，如图 7-20 所示。

图 7-20　为 CPU 涂抹硅脂

3. 使用不当导致的故障

灰尘是计算机的第一号杀手。大量的灰尘可使电路板上传输的电流发生变化，从而影响计算机性能。如果遇到潮湿的天气，小则引起氧化反应，接触不良；大则引起电路短路，烧坏元器件。所以要经常为计算机清理灰尘，如图 7-21 所示。

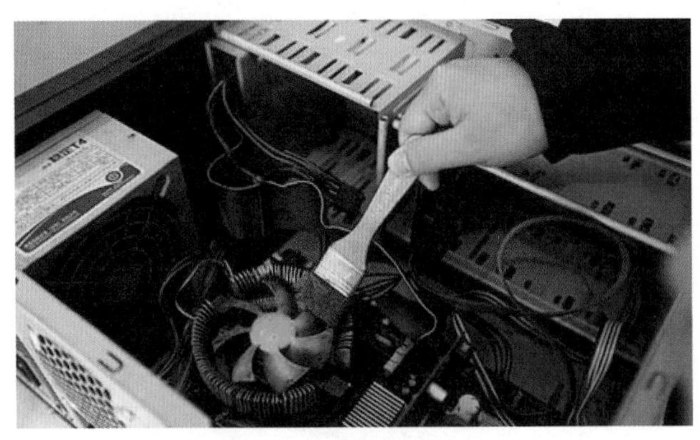

图 7-21　为计算机清理灰尘

同时需要保持计算机处于清洁、干燥的环境。

另外，计算机摆放尽量水平，计算机中经常进行旋转的设备，如风扇、硬盘马达等会因旋转角度问题，造成噪声变大，影响使用寿命。

4. 安装不当引起的故障

非专业人员的安装，最怕的就是接错了线或者暴力接线、直接插拔设备。这样容易使硬件损坏或者产生硬件故障。在安装前一定要做足功课，了解接口的接法和位置。

5. 静电导致的故障

计算机工作时，会有大量电流通过，机箱容易带上静电，人也会自然地带有静电。计算机中的元器件对静电十分敏感，静电一般高达几万伏特，在接触计算机部件的一瞬间，可能导致计算机部件被静电击穿。

在接触计算机前，需要洗手去除人身体上的静电。计算机电源应该使用三相接地的插排。如果没有接地，那么可以使用钢丝将机箱与水管、墙体、地面相连，排除静电。有条件的话，请配备防静电手套、指套，再进行计算机的维修操作，如图 7-22、图 7-23 所示。

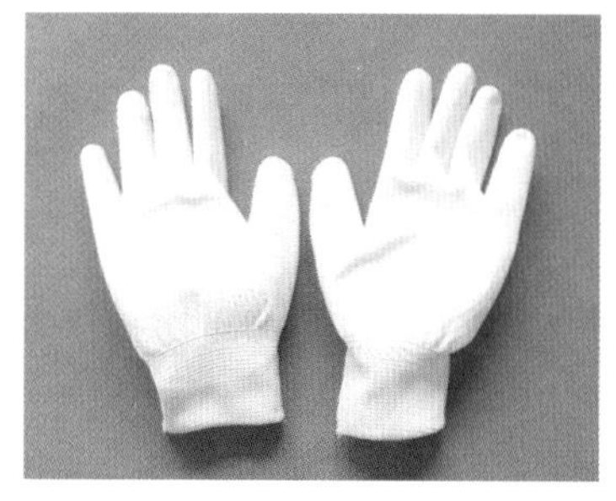

图 7-22 防静电手套

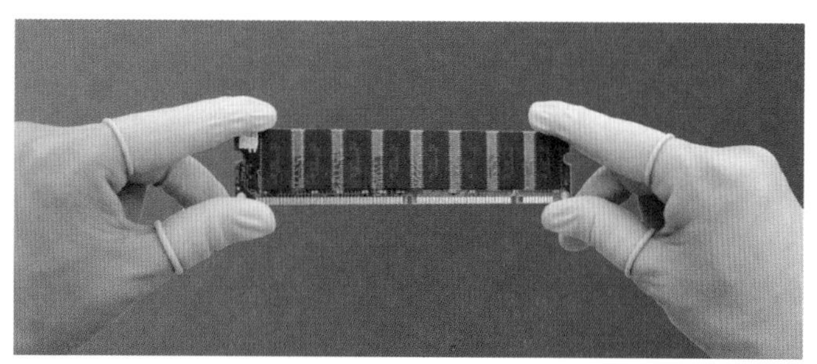

图 7-23 防静电指套

6. 元器件物理损坏

有些计算机硬件为了降低成本，使用了劣质的元器件，经过一段时间的运行，会频繁地出现故障。尤其在高温的环境中，会出现各种问题，如图 7-24、图 7-25 所示。

图 7-24 损坏的电容

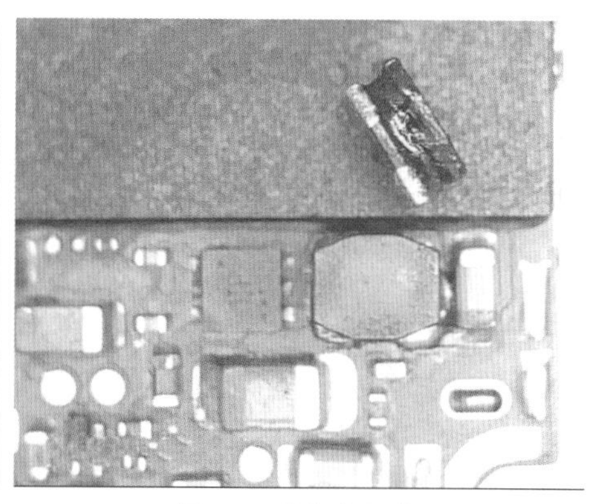

图 7-25 损坏的电感

7.2.3 计算机故障的处理顺序

计算机出现故障后，要根据实际情况分析原因，具体的处理顺序如下。

1. 进行维修判断须从最简单的事情做起

(1) 简单的事情就是观察，它包括：

◎ 观察计算机周围的环境情况，如位置、电源、连接、其他设备、温度与湿度等。

◎ 计算机所表现的现象、显示的内容，以及它们与正常情况下的差异。

◎ 计算机内部的环境情况，如灰尘、连接、元器件颜色、部件的形状、指示灯的状态等。

◎ 计算机的软硬件配置。安装了何种硬件，资源的使用情况；使用的是哪种操作系统，其上又安装了何种应用软件；硬件的设置、驱动程序版本等。

(2) 简洁的环境包括：后续将提到的最小系统。

◎ 在判断的环境中，仅包括基本的运行部件及软件，和被怀疑有故障的部件及软件。

◎ 在一个干净的系统中，添加用户的应用 (硬件、软件) 来进行分析判断。

◎ 从简单的事情做起，有利于精力的集中，有利于进行故障的判断与定位。一定要注意，必须通过认真的观察后，才可进行判断与维修。

2. 根据观察到的现象，要“先想后做”

◎ 先想好怎样做、从何处入手，再实际动手。也可以说是先分析判断，再进行维修。

◎ 对于所观察到的现象，尽可能地先查阅相关的资料，看有无相应的技术要求、使用特点等，然后根据查阅到的资料，结合故障现象，再着手维修。

◎ 在分析判断的过程中，要根据自身已有的知识、经验来进行判断，对于自己不太了解或根本不了解的，一定要先向有经验的人咨询，寻求帮助。

3. 在大多数的计算机维修判断中，必须“先软后硬”

从整个维修判断的过程看，总是先判断是否软件故障，先检查软件问题，当判断软件环境正常时，如果故障不能消失，再从硬件方面着手检查。

4. 在维修过程中要分清主次，即“抓主要矛盾”

在发现故障现象时，有时可能会看到一台故障机不止有一个故障现象，而是有两个或两个以上的故障现象 (如：启动过程中无显，但机器也在启动，同时启动完后，有死机的现象等)，应该先判断、维修主要的故障现象，这样修复完成后，再维修次要的故障现象，有时可能次要的故障现象已不需要维修了。

7.2.4 计算机故障的处理方法

计算机出现了故障，可以按照以下方法进行判断处理。

1. 观察法

观察，是维修判断过程中第一要法，它贯穿于整个维修过程。观察不仅要认真，而且要全面。要观察的内容包括：

◎ 硬件环境。包括接插头、插座和插槽等。

◎ 软件环境。

◎ 用户操作的习惯、过程。

2. 最小系统法

最小系统包括硬件最小系统和软件最小系统。

◎ 硬件最小系统：由电源、主板和CPU组成。在这个系统中，没有任何信号线的连接，只有电源到主板的电源连接。在判断过程中通过声音来判断这一核心组成部分是否可正常工作。

◎ 软件最小系统：由电源、主板、CPU、内存、显示卡或显示器、键盘和硬盘组成。这个最小系统主要用来判断系统是否可完成正常的启动与运行。

3. 逐步添加 / 去除法

逐步添加法，以最小系统为基础，每次只向系统添加一个部件或设备或软件，来检查故障现象是否消失或发生变化，以此来判断并定位故障部位。逐步去除法，正好与逐步添加法的操作相反。逐步添加或去除法要与替换法配合，才能较为准确地定位故障部位。

4. 隔离法

隔离法是将可能妨碍故障判断的硬件或软件屏蔽起来的一种判断方法。它也可用来将相互冲突的硬件、软件隔离开以判断故障是否发生变化。

上面提到的软硬件屏蔽，对于软件来说，即是停止其运行，或者是卸载；对于硬件来说，是在设备管理器中，禁用、卸载其驱动，或干脆将硬件从系统中去除。

5. 替换法

替换法是用好的部件去代替可能有故障的部件，以判断故障现象是否消失的一种维修方法。好的部件可以是同型号的，也可能是不同型号的。

7.2.5 计算机故障排查的注意事项

下面将对故障排查的注意事项进行简单介绍。

1. 了解情况

在提供维修服务之前，与客户交流沟通，了解故障发生前后的情况，了解用户的操作过程、出故障时所进行过的操作、用户使用计算机的水平等。根据以上情况进行初步的判断。如果能了解到故障发生前后尽可能详细的情况，将使现场维修效率及判断的准确性得到提高。这样不仅能初步判断故障部位，也对维修配件的挑选有所帮助。

2. 复现故障

在提供维修服务时，需要确认：

◎ 用户所报修故障现象是否存在，对所见现象进行初步的判断，确定下一步的操作。

◎ 是否还有其他故障存在。

在进行故障现象复现、维修判断的过程中，应避免故障范围扩大。

课后作业

一、填空题

1. 常用的计算机维修工具有 _____、_____、_____、_____ 等种类。
2. 进行焊接操作时，常使用 _____、_____、_____ 配合进行操作。
3. 计算机故障主要集中在 _____、_____、_____、_____、_____、_____ 等几个方面。
4. 计算机故障，可以使用 _____、_____、_____、_____、_____ 几种方法综合判断。
5. 计算机软件故障，主要集中在 _____、_____、_____、_____、_____ 等几个方面。

二、选择题

1. 计算机检测维修时，不会使用的工具有 (　　)。

   A. UPS　　　　B. 镊子

   C. 检测卡　　　D. 万用表

2. 金手指氧化后，应当 (　　)。

   A. 更换　　　　B. 使用橡皮清洁

   C. 售后　　　　D. 直接丢弃

3. 主板检测卡的 12 VLED 灯不亮，产生问题的原因可能是 (　　)。

   A. 硬盘故障　　B. 内存故障

   C. CPU 故障　　D. 主板供电故障

4. 供电引起的故障，不包括 (　　)。

   A. 电压过大　　B. 电流过大

   C. 无法进入系统　D. 突然断电

5. 计算机无法开机，应当先采取 (　　) 方法进行检测。

   A. 最小系统法　B. 观察法

   C. 隔离法　　　D. 替换法

三、动手操作与扩展训练

1. 收集并整理一套自己的维修检测工具。

2. 使用电源检测仪检测计算机的电源输出是否正常。人为制造在缺少一些部件的情况下，主板检测卡是否工作，检测有无代码显示。

3. 如果有条件的情况下，使用电烙铁更换鼠标的微动，或者练习焊接操作。

第8章 计算机故障的直观判断

知识概述

直观判断的依据就是看到的和听到的内容，如：查看设备状态及显示器显示，听下报警提示及机器运转声音。通过直观判断可以快速定位到出错的硬件设备及故障位置。

要点难点

- 通过声音判断计算机故障
- 通过开机画面判断计算机故障
- 快速判断硬件故障的方法

8.1 通过开机画面判断计算机故障

通过开机画面可以直观地排查出一些计算机故障产生的原因。

8.1.1 开机画面排错

一般开机后计算机就开始进行自检，可以从显示器看到系统各种硬件信息。这些信息就是判断计算机故障的最重要的数据之一。

(1) 当电源开关按下时，电源开始向主板和其他设备供电，此时观察主机面板上的电源指示灯，如果灯一直亮着，说明电源成功启动，否则说明电源供电出现问题。其中，最常见的是没电。一定要首先检查电源线接口及插排通电情况，或者也有可能是主板启动电路出现了问题。

(2)BIOS 接管控制权，进行加电自检。首先对总线进行检测，没问题的情况下会发出“滴”的提示音，进入下一检测环节。否则计算机停止启动，而主机供电没有问题，说明主板出现了问题。此时，如果发出其他情况的报警，请参见下面介绍的声音报警讲解。此时最常见的问题就是内存条无法工作。

(3) 系统 BIOS 会查找显卡 BIOS，找到后会调用显卡 BIOS 的初始化代码，此时显示器就开始显示了 (这就是为什么自检失败只能靠发声进行提醒了)。首先显示了 BIOS 的相关信息，如图 8-1 所示，包括版本和名称。如果此时死机，说明 BIOS 存在故障，可以采取 CMOS 放电或者升级 BIOS 再试。

图 8-1 BIOS 的版本及信息

(4) 接下来在 BIOS 信息下方显示了显卡的检测信息，主要是显卡的显示核心信号、显存大小、显卡的 BIOS 版本信息等，如图 8-2 所示。如果此时计算机死机或重启，说明显卡存在故障。

图 8-2 显卡的相关信息

(5) 接下来，对 CPU 进行检测，显示器显示 CPU 的型号、名称、主频等信息。然后显示内存测试信息，大小、共享缓存等信息，如图 8-3 所示。然后进入下一步。如果此时出现问题，那么就需要对 CPU 或者内存进行检测。

(6) 进入 BIOS 的 POST 过程，计算机会将计算机设备与 BIOS 中存储的设备信息进行对比，如果此时出现问题，则应尝试升级 BIOS 或者将 BIOS 值设置为默认值。此时可以进入 BIOS 进行设置，如图 8-4 所示。

```
Phoenix - AwardBIOS v6.00PG, An Energy Star Ally
Copyright (C) 1984-2008, Phoenix Technologies, LTD

NF520 A2G+ (N52CA926 BS)

Main Processor  : AMD Athlon(tm) 64 X2 Dual Core Processor 5000+
Memory Testing  : 2096128K OK          + 1 M TSeg memory
```

图 8-3　CPU 及内存信息

```
Award Modular BIOS v6.00PG, An Energy Star Ally
Copyright (C) 1984-2008, Award Software, Inc.

Intel G31 BIOS for G31M-S2C F1

Main Processor : Intel(R) Pentium(R) Dual CPU E2140 @ 1.60GHz(200x8)
<CPUID:06FD Patch ID:00A3>
Memory Testing :  1038272K OK+   9M shared memory
```

图 8-4　在该画面就可以进入 BIOS 设置

(7)BIOS 检测 IDE 设备信息，并进行输出。此时连接的设备为光驱设备，如图 8-5 所示。如果出问题，请检查光驱。

```
IDE Channel 0 Master  : TSSTcorp CDW/DVD TS-H492C CM04
IDE Channel 0 Slave   : None
```

图 8-5　检测光驱设备

(8)BIOS 检测 SATA 设备，如果没有问题进行输出显示。此时 SATA 设备为硬盘，则显示硬盘信息，如图 8-6 所示。如果出现问题，请检查硬盘。

```
SATA 1 Device          : None
SATA 2 Device          : None
SATA 3 Device          : WDC WD3200AAJS-00L7A0 01.03E01
SATA 4 Device          : None
```

图 8-6　检测硬盘设备

(9) 检测完成后会接着检测即插即用设备，如果有的话就为该设备分配中断、DMA 通道和 I/O 端口等资源。到了这里，所有的设备都已经检测完成了，老机器会进行一次清屏操作，并显示一个系统配置表，如果和上次启动相比出现了硬件变动，BIOS 还会更新 ESCD，即 Extended System Configuration Data(扩展系统配置数据)，它是系统 BIOS 用来与操作系统交换硬件配置信息的数据，这些数据被存放在 CMOS 中。现在的机器则不再显示这些了，如图 8-7 所示。

```
DE Channel 3 . Master Disk  HDD S.M.A.R.T. capability .... Disabled

CI Devices Listing ...
us  Dev  Fun  Vendor Device  SVID  SSID Class  Device Class            IRQ
 0   1    1    10DE   03EB   1458  0C11  0C05  SMBus Cntrlr             11
 0   2    0    10DE   03F1   1458  5004  0C03  USB 1.1 Host Cntrlr       5
 0   2    1    10DE   03F2   1458  5004  0C03  USB 2.0 Host Cntrlr      10
 0   5    0    10DE   03F0   1458  A002  0403  Multimedia Device        11
 0   6    0    10DE   03EC   1458  5002  0101  IDE Cntrlr               14
 0   8    0    10DE   03F6   1458  B002  0101  Native IDE Cntrlr        11
 2   0    0    10DE   0640   7377  0000  0300  Display Cntrlr            5
                                               ACPI Controller           9
erifying DMI Pool Data ............
```

图 8-7　其他信息

(10) 到这里 BIOS 自检结束，将控制权交给 MBR，如果启动没有反应或者其他问题，则应进行 MBR 修复，如图 8-8 所示。

图 8-8 MBR 修复

(11)MBR 得到控制权后，同样会读取引导扇区，以便启动 Windows 启动管理器的 bootmgr.exe 程序。

Windows 启动管理器的 bootmgr.exe 被执行时就会读取 Boot Configuration Data store(其中包含了所有计算机操作系统配置信息) 中的信息，然后据此生成启动菜单。当然，如果只安装了一个系统，启动引导选择页不会出现，而如果安装并选择了其他系统，系统就会转而加载相应系统的启动文件，如图 8-9 所示。此时如果出现问题，则应重新设置 Windows 启动管理器程序。

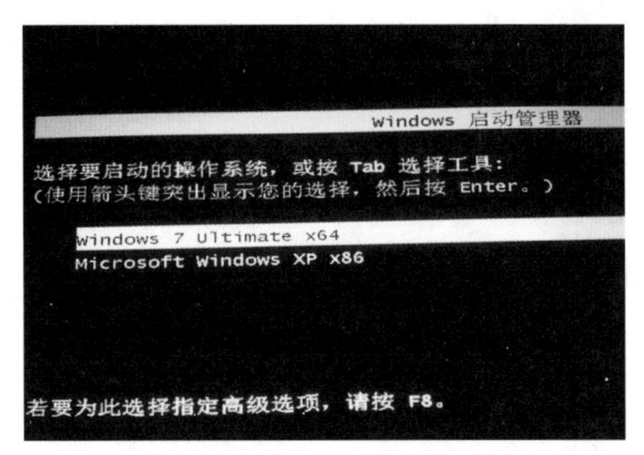

图 8-9 Windows 启动管理器

(12) 加载 ntoskrnl.exe 系统内核和硬件抽象层 hal.dll，从而加载需要的驱动程序和服务。

内核初始化完成后，会继续加载会话管理器 smss.exe(注意，正常情况下这个文件存在于 Windows\system32 文件夹下，如果不是，很可能就是病毒)。

此后，Windows 启动应用程序 wininit.exe 会启动，它负责启动 services.exe(服务控制管理器)、lsass.exe(本地安全授权) 和 lsm.exe(本地会话管理器)，一旦 wininit.exe 启动失败，计算机将会出现蓝屏死机。

当这些进程都顺利启动之后，就可以登录系统了，如图 8-10 所示。至此，系统启动完成。如果在登录过程发生错误，则应从操作系统本身查找错误。

(13) 启动完毕后，系统会加载自启动应用程序，或者用户启动自己的应用程序。如果此时发生问题，则应从这些出错的应用程序下手进行诊断，如图 8-11 所示。或者考虑病毒破坏的情况。

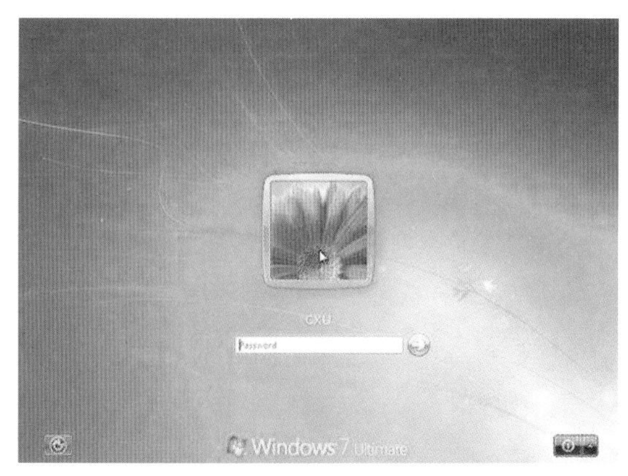

图 8-10　Windows 登录界面

图 8-11　应用程序报错

8.1.2 自检过程报错含义及解决办法

在自检过程中，如果出现问题，BIOS 会在屏幕上以英文方式进行显示，用户可以根据提示进行故障的判断，并且考虑解决方法。

1. CMOS battery failed

中文：CMOS 电池失效。

解释：这说明 CMOS 电池已经快没电了，只要更换新的电池即可。

2. Press ESC to skip memory test

中文：正在进行内存检查，可按 Esc 键跳过。

解释：这是因为在 CMOS 内没有设定跳过存储器的第二、三、四次测试，开机就会执行四次内存测试。当然也可以按 Esc 键结束内存检查，不过每次都要这样太麻烦了。用户进入 CMOS 设置后选择 BIOS FEATURS SETUP，将其中的 Quick Power On Self Test 设为 Enabled，储存后重新启动即可。

3. Keyboard error or no keyboard present

中文：键盘错误或者未接键盘。

解释：检查一下键盘的连线是否松动或者损坏。

4. Hard disk install failure

中文：硬盘安装失败。

解释：这是因为硬盘的电源线或数据线可能未接好或者硬盘跳线设置不当。用户可以检查一下硬盘的各连接线是否插好，看看同一根数据线上的两个硬盘的跳线的设置是否一样，如果一样，只要将两个硬盘的跳线设置得不一样即可。

5. Hard disk(s)diagnosis fail

中文：执行硬盘诊断时发生错误。

解释：出现这个问题一般就是说硬盘本身出现故障了，可以将硬盘放到另一台机子上试一试，如果问题还是没有解决，只能维修了。

6. Memory test fail

中文：内存检测失败。

解释：重新插拔一下内存条，看看是否能解决，出现这种问题一般是因为内存条互相不兼容，需要进行更换。

7. Override enable-Defaults loaded

中文：当前 CMOS 设定无法启动系统，载入 BIOS 中的预设值以便启动系统。

解释：一般是在 CMOS 内的设定出现错误，只要进入 CMOS 设置选择 LOAD SETUP DEFAULTS 载入系统原来的设定值然后重新启动即可。

8. Press TAB to show POST screen

中文：按 Tab 键可以切换屏幕显示。

解释：有的 OEM 厂商会以自己设计的显示画面来取代 BIOS 预设的开机显示画面，可以按 Tab 键来在 BIOS 预设的开机画面与厂商的自定义画面之间进行切换。

8.1.3 自检过程声音报警含义及解决办法

在自检过程中，出现错误的同时，计算机会通过蜂鸣器发出报警声，提醒用户发现了问题。不同的故障，计算机会发出不同的声响，通过声音，可以快速辨别故障。

根据不同的主板 BIOS 类型，主板报警的含义也不同。

1. Award BIOS

图 8-12 所示为 Award BIOS 界面。

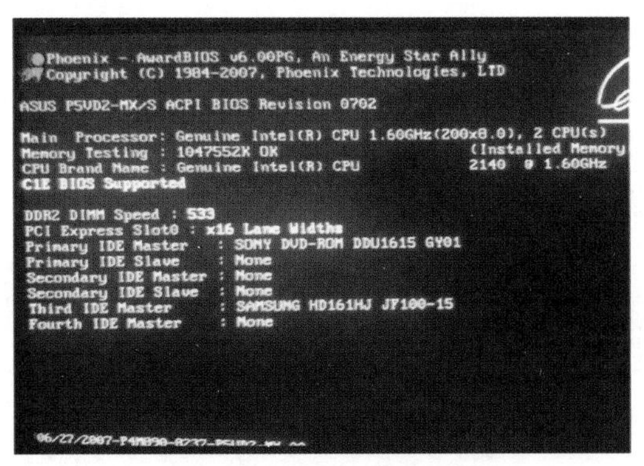

图 8-12 Award BIOS 界面

Award BIOS 系统自检过程中声音报警的含义及解决办法如下。

◎ 1 短：系统正常启动，表明机器没有任何问题。

◎ 2 短：常规错误，请进入 CMOS Setup，重新设置不正确的选项。

◎ 1 长 1 短：RAM 或主板出错。换一条内存试试，若还是不行，只好更换主板。

◎ 1 长 2 短：显示器或显示卡错误。

◎ 1 长 3 短：键盘控制器错误。检查主板。

◎ 1 长 9 短：主板 FlashRAM 或 EPROM 错误，BIOS 损坏。换块 FlashRAM 试试。

◎ 不断地响 (长声)：内存条未插紧或损坏。重插内存条，若还是不行，只有更换一条内存。

◎ 不停地响：电源、显示器未和显示卡连接好。检查一下所有的插头。

◎ 重复短响：电源问题。

◎ 无声音无显示：电源问题。

2. AMI BIOS

如图 8-13 所示为 AMI BIOS 界面。

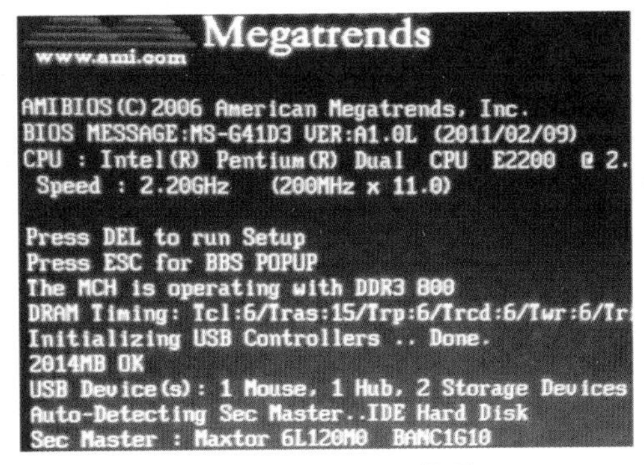

图 8-13 AMI BIOS 界面

AMI BIOS 系统自检过程中声音报警含义及解决办法如下。

◎ 一短声：内存刷新失败。内存损坏比较严重，恐怕非得更换内存。

◎ 二短声：内存奇偶校验错误。可以进入 CMOS 设置，将内存 Parity(奇偶校验) 选项关掉，即设置为 Disabled。不过一般来说，内存条有奇偶校验并且在 CMOS 设置中打开奇偶校验，这对计算机系统的稳定性是有好处的。

◎ 三短声：系统基本内存 (第 1 个 64KB) 检查失败。更换内存。

◎ 四短声：系统时钟出错。维修或更换主板。

◎ 五短声：CPU 错误。但未必全是 CPU 本身的错，也可能是 CPU 插座或其他什么地方有问题，如果此 CPU 在其他主板上正常，则肯定错误在于主板。

◎ 六短声：键盘控制器错误。如果是键盘没插上，插上就行；如果键盘连接正常但有错误提示，则换一个好的键盘试试；否则就是键盘控制芯片或相关的部位有问题了。

如果听不到 beep 响铃声也看不到屏幕显示，首先应该检查一下电源是否接好，在检修时往往容易疏忽，不接上主板电源就开机测试。其次得看看是不是少插了什么部件，如 CPU、内存条等。再次，拔掉所有有疑问的插卡，只留显示卡试试。最后找到主板上清除 (clear) CMOS 设置的跳线，清除 CMOS 设置，让 BIOS 回到出厂时状态。如果显示器或显示卡以及连线都没有问题，CPU 和内存也没有问题，经过以上这些步骤后，计算机在开机时还是没有显示或响铃声，那就只能是主板的问题了。

3. Phoenix-Award BIOS

图 8-14 所示为 Phoenix-Award BIOS 界面。以前的老版上有许多 Phoenix 的，现在已经被 Award 收购了，用户可查看对应手册进行判断。

图 8-14　Phoenix-Award BIOS 界面

8.2 快速判断计算机主要设备故障

在计算机出现故障后，需要先整体进行检查，或者说先进行整体归零操作。

(1) 如果修改过 BIOS，需要还原成默认值。尤其是在进行了超频后。

(2) 如果可以进入 Windows 界面，应该先查看计算机状态。

(3) 在 Windows 的设备管理器中，查看是否有硬件处于错误或者有故障状态，或者驱动有问题，那需先进行驱动的安装。

(4) 如果进入不了 Windows 界面，那么使用光盘或者启动 U 盘，进入 Windows PE，再使用测试软件进行测试或者查看设备状态。

(5) 打开机箱前一定要关闭电源，再进行设备的清灰操作。

(6) 检查设备间连线是否有松动、是否有氧化；检查电路板及各设备外观是否有烧坏的痕迹，尤其是各电器元件，如电容、电感，是否有损坏。

8.2.1 快速判断 CPU 故障

快速判断 CPU 故障的方法如下。

(1) 如果不能启动或者启动过程中有错误，有可能 CPU 安装不当或者损坏。

(2) 计算机运行过程中死机，有可能是 CPU 内部故障或者损坏。

(3)CPU 温度急速飙升至安全界线，或者死机，有可能是 CPU 故障或者散热系统故障。

(4) 运行某一程序时死机，有可能是主板有关 CPU 部分的补丁缺失。

如果不是 CPU 内部故障，可以使用特殊方法使 CPU 全负荷工作，来检测 CPU 稳定性。

可以同时打开多个大型应用程序，在“任务管理器”中，观察 CPU 性能和高负荷下 CPU 的稳定性，如图 8-15 所示。也可以使用测试软件进行运算稳定测试。常用的软件有 Super PI 测试软件，如图 8-16 所示。

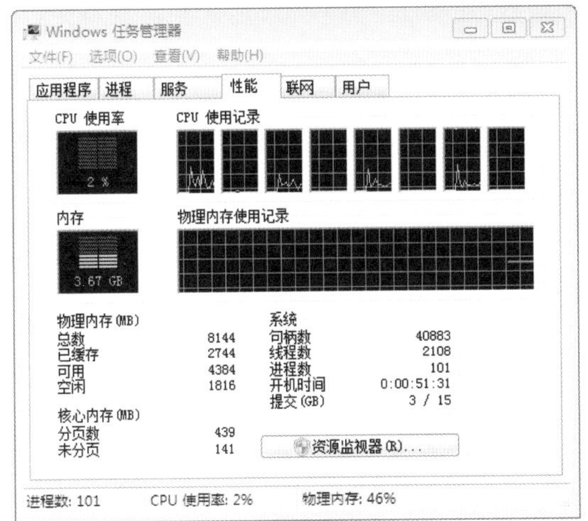

图 8-15 启动 Windows 任务管理器

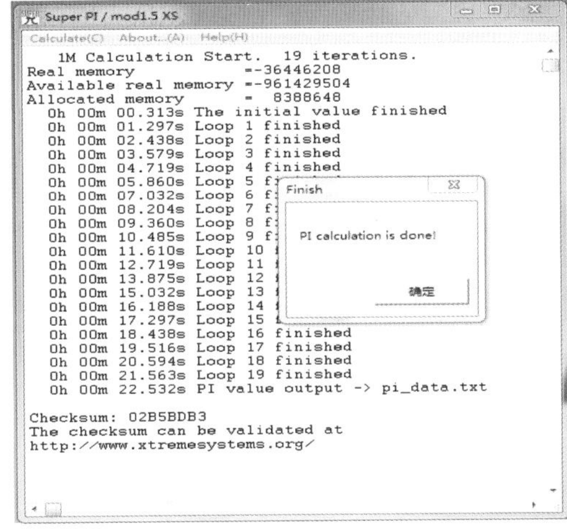

图 8-16 Super PI 测试软件

如果计算机经常性死机，大部分是因为 CPU 温度过高。查看 CPU 温度，可以在开机时进入 BIOS 中，有 CPU 温度和散热风扇转速的详细数据，如图 8-17 所示。

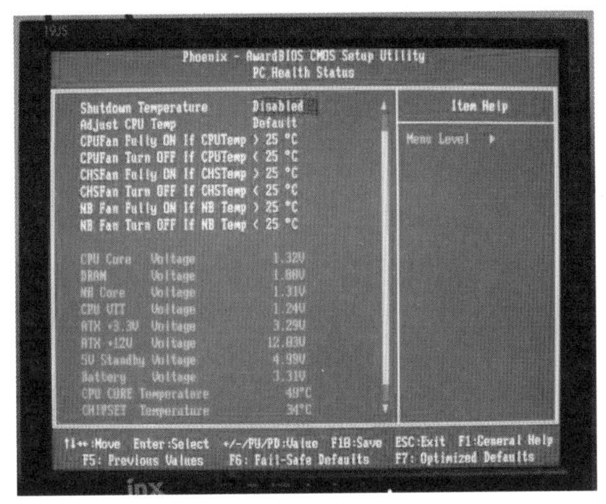

图 8-17 查看 PC Health Status

可以使用监控软件，通过传感器监控设备的温度，如使用 AIDA64，可以对 CPU、主板、显卡核心、硬盘等进行温度监测，如图 8-18 所示。

如果在没有打开大型应用程序时，CPU 长期保持高使用率，而且计算机运行缓慢，那么有可能被恶意代码或者病毒攻击了，此时应尽快安装杀毒软件，对计算机全盘进行查杀。

将 CPU 散热器拆下，查看 CPU 在插座中安装是否正常，查看是否有针脚被弯曲了，查看 CPU 是否有烧焦等损坏的痕迹，如图 8-19 所示。

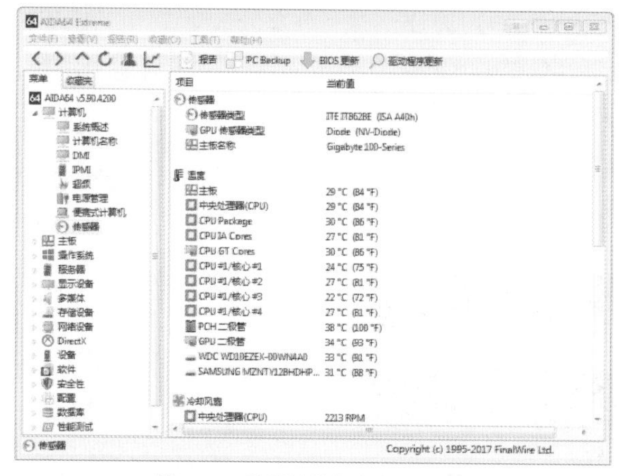

图 8-18　监测计算机各部件温度

图 8-19　CPU 烧坏的痕迹

8.2.2 快速判断主板故障

主板上集中了各种插槽、对内对外的各种接口，所以对主板的检测是所有设备中最难的，任何设备出现故障都可能造成主板的工作故障。快速判断主板故障的具体方法如下。

(1) 大部分 BIOS 故障需要对 CMOS 芯片进行清除操作，就是放电。

(2) 除非迫不得已，不要随意对 BIOS 进行升级操作。

(3) 确认主板芯片组的驱动都已经安装完毕，芯片组各功能部件都能正常工作。

(4) 打开主机，查看主板电路板，尤其是电子元器件没有烧焦、虚焊、电容爆浆现象。

(5) 为 SATA 设备更换数据线进行测试，或者设备间互换 SATA 数据线进行测试。

(6) 使用减法进行测试，可以拆下声卡、网卡、光驱、硬盘，一步步进行测试。

(7) 在主板上只保留 CPU 和内存，然后开机操作，根据提示声判断是否可以开机。

(8) 清理主板，再进行测试。

(9) 使用检测卡或者有些主板自带检测，根据检测卡显示代码进行故障判断。

1. 错误代码：00(FF)

代码含义：主板没有正常自检。

解决方法：这种故障较麻烦，原因可能是主板或CPU没有正常工作。可首先将计算机上除CPU外的所有部件全部取下，并检查主板电压、倍频和外频设置是否正确，然后再对CMOS进行放电处理，再开机检测故障是否排除。如故障依旧，还可将CPU从主板上的插座上取下，仔细清理插座及其周围的灰尘，然后再将CPU安装好，并加以一定的压力，保证CPU与插座接触紧密，再将散热片安装妥当，然后开机测试。如果故障依旧，则建议更换CPU测试。另外，主板BIOS损坏也可造成这种现象，必要时可刷新主板BIOS后再试。

2. 错误代码：01

代码含义：处理器测试。

解决方法：说明CPU本身没有通过测试，这时应检查CPU相关设置。如对CPU进行过超频，请将CPU的频率还原至默认频率，并检查CPU电压、外频和倍频是否设置正确。如故障依旧，则可考虑更换CPU再试。

3. 错误代码：C1至C5

代码含义：内存自检。

解决方法：较常见的故障现象，它一般表示系统中的内存存在故障。要解决这类故障，可首先对内存实行除尘、清洁等工作再进行测试。如问题依旧，可尝试用柔软的橡皮擦清洁金手指部分，直到金手指重新出现金属光泽为止，然后清理掉内存槽里的杂物，并检查内存槽内的金属弹片是否有变形、断裂或氧化生锈现象。开机测试后如故障依旧，可更换内存再试。如有多条内存，可使用替换法查找故障所在。

4. 错误代码：0D

代码含义：视频通道测试。

解决方法：这也是一种较常见的故障现象，它一般表示显卡检测未通过。这时应检查显卡与主板的连接是否正常，如发现显卡松动等现象，应及时将其重新插入插槽中。如显卡与主板的接触没有问题，取下显卡清理其上的灰尘，并清洁显卡的金手指部分，再插到主板上测试。如故障依旧，则可更换显卡测试。

一般系统启动过0D后，就已将显示信号传输至显示器，此时显示器的指示灯变绿，然后DEBUG卡继续跳至31，显示器开始显示自检信息，这时就可通过显示器上的相关信息判断计算机故障位置了。

5. 错误代码：0D至0F

代码含义：CMOS停开寄存器读/写测试。

解决方法：检查CMOS芯片、电池及周围电路部分，可先更换CMOS电池，再用小棉球蘸无水酒精清洗CMOS的引脚及其电路部分，然后看开机检查问题是否解决。

6. 错误代码：12. 13. 2B. 2C. 2D. 2E. 2F. 30. 31. 32. 33. 34. 35. 36. 37. 38. 39. 3A

代码含义：测试显卡。

解决方法：该故障在 AMI BIOS 中较常见，可检查显卡的视频接口电路、主芯片、显存是否因灰尘过多而无法工作，必要时可更换显卡检查故障是否解决。

8.2.3 快速判断内存故障

内存故障是计算机最常见的故障。无法开机、计算机运行缓慢、死机都可以从内存着手检查。在“任务管理器”中，可以查看到内存的使用情况，也可以在“进程”选项卡中，看到各进程使用内存的情况，如图 8-20 所示。

图 8-20 查看内存使用状态

内存与其他设备一样，容易受到不稳定电压、过热、灰尘等方面的影响。但最常见的故障是内存与内存插槽的氧化。一般除了清理氧化的方法外，也可以使用更换内存插槽的方法进行测试。内存损坏的表象经常是出现“系统发生致命错误”，电源灯和 CPU 散热器都正常，但显示器黑屏无图像、DLL 模块错误而产生死机现象。

如果资源监视器显示内存长时间保持满负荷，有可能是计算机被恶意代码或病毒攻击了，可以使用杀毒软件进行查杀。

打开机箱，取下内存条，查看内存颗粒是否烧焦、内存插槽周围有无电容冒泡等。

检查内存的金手指是否被氧化，如果有氧化或者污渍，可以使用橡皮擦进行清除。检查插槽中是否有灰尘、污物等，进行清除即可。

8.2.4 快速判断显卡故障

显卡故障最明显的表现就是显示器出现不正常显示，如画面模糊、有彩条等。排除显示的故障最简单的方法就是换一台显示器或主机。显示器故障的最常见的表现有：显示器上出现横条或竖条、显示器自动关闭、显示器画面不完整、有光斑及光线。开机显示 No Signal、或“无信号”等，则有多种原因导致，如内存、显卡、显示器等。

排查显卡故障，可以按照下面的方法进行：

◎ 如果超频了，请将显卡参数设置为默认值。很多故障都是因为超频引起的。

◎ 检查显卡驱动是否使用了正确的版本，并不是越新的驱动越好，正常使用追求的是稳定性，可以下载比较新的稳定版本进行测试。

◎ 安装显卡支持的 Direct X，XP 最高支持 Direct 9，而 Windows 7 支持 Direct 10 及 11。

◎ 根据显卡温度，查看显卡散热风扇是否转动，散热片及出风口是否被堵塞了，要及时清理灰尘及堵塞物。

◎ 取下并查看显卡是否有氧化或者有污渍，使用橡皮擦进行清除。再查看内存插槽是否有异物堵塞。

8.2.5 快速判断硬盘故障

硬盘是计算机中损坏率较高的设备。机械硬盘因为精密的结构，不能受到巨大外力的影响。工作时反复的震动和磕碰最易造成硬盘的损坏。硬盘故障主要发生在以下几个方面：

◎ 电机马达和磁头工作异常。

◎ 主板、供电等外界因素的影响。

◎ 设备冲突造成硬盘无法正常工作。

◎ 系统病毒对硬盘造成损坏。

◎ 固态硬盘主要受电气性能的稳定及擦除次数的影响。

一旦硬盘出现了故障，会出现死机、无法进入系统、无法读取数据、系统运行缓慢、硬盘发出异常的声响。在日常使用中，一定要定期对硬盘做备份处理。在对硬盘进行修复、格式化等操作前，一定要备份好硬盘中的数据。可以通过以下的方法判断硬盘故障。

◎ 没有发出正常硬盘运行时的声响，或者碟片旋转后又停止了，说明马达工作正常，但不能读取盘片上的数据。

◎ 更换 SATA 数据线及电源线来判断。

◎ 通过软件检测硬盘的坏道。

◎ 查看 MBR 是否有问题，分区是否有问题，是否有病毒。

◎ 通电后，硬盘发出剐蹭声，说明磁头划到了碟片，应立刻停止使用，使用软件进行数据的抢救。

◎ 通电后，没有磁碟转动的声音、感受不到马达的转动，或转动没有达到正常值，说明硬盘供电出现问题，需检查硬盘电路板，查看供电电路、控制电路有没有损坏的痕迹。

可以使用通用检测工具 HD Tune 进行测试，如图 8-21 所示。

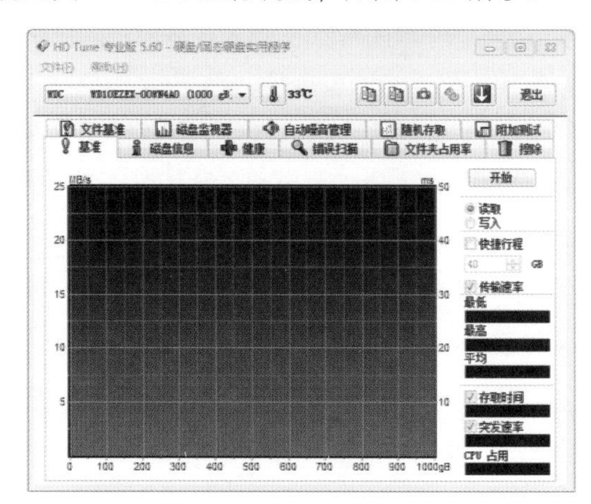

图 8-21　HD Tune 的主界面

通过 HD Tune 软件，可以检测硬盘的读写、基本信息、健康情况，还可以使用错误扫描等功能，如图 8-22 所示。可以全面扫描硬盘中的坏道信息。用户在检测出坏道后，使用低级格式化来对坏道进行屏蔽，从而修复硬盘，如图 8-23 所示。

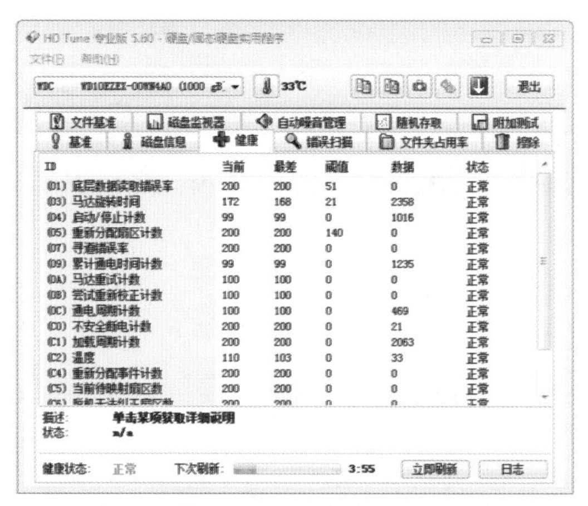

图 8-22　使用 HD Tune 查看硬盘基本信息

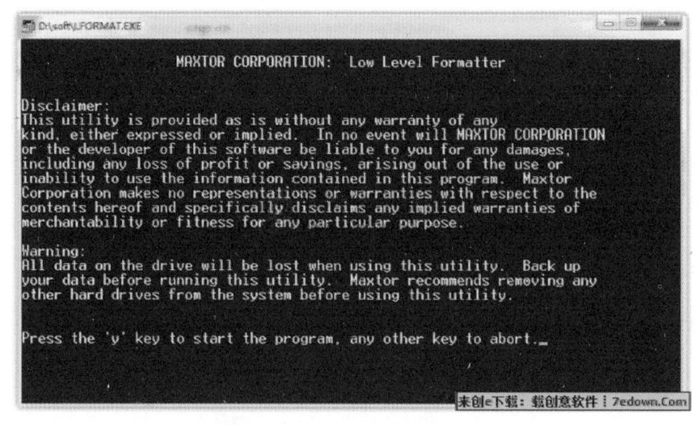

图 8-23　硬盘低级格式化工具

8.2.6 快速判断电源故障

快速判断电源故障的具体方法如下。

◎ 检查电源插座是否有电，电源线是否工作正常。

◎ 检查电源的主板连接线是否连接正常。

◎ 检查 CPU 供电是否已经插上。

◎ 确认电源上的开关已经拔至接通状态。

◎ 检查电源保险管是否烧断，如图 8-24 所示。

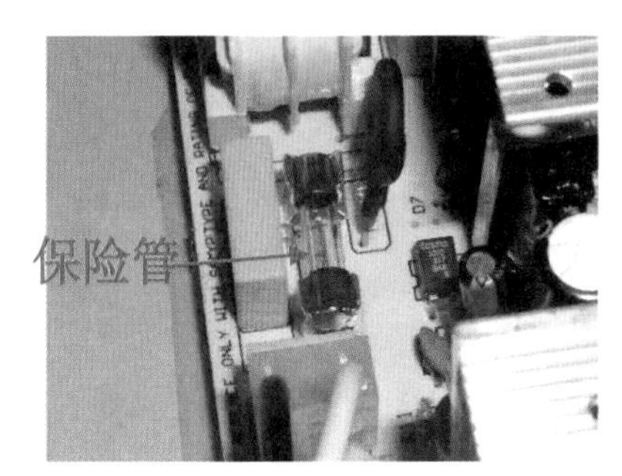

图 8-24　电源保险管

◎ 检查前面板的电源按钮跳线是否连接至主板正确位置、跳线及线路是否无故障、按钮是否损坏。可以将主板上的机箱前面板的电源跳线拔出，使用金属物短接 PWR SW 的两根插针，如果计算机可以启动，说明前面板电源按钮部分损坏了。

◎ 经常清除电源出风口附近的灰尘，以防止电源风扇故障，造成温度过高。

课后作业

一．填空题

1. CPU 温度急速飙升至安全界线，或者死机，有可能是 ________________。
2. 大部分 BIOS 故障需要对 ______________ 进行清除操作，就是放电。
3. 内存与其他设备一样，容易受到 _____、_____、_____ 等方面的影响。
4. 显卡出现故障，如果超频了，需要 ______________________。
5. 一旦硬盘出现了故障，会出现 _____、_____、_____、_____、_____ 等现象。

二．选择题

1. 开机画面中，出现 CMOS battery failed，应该检查 (　　)。
   A. 电池　　B. 硬盘
   C. 内存　　D. 显卡
2. 自检过程，计算机黑屏，并发出不断长响的声音，应该检查 (　　)。
   A. 电池　　B. 内存
   C. CPU　　D. 网卡
3. 计算机超频造成无法开机，应该采取的措施是 (　　)。
   A. 更换主板　　B. 更换显卡
   C. 重置 BIOS　　D. 更换 CPU
4. CPU 温度长时间过高，一般应该检查 (　　)。
   A. BIOS 设置　　B. 内存
   C. 电源　　D. 散热器
5. BIOS 显示 +12V、电压为 14V，那么产生问题的部件一般是 (　　)。
   A. 电源　　B. 硬盘
   C. 显卡　　D. 机箱

三．动手操作与扩展训练

1. 找一台比较老的，使用了传统 BIOS 的计算机，使用 Pause 键暂定自检，观察计算机显示的信息，了解 BIOS 自检过程，并人为制造一些问题来查看画面信息提示。

2. 在主板上安装独立蜂鸣器，然后人为制造无内存等状态的启动，听听这些情况下，主板报警声音有什么不同。

3. 使用第三方硬盘检测工具，对自己的机械硬盘进行一个全方位坏道检测。

第9章 操作系统故障处理

知识概述

前面介绍了计算机的故障处理以先软后硬为原则，所以软件是首要的排查对象。那么计算机最重要的软件就是操作系统了。本章将着重介绍在操作系统中经常出现的故障及处理方式。

要点难点

- 操作系统的故障检测
- 操作系统的故障修复
- 系统错误故障原因及修复
- 系统关机故障原因及修复
- 系统死机故障原因及修复
- 系统黑屏故障原因及修复
- 系统重启故障原因及修复
- 系统遭遇病毒原因及修复

9.1 Windows 系统故障恢复

在使用 Windows 系统时，经常因为人为操作失误或者恶意程序破坏，造成 Windows 系统相关文件或者注册表错误，系统会弹出错误提示框，如图 9-1 所示。

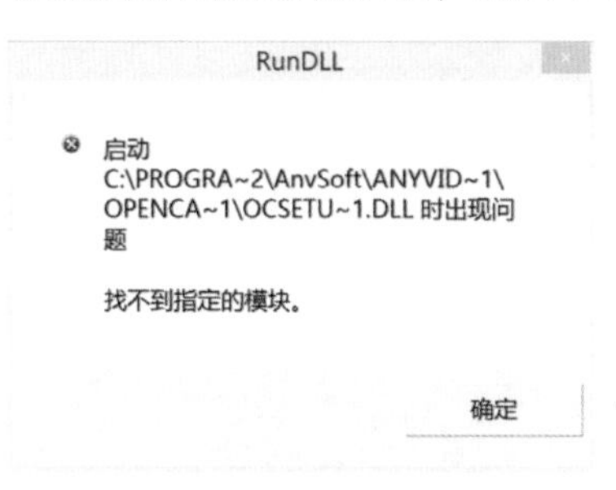

图 9-1　Windows 系统报错

系统错误会造成应用程序自动关闭、数据丢失，严重的会造成系统崩溃。除了重装、GHOST 备份还原，还可以使用系统自带的工具进行灾难性恢复。

9.1.1 Windows 系统还原

“系统还原”的目的是在不需要重新安装操作系统，也不会破坏数据文件的前提下使系统回到正常工作状态。“系统还原”功能在 Windows ME 中就加入了，并且一直在 Windows ME 以上的操作系统中使用。“系统还原”可以恢复注册表、本地配置文件、COM+ 数据库、Windows 文件保护 (WFP)、高速缓存 (wfp.dll)、Windows 管理工具 (WMI) 数据库、Microsoft IIS 元数据，以及实用程序默认复制到“还原”存档中的文件。

9.1.2 配置系统还原

默认情况下系统还原是关闭状态，用户需要进行手动开启。具体步骤如下。

步骤 01：启动 Windows 10，在系统桌面的“此计算机”上，单击鼠标右键，在弹出的快捷菜单中，选择“属性”选项，如图 9-2 所示。

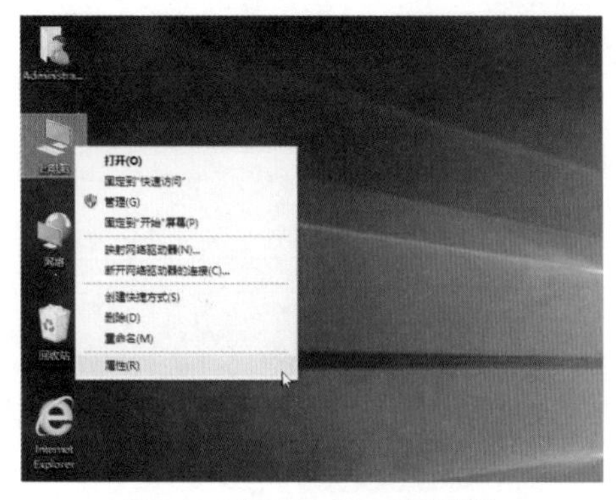

图 9-2　打开 Windows 快捷菜单

步骤 02：在“系统”界面中，选择“系统保护”选项，如图 9-3 所示。

图 9-3 选择“系统保护”选项

步骤 03：在“系统属性”界面中，选择需要启动系统保护的分区，单击“配置”按钮，如图 9-4 所示。

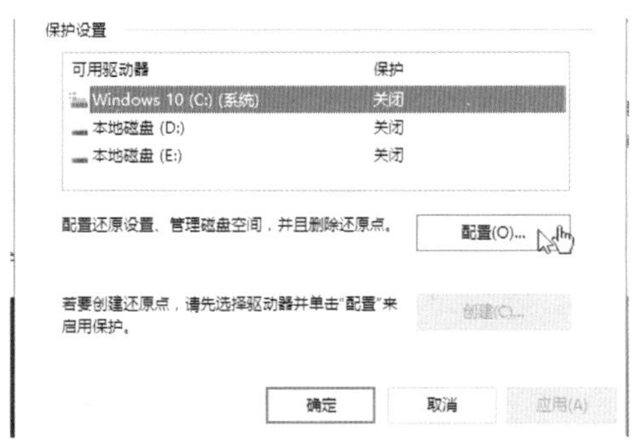

图 9-4 单击“配置”按钮

步骤 04：在配置界面中，选中“启用系统保护”单选按钮，拖动滑块，设置系统保护最大空间，完成后，单击“确定”按钮，如图 9-5 所示。

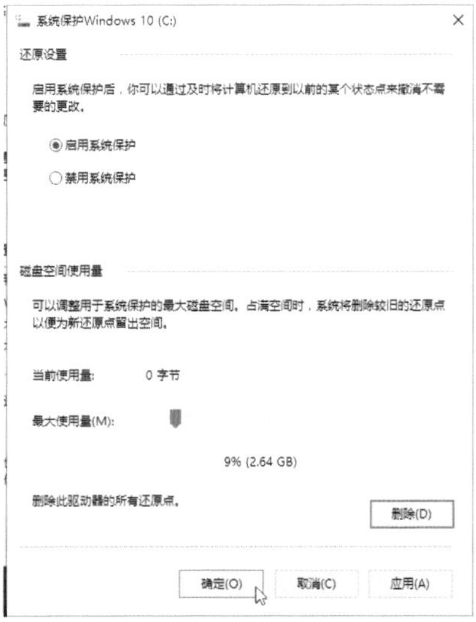

图 9-5 设置启用保护参数

步骤 05：返回到“系统属性”界面，单击“创建”按钮，如图 9-6 所示。

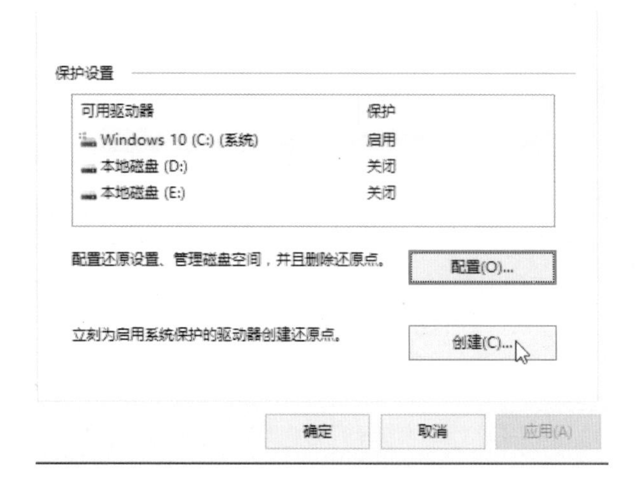

图 9-6　开始创建还原点

步骤 06：在“系统保护”中，创建描述信息，完成后，单击“创建”按钮，如图 9-7 所示。

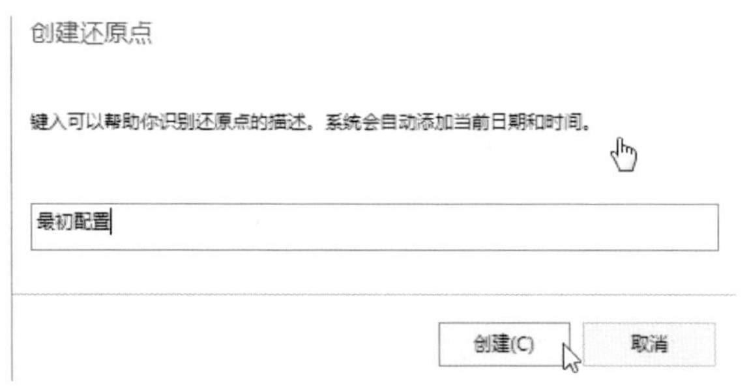

图 9-7　创建描述信息

步骤 07：系统开始创建还原点，如图 9-8 所示。

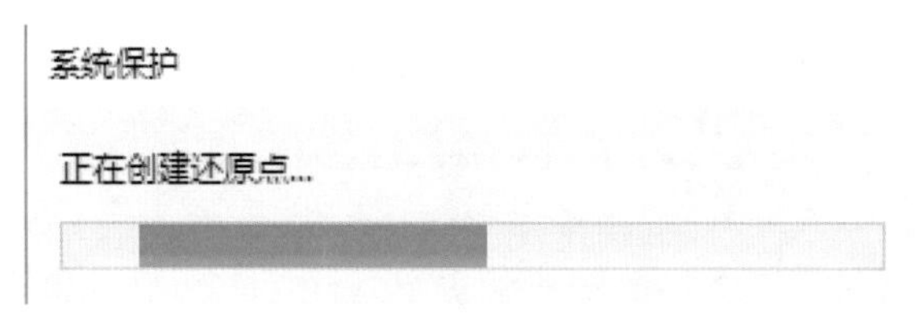

图 9-8　系统开始创建还原点

步骤 08：完成还原点创建工作，如图 9-9 所示，单击“关闭”按钮。

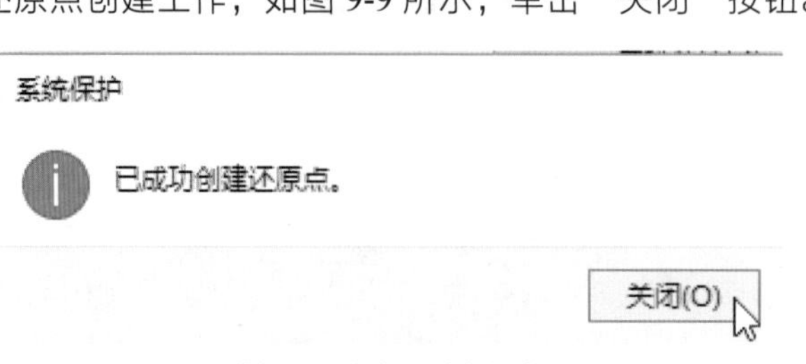

图 9-9　完成还原点创建

9.1.3 系统还原

配置完毕后，除了手动创建还原点，备份程序会在后台运行，并在触发器事件发生时自动创建还原点。触发器事件包括应用程序安装、AutoUpdate 安装、Microsoft 备份应用程序恢复、未经签名的驱动程序安装以及手动创建还原点。默认情况下实用程序每天创建一次还原点。

系统还原的具体步骤如下。

步骤 01：打开“系统属性”对话框，在“系统保护”选项卡中，可以查看当前系统保护信息，并且可以配置还原参数，以及立即创建还原点。在系统发生故障时，可以单击“系统还原”按钮，进行系统还原，如图 9-10 所示。

步骤 02：在“系统还原”界面中，介绍了“还原系统文件和设置”的含义，单击“下一步”按钮，如图 9-11 所示。

图 9-10 “系统属性”界面　　图 9-11 系统还原说明

步骤 03：在状态浏览界面中，可以查看到所有还原点信息及备份的日期、描述等内容。选择系统正常工作状态下的还原点，单击“下一步”按钮，如图 9-12 所示。也可以单击“扫描受影响的程序”按钮来了解还原后，哪些程序不可用。

图 9-12 选择正常状态的还原点

步骤 04：系统弹出确定信息，确认无误后，单击“完成”按钮，如图 9-13 所示。

图 9-13　确认还原信息

步骤 05：弹出警告信息，单击“是”按钮，如图 9-14 所示。

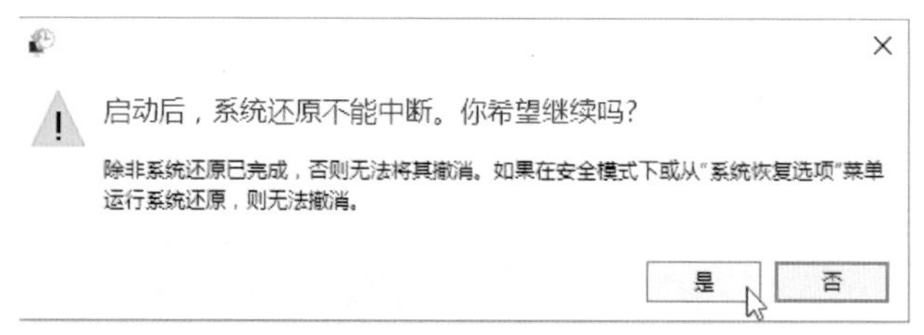

图 9-14　警告信息

步骤 06：系统准备还原系统，并准备数据，完成后，重启计算机，再次返回到桌面后，系统提示还原成功。可以查看故障是否排除。再次返回到还原状态界面中，可以查看到此时的还原点状态，如图 9-15 所示。

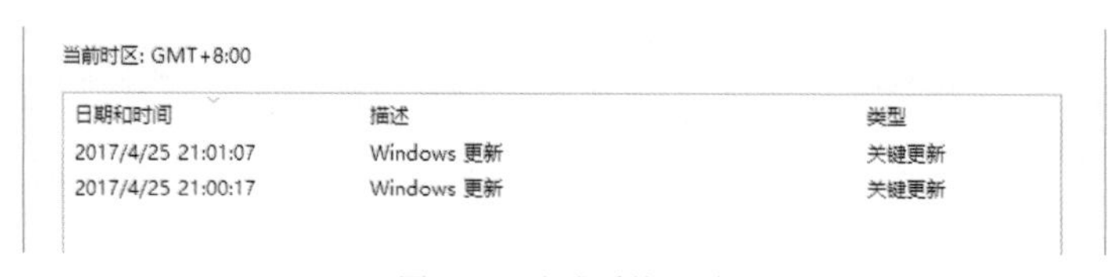

图 9-15　完成系统还原

9.1.4 设置 Windows 系统备份

系统备份是将现有的 Windows 系统重要文件保存到备份文件中，在发生错误时，可以将备份的 Windows 系统还原到系统盘中，覆盖掉发生错误的系统。设置 Windows 系统备份的具体步骤如下。

步骤 01：进入 Windows 10 设置界面后，单击“更新和安全”图标选项，如图 9-16 所示。

步骤 02：在“更新和安全”界面中，选择“备份”选项，并单击“添加驱动器”前的加号按钮，如图 9-17 所示。

图 9-16 启动更新和安全　　图 9-17 添加备份保存的位置

步骤 03：选择一个空间充足的分区。Windows 备份不是一次性备份，还可以自动备份、递增备份。完成后单击“更多选项”选项，如图 9-18 所示。

图 9-18 设置备份选项

步骤 04：在更多选项中，可以设置备份文件的时间间隔以及保存模式，如图 9-19 所示；可以设置备份哪些文件夹，也可以添加备份的文件夹，如图 9-20 所示。当然，也可以排除不需要备份的文件夹，如图 9-21 所示。也可以再次选择其他备份到的驱动器，如图 9-22 所示。

步骤 05：设置完毕后，单击“立即备份”按钮，开始进行备份，如图 9-23 所示。

图 9-19 设置备份间隔　　图 9-20 设置备份文件　　图 9-21 排除备份文件

图 9-22　更换备份驱动器　　图 9-23　开始备份

步骤 06：根据计算机中的内容，备份的时间也不相同。完成后，可以查看备份信息，如图 9-24 所示。

步骤 07：如果需进行还原，可以直接单击“从当前的备份还原文件”选项，如图 9-25 所示。

图 9-24　查看备份信息　　图 9-25　还原备份

步骤 08：可以浏览备份的内容，如果需要还原，可以单击“还原”按钮，如图 9-26 所示。

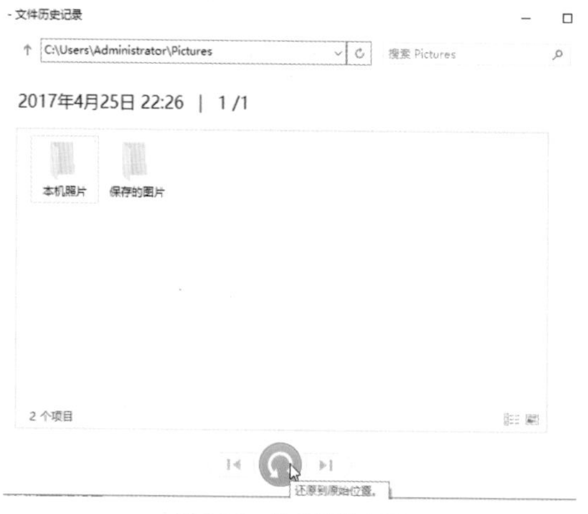

图 9-26　选择还原内容

9.1.5 Windows 7 备份还原

可以在 Windows 10 中使用兼容性较高的 Windows 7 备份还原。在备份内容中，可以进行更加详细的设置，如图 9-27 所示。

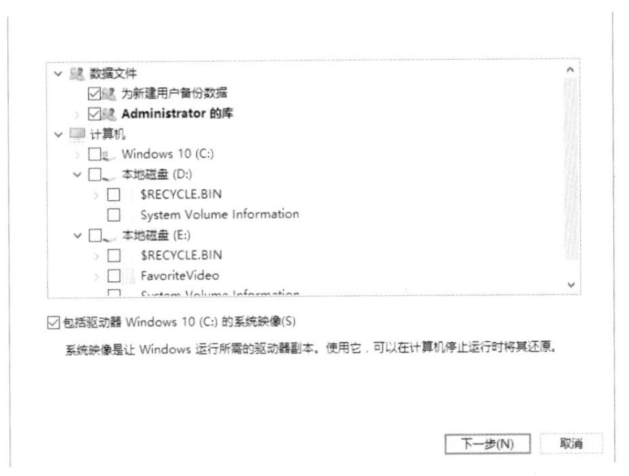

图 9-27 Windows 7 备份还原

9.1.6 重置系统

在 Windows 10 中，还提供了重置功能，即像手机的恢复出厂值设置。但是在 Windows 10 中，可以设置保留个人文件的功能。重置系统的具体步骤如下。

步骤 01：在“设置”选项卡中，选择“激活”选项，并单击右侧的“开始”按钮，如图 9-28 所示。

步骤 02：选择是否保留个人文件，这里选择“删除所有内容”选项，如图 9-29 所示。

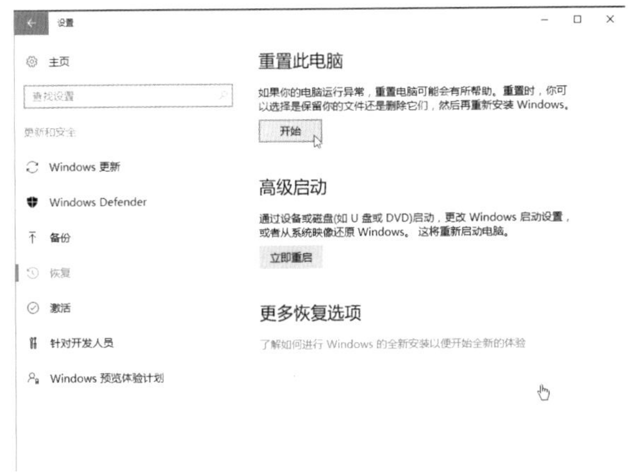

图 9-28 启动重置功能

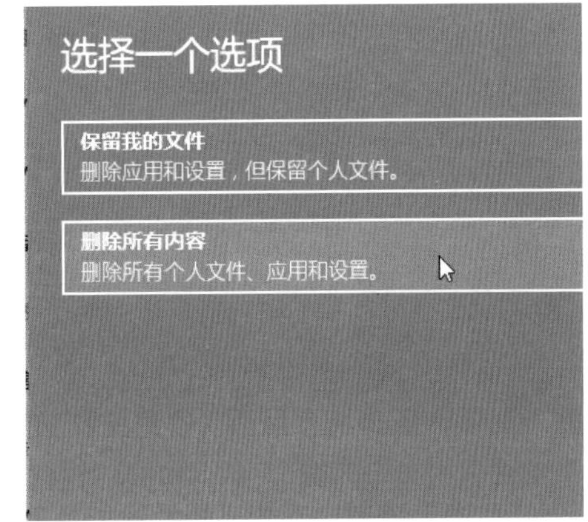

图 9-29 选择重置选项

步骤 03：根据自己的情况选择重置的类型，之后进入重置步骤，按照提示即可完成重置操作。

9.2 Windows 修复系统错误

Windows 提供了多种系统错误修复手段，用户可以根据遇到的问题，选择最优方式。

9.2.1 使用“安全模式”修复系统错误

当 Windows 发生严重错误，导致系统无法正常运行时，可以使用“安全模式”进行修复。修复的内容为注册信息丢失、Windows 设置错误、驱动程序设置错误。使用安全模式启动系统，可以对硬件配置问题引起的故障采用重新配置的做法，对注册表损坏或系统文件损坏引起的系统错误都可以进行自动修复。

1. Windows 7 进入安全模式

Windows 7 进入安全模式的步骤如下。

步骤 01：在系统启动时，按 F8 键，在出现的启动界面中，选择“安全模式”选项，如图 9-30 所示。

步骤 02：系统加载核心文件，如图 9-31 所示。

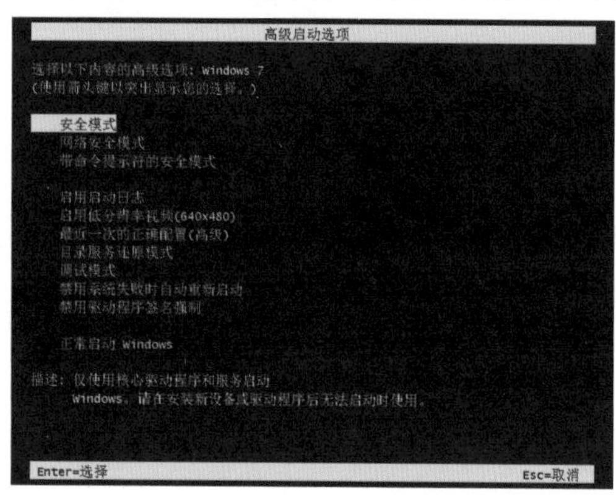

图 9-30 Windows 7 高级启动选项

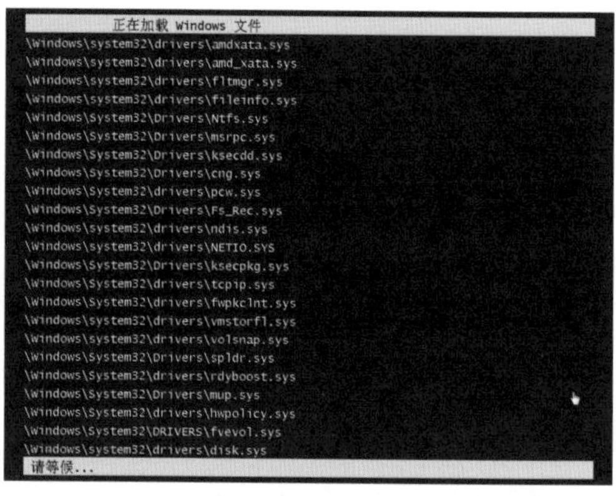

图 9-31 安全模式加载核心文件

步骤 03：稍等片刻，完成加载后，进入到 Windows 7 安全模式界面，如图 9-32 所示。

2. Windows 10 进入安全模式

Windows 10 进入安全模式与 Windows 7 略有不同，具体步骤如下。

步骤 01：在系统界面中，按住 Shift 键的同时单击“重启”选项，如图 9-33 所示。

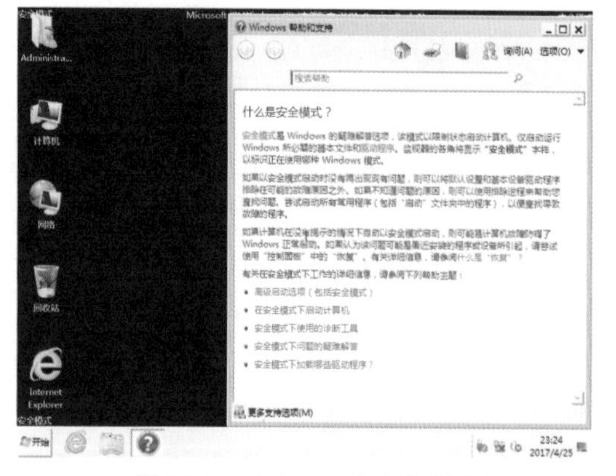

图 9-32 Windows 7 安全模式界面

图 9-33 高级重启

步骤 02：Windows 10 提示用户选择，这里选择“疑难解答”选项，如图 9-34 所示。

步骤 03：在“高级选项”中，选择 “启动设置”选项，如图 9-35 所示。

图 9-34 选择“疑难解答”选项

图 9-35 更改 Windows 的启动设置

步骤 04：在“启动设置”界面中，单击“重启”按钮，如图 9-36 所示。

步骤 05：系统重启后，进入高级启动模式，这里按 F4 键，进入“安全模式”，如图 9-37 所示。

图 9-36 确认重启

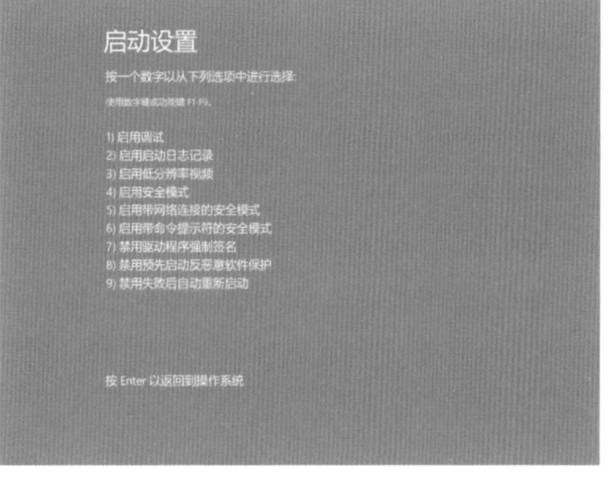

图 9-37 启用安全模式

步骤 06：计算机加载核心文件，完成后，进入安全模式界面，如图 9-38 所示。

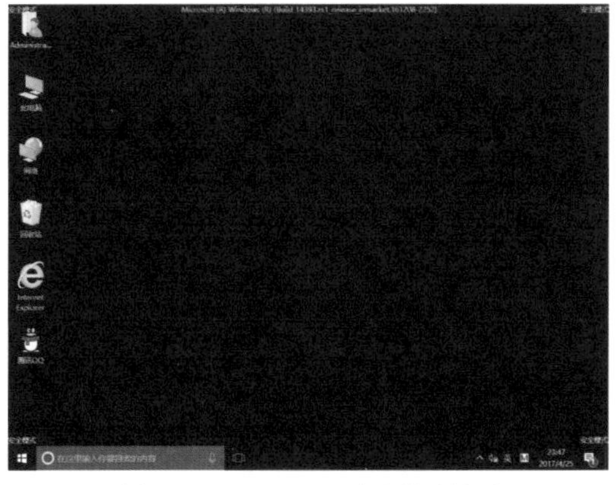

图 9-38 Windows 10 安全模式界面

9.2.2 使用“最近一次的正确配置”修复系统故障

一般情况下，蓝屏都出现于更新了硬件驱动程序或新加硬件并安装其驱动程序后，这时 Windows 提供的“最近一次的正确配置”就是解决蓝屏的快捷方式，一般情况下能够解决计算机的常见异常现象，如由于注册信息丢失、Windows 设置错误、驱动程序设置错误等引起的系统错误。最新的 Windows 系统都具有比较强的自我修复能力，发生错误时，多数情况下都能自我恢复，并正常启动 Windows 系统。

Windows 7 系统，在开机时按 F8 键，即可进入“高级启动选项”界面，在这里选择“最近一次的正确配置(高级)”选项，如图 9-39 所示。

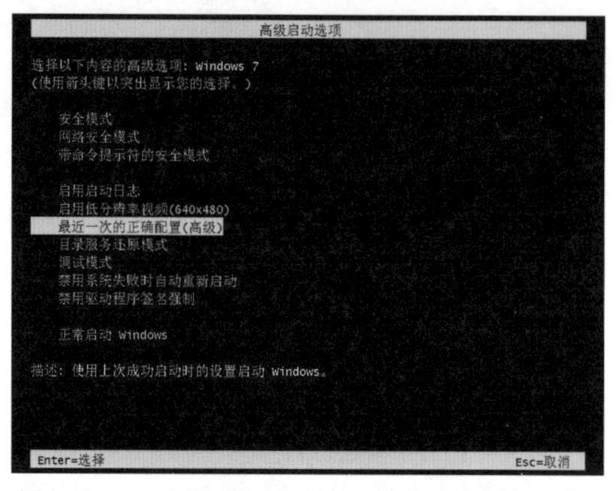

图 9-39　Windows 7 进入“最近一次的正确配置”界面

9.2.3 使用“启动修复”修复系统启动故障

当遇到问题无法启动计算机时，可以将系统安装光盘放入光驱启动，并运行“启动修复”功能，使用命令来修复错误。具体步骤如下。

步骤 01：使用光盘启动计算机，进入到系统安装时读取阶段，如图 9-40 所示。

步骤 02：在“现在安装”界面中，选择“修复计算机”选项，如图 9-41 所示。

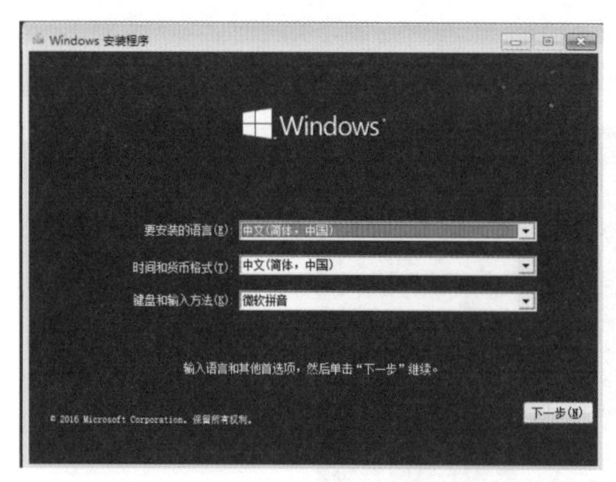

图 9-40　使用光盘进入安装界面

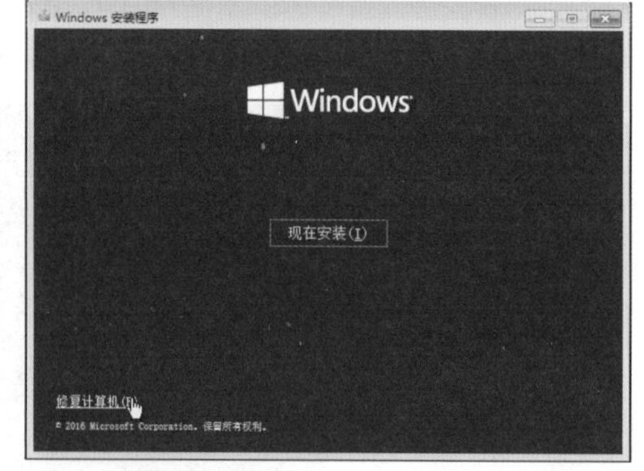

图 9-41　选择“修复计算机”选项

步骤 03：在“选择一个选项”界面中，单击“疑难解答”按钮，如图 9-42 所示。

步骤 04：在弹出的“高级选项”界面中，单击“启动修复”按钮，如图 9-43 所示。

图 9-42 单击“疑难解答”按钮

图 9-43 单击“启动修复”按钮

步骤 05：系统弹出“启动修复”界面，在此显示需要进行修复的系统。如果是多系统，则在此处显示所有操作系统，选择需要进行修复的系统，如图 9-44 所示。

步骤 06：系统对计算机的启动进行诊断，如图 9-45 所示。

图 9-44 选择需要进行修复的系统

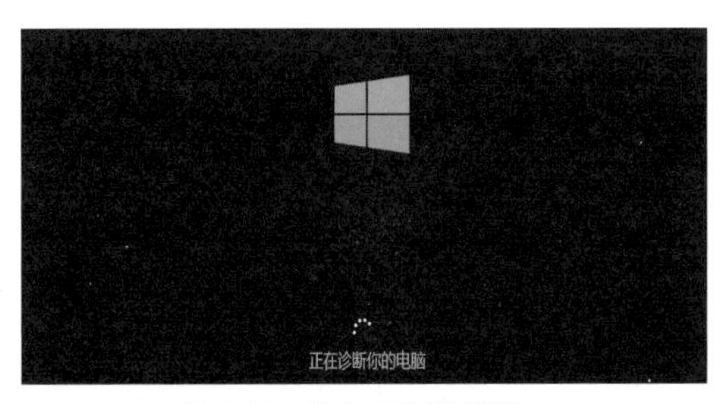

图 9-45 系统运行诊断程序

步骤 07：系统进行尝试性修复，如图 9-46 所示。

图 9-46 系统进行尝试性修复

步骤 08：系统进行重启，并完成修复操作。

9.2.4 全面修复受损文件

如果系统丢失了大量系统文件，需要进行综合型恢复，那么可以使用 SFC 文件检测器，来全面检测并修复受损的系统文件。具体步骤如下。

步骤 01：在 Windows 界面中，单击“开始”菜单，在“命令提示符”选项上右击，在弹出的快捷菜单中选择“更多”→“以管理员身份运行”命令，如图 9-47 所示。

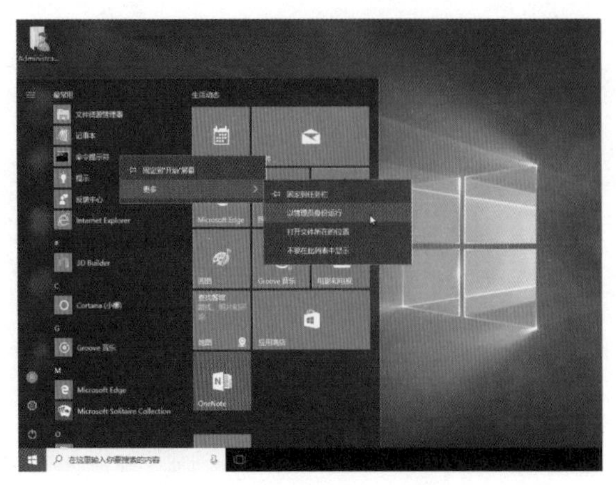

图 9-47　启动命令提示符窗口

步骤 02：在命令提示符后，输入“sfc/?”命令，来了解该命令的说明、语法、参数信息，如图 9-48 所示。

步骤 03：使用 sfc /SCANNOW 命令扫描所有受保护的系统文件，查看其完整性，并修复出现的问题，如图 9-49 所示。

```
管理员: 命令提示符
Microsoft Windows [版本 10.0.14393]
(c) 2016 Microsoft Corporation。保留所有权利。

C:\windows\system32> sfc/?

Microsoft (R) Windows (R) Resource Checker 6.0 版
版权所有 (C) Microsoft Corporation。保留所有权利。

扫描所有保护的系统文件的完整性，并使用正确的 Microsoft 版本替换
不正确的版本。

SFC [/SCANNOW] [/VERIFYONLY] [/SCANFILE=<file>] [/VERIFYFILE=<file>]
    [/OFFWINDIR=<offline windows directory> /OFFBOOTDIR=<offline boot directory>]

/SCANNOW        扫描所有保护的系统文件的完整性，并尽可能修复
                有问题的文件。
/VERIFYONLY     扫描所有保护的系统文件的完整性。不会执行修复
                操作。
/SCANFILE       扫描引用的文件的完整性，如果找到问题，则修复文件。
                指定完整路径 <file>
/VERIFYFILE     验证带有完整路径 <file> 的文件的完整性。
                不会执行修复操作。
/OFFBOOTDIR     对于脱机修复，指定脱机启动目录的位置
/OFFWINDIR      对于脱机修复，指定脱机 Windows 目录的位置
```

图 9-48　了解 sfc 命令

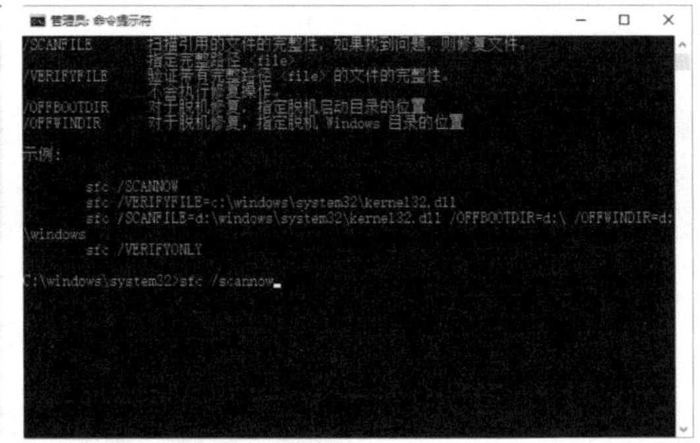

图 9-49　使用 sfc/SCANNOW 命令

步骤 04：此时，系统提示“Windows 资源保护无法启动修复服务”，这时，需要启动相应的服务。使用 WIN+R 组合键打开“运行”对话框，输入“services.msc”并单击“确定”按钮，如图 9-50 所示。

步骤 05：在“服务”对话框中，找到 Windows Modules Installer 服务，双击该服务，如图 9-51 所示。

图 9-50　打开 Windows 服务

图 9-51　找到 Windows Modules Installer 服务

步骤 06：在弹出的对话框中，选择“启动类型”为“自动”，单击“应用”按钮，如图 9-52 所示。

步骤 07：单击“启动”按钮，启动服务，如图 9-53 所示。

图 9-52　设置服务自动启动 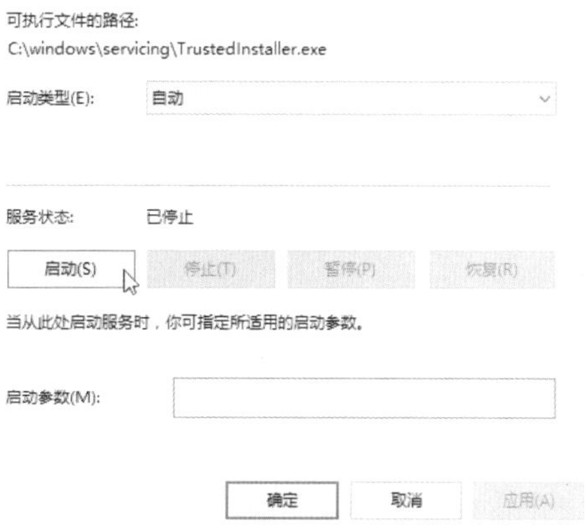　　图 9-53　启动 Windows 服务

步骤 08：单击“确定”按钮，返回到命令提示符界面，重新运行命令“sfc /SCANNOW”。按 Enter 键后，系统开始进行扫描，如图 9-54 所示。

图 9-54　系统开始扫描

步骤 09：完成扫描后，如果缺失文件，会提示用户插入 Windows 安装光盘，进行缺失文件的修复工作。如果没有问题，则会显示完成。

9.2.5 Windows 常见文件修复

1. 修复丢失的 DLL 文件

DLL 文件是系统的动态链接库文件，又称“应用程序拓展”，是软件文件类型。在 Windows 中，许多应用程序并不是一个完整的可执行文件，它们被分割成一些相对独立的动态链接库文件，即 DLL 文件，放置于系统中。当执行某一个程序时，相应的 DLL 文件就会被调用。一个应用程序可使用多个 DLL 文件，一个 DLL 文件也可以被不同的应用程序使用，这样的 DLL 文件被称为共享 DLL 文件。

常见的 DLL 文件错误，如 rundll32.exe 文件，如图 9-55 所示，可以通过 Windows 安装光盘进行修复。具体步骤如下。

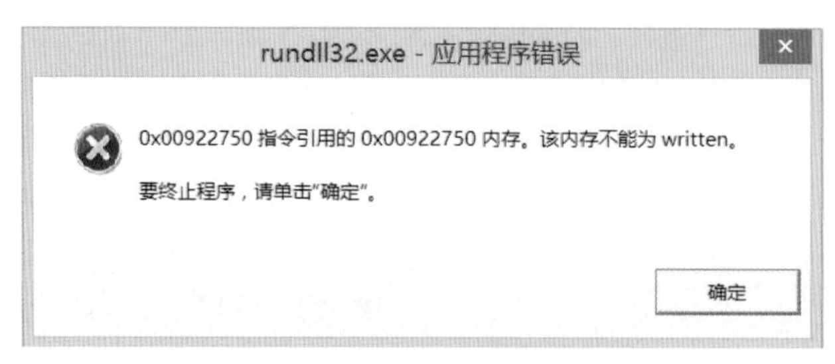

图 9-55　rundll32.exe 错误

步骤 01：将 Windows 安装光盘放入光驱，打开“运行”窗口。

步骤 02：输入命令“expand x：\i386\rundll32.ex_c：\windows\system32 \rundll32.exe”。其中 x 指用户的光驱盘符。完成后，重启计算机即可。其他情况可以采用类似方法。

2. 恢复丢失的 NTLDR 文件

在突然停电或在高版本系统的基础上安装低版本的操作系统时，很容易造成 NTLDR 文件的丢失，这样在登录系统时就会出现 NTLDR is Missing Press any key to restart 的故障提示，其可在“故障恢复控制台”中进行解决。

进入故障恢复控制台，然后插入 Windows XP 安装光盘，接着在故障恢复控制台的命令状态下输入“copy x:\i386\ntldr c:\”命令并按 Enter 键即可（“x”为光驱所在的盘符），然后执行“copy x:\i386\ntdetect.com c:\”命令，如果提示是否覆盖文件，则键入“y”确认，并按 Enter 键。

9.2.6 使用第三方工具修复系统错误

和手动修复相比，第三方工具进行修复的适用范围大，简单方便，针对性强，特别适合新手使用。常用的修复工具，如修复精灵。具体步骤如下。

步骤 01：双击即可打开该软件，如图 9-56 所示。

步骤 02：选中需要修复的项目，单击“立刻扫描”按钮，如图 9-57 所示。

图 9-56　打开软件

图 9-57　扫描系统错误

步骤 03：选中需要进行修复的条目，单击“修复”按钮，如图 9-58 所示。

步骤 04：稍等片刻，系统完成修复，并弹出提示框。

步骤05：万一修复造成了某些异常，可在“恢复”选项卡中，将修复的项目进行恢复操作。

步骤 06：在“记录”选项卡中，可以查看扫描时间、错误个数及修复数量。

步骤 07：在“设置”选项卡中，可以选中“修复错误前进行备份”复选框，单击“应用”按钮，如图 9-59 所示。以便在发生问题时，可从备份进行还原操作。

图 9-58 修复系统错误　　图 9-59 修复前进行备份操作

9.3 Windows 关机故障

关机故障是指在单击“关机”按钮后，操作系统无法正常关机。在出现“Windows 正在关机”提示后，系统无任何反应。这时只能强行关闭电源，下一次开机时系统会自动运行磁盘检查程序，长时间不正常关机会对硬盘造成一定的损害。

9.3.1 Windows 的关机过程

Windows 的关机过程经过了以下四个步骤：

(1) 完成所有磁盘写操作。

(2) 清除磁盘缓存。

(3) 执行关闭窗口程序关闭所有当前运行的程序。

(4) 将所有保护模式的驱动程序转换成实模式。

这四步程序是关机必须经过的。强行关机会导致缺少了某些过程，从而产生故障。

9.3.2 Windows 关机故障原因分析

Windows 关机故障原因具体如下。

◎ 没有在实模式下为视频卡分配一个 IRQ。

◎ 某一程序或 TSR 程序可能没有正确地关闭。

◎ 加载了一个不兼容的、损坏的或冲突的设备驱动程序。

◎ 选择 Windows 时的声音文件损坏。

◎ 不正确配置硬件或硬件损坏。

◎ BIOS 程序设置有问题。

◎ 在 BIOS 中的“高级电源管理”或“高级配置和电源接口”的设置不正确。

◎ 注册表中快速关机的键值设置为“enabled”。

9.3.3 Windows 关机故障的诊断修复

Windows 关机故障的诊断修复具体步骤如下。

步骤 01：检查所有正在运行的程序，关闭不必启动的程序。在 Windows 7 中单击“开始”→“运行”命令，打开“运行”对话框，在 Windows 8/10 中，使用 Win 键 +R 键打开“运行”对话框。在对话框中，输入“msconfig”，单击“确定”按钮，如图 9-60 所示。

步骤 02：在“启动”选项卡中，取消选中不开机启动的项目，单击“确定”按钮，如图 9-61 所示。这样在系统开机时，会尽量减少启动项目，使系统可以进行较简捷、较干净的引导，便于对系统错误的排查。

图 9-60　Windows　7 打开系统配置的方法

图 9-61　取消选中不需要的启动的项目

步骤 03：如软件程序停用后，仍然无法进行正常关机，则可能是由于硬件原因造成的。在“控制面板”中，将查看方式改为“小图标”，单击“设备管理器”按钮，如图 9-62 所示。

步骤 04：展开“显示适配器”，双击当前的设备，如图 9-63 所示。

图 9-62　启动设备管理器

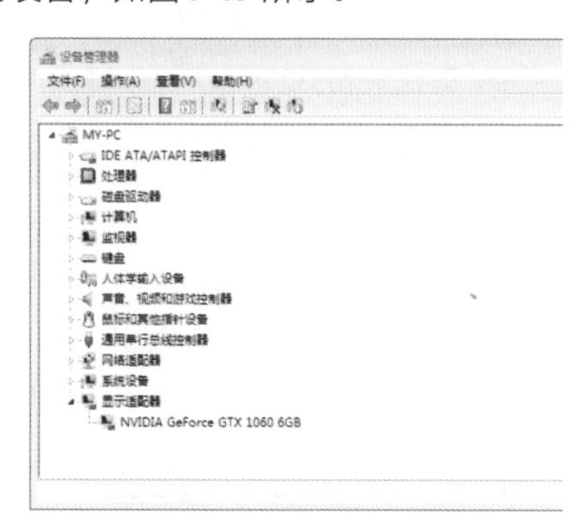

图 9-63　打开设备属性界面

步骤 05：在打开的显卡属性对话框中，单击“驱动程序”选项卡，单击“禁用”按钮，即可停用该设备，如图 9-64 所示。

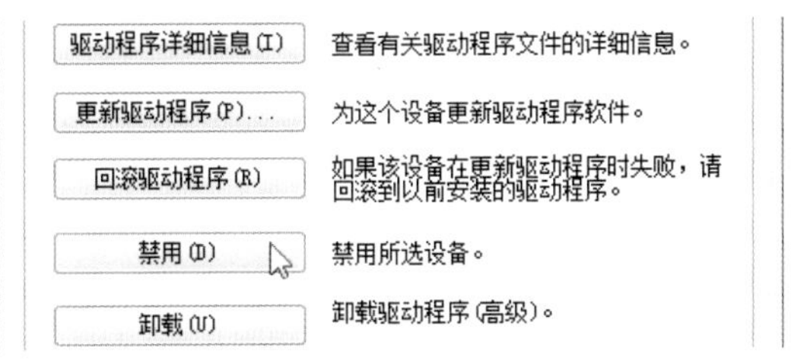

图 9-64　停用显卡

步骤 06：按照同样方法，停用其他设备，同时进行关机操作，观察是否可以正常关机，这样，排查出造成故障的设备，更新此硬件的驱动程序或者 BIOS 来解决硬件不兼容的问题。

9.4　Windows 死机故障

在 Windows 故障中，最难排查的就属于死机故障了，因为牵扯到计算机太多方面的故障点和特殊情况。

9.4.1　死机故障的现象

死机故障的现象具体如下：

◎ 蓝屏；

◎ 无法启动系统；

◎ 画面无反应；

◎ 鼠标、键盘无法使用；

◎ 软件运行非正常中断。

9.4.2　死机原因分析

死机原因具体如下：

◎ 计算机病毒；

◎ BIOS 设置问题；

◎ 系统文件被破坏；

◎ 硬盘剩余空间太小或碎片较多；

◎ 动态链接库文件丢失；

◎ 计算机系统资源耗尽；

◎ 使用非正式版软件；

◎ 软件冲突；

◎ 非正常关闭计算机；

◎ BIOS 升级失败；

◎ 内部散热不良；

◎ 硬件接触不良；

◎ CPU 超频不稳定；

◎ 硬件间兼容性问题；

◎ 硬件资源冲突。

9.4.3 死机状态分析

发生死机现象时，需要注意死机时的状态，如在使用什么设备、发生在什么时候、运行了什么软件等。

1. 系统启动时死机

系统启动时死机，应该从病毒、系统文件损坏、BIOS 升级失败、CPU 超频、硬件接触不良、硬件间兼容性等方面进行分析，并进行解决。

2. 使用某特定程序时死机

使用某特定程序时死机，应该从病毒感染、硬盘剩余空间过小、系统资源耗尽、使用非正式版软件、软件冲突、DLL 文件丢失、计算机散热不良等方面进行分析。

3. 使用某硬件设备时死机

使用某硬件设备时死机，应该从病毒破坏、硬盘剩余空间过小、系统资源耗尽、内部散热不良、设备接触不良、硬件间兼容性太差、硬件资源冲突等方面进行分析。

9.4.4 死机故障的修复

1. 病毒破坏引起的死机

病毒可以使计算机工作在非正常环境中，会造成频繁死机。可以使用杀毒软件进行定时查杀、全盘查杀，如图 9-65 所示。使用多个杀毒软件查杀、专杀工具查杀等。并且及时更新杀毒软件的病毒库。

图 9-65 对计算机进行全盘杀毒

2. BIOS 设置不当引起的死机

BIOS 设置不当会造成硬件工作状态异常、不符合系统要求、与操作系统冲突等故障。如果用户在设置了 BIOS 后，产生了死机现象，应该将 BIOS 改回默认值，或者“载入标准预设值”，如图 9-66 所示。或者将 CMOS 放电使其设置变为默认值。

3. 系统文件遭到破坏

在计算机启动或者运行时，起着关键性作用的文件叫作系统文件。造成系统文件被破坏的主要原因是病毒破坏、用户操作错误删除了系统文件。缺少了这些系统文件会造成系统无法正常运行。

4. 动态链接库文件丢失

动态链接库文件是 Windows 中扩展名为 DLL 的文件。这些文件可能会有多个软件运行时需要调用。如果应用程序本身有问题，那么在删除该程序时，程序的卸载程序可能会按照记录删除程序文件，并且删除了动态链接库文件。丢失了动态链接库文件，如果牵扯到系统的核心链接，往往会造成系统崩溃或者死机现象，如图 9-67 所示。可以通过安全模式重新安装该动态链接库文件解决问题。

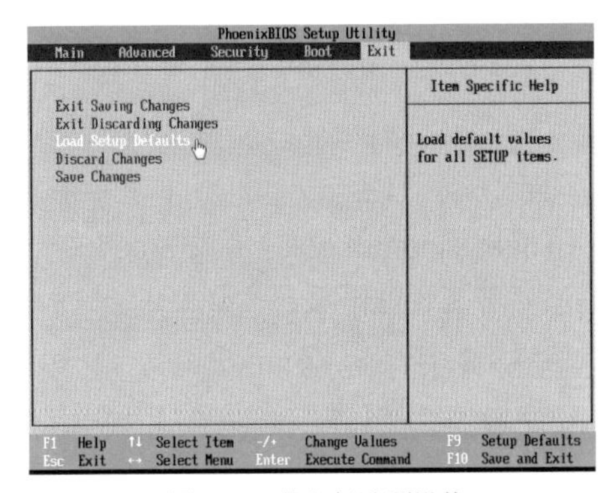

图 9-66 载入标准预设值

图 9-67 动态链接库文件丢失报错

5. 硬盘剩余空间太小引起的死机

一些大型程序运行需要大量内存，如果是老计算机，内存往往较小，此时往往需要虚拟内存的支持。虚拟内存是从硬盘上划出一部分容量作为内存使用。如果硬盘容量已不能满足虚拟内存的使用，则会造成死机现象，如图 9-68 所示。用户需要定期清理硬盘、清除垃圾文件，或将虚拟内存占用的空间从系统分区移至其他容量较大的分区，为系统需要留出足够的空间。

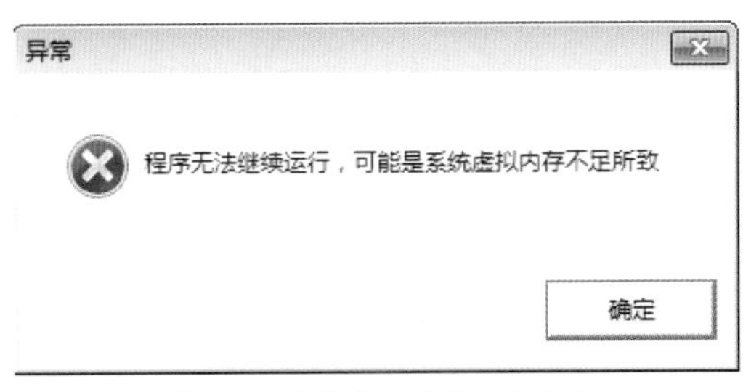

图 9-68 系统提示虚拟内存不足

6. 系统资源耗尽引起的死机

计算机操作系统中运行了大量的应用程序、用户打开了大量窗口，或者系统内存资源不足等情况往往会造成由于系统资源耗尽而引起的死机现象。还有当计算机执行了有问题的程序或代码时，会引起死循环现象。而因为没有限制的循环会反复调用系统资源，最终造成系统资源耗尽引起死机，如图 9-69 所示。用户除了及时关闭不用的程序外，要从正规渠道下载软件，使用正版软件。

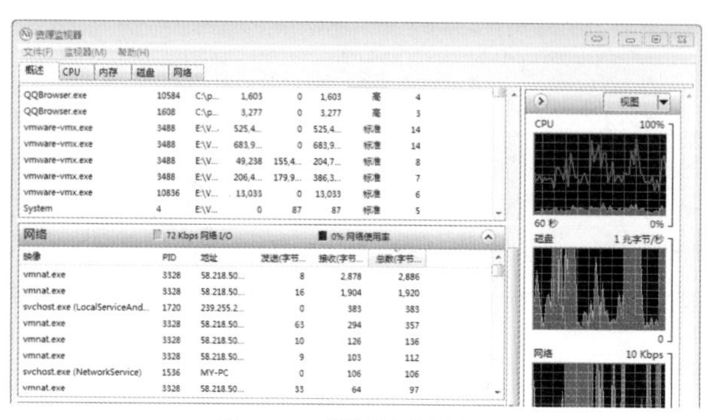

图 9-69　系统资源被耗尽

7. 软件冲突引起的死机

除非同一家公司的软件，否则都会有软件冲突的可能性。当冲突软件启动或工作时，都会调用同一个系统资源或者系统设备，系统无法判断调用的优先级，从而发生冲突，造成死机现象。

如果发生冲突现象，用户不要在同一时间打开冲突软件。如果必须同时使用，那么只能通过更换软件解决。

8. 非正常关闭计算机造成死机

电源不稳定容易造成硬件工作不稳定，容易发生死机现象。而长按机箱电源键强制关机容易造成系统文件的损坏或者丢失，产生死机现象。所以尽量将电源接入具有正常电压的电路系统，采用正常关机程序进行关机操作。

9. BIOS 升级造成死机

BIOS 升级容易造成硬件间的冲突，如果升级过程中出现问题，容易造成计算机死机。用户需要在升级 BIOS 前备份好现在的 BIOS。另外除非出现了硬件兼容性或稳定性问题，尽量不要升级 BIOS 程序。

10. 计算机内部散热不良导致死机

由于某些元件热稳定性不良造成此类故障 (具体表现在 CPU、电源、内存条、主板)，对此，可以让计算机运行一段时间，待其死机后，再用手触摸以上各部件，倘若温度太高则说明该部件可能存在问题，可用替换法来诊断。值得注意的是在安装 CPU 风扇时最好能涂一些散热硅脂，实践证明，硅脂能降低温度 5 ～ 10℃，发热量较大的 CPU 倘若不涂散热硅脂，计算机根本就不能正常工作，如图 9-70 所示。要经常检查机箱风道是否通畅、散热装置是否工作正常。

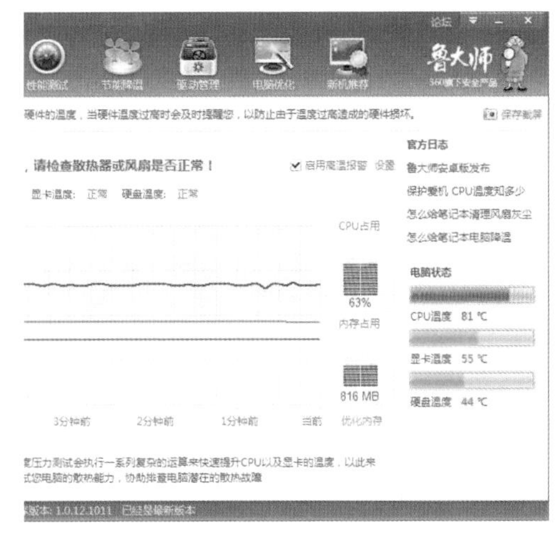

图 9-70 CPU 温度过高

11. 灰尘引起的死机

灰尘过多会造成硬件，尤其是光驱一类物理设备，产生读写错误，严重的话会造成死机现象。需要注意定期清理计算机主机及计算机桌等周边环境。

12. CPU 超频引起的死机

CPU 超频虽然提高了 CPU 的工作效率，但是也使系统工作环境变得不稳定。CPU 在内存中存取数据的速度本来就快于内存与硬盘交换数据的速度，超频使这种矛盾更加突出，加剧了在内存或虚拟内存中找不到数据的情况，从而导致系统出现异常和错误。

如果正常使用计算机的情况下，让 CPU 工作在其默认的频率上，如图 9-71 所示。

13. 硬件资源冲突引起死机

由独立声卡或独立显卡的冲突，造成异常错误，以及其他设备的中断、DMA 或端口出现冲突的话，可能导致少数驱动产生异常，发生死机现象。

可以进入安全模式，在“设备管理器”中，使用排除法进行排查，如图 9-72 所示。还可以从驱动程序和注册表方面进行着手。

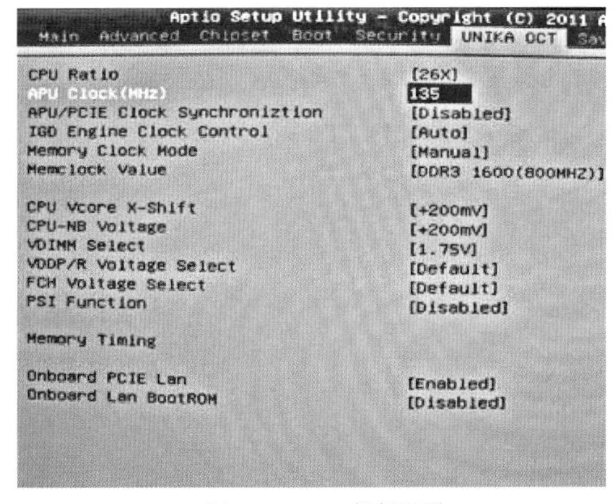

图 9-71 CPU 超频设置

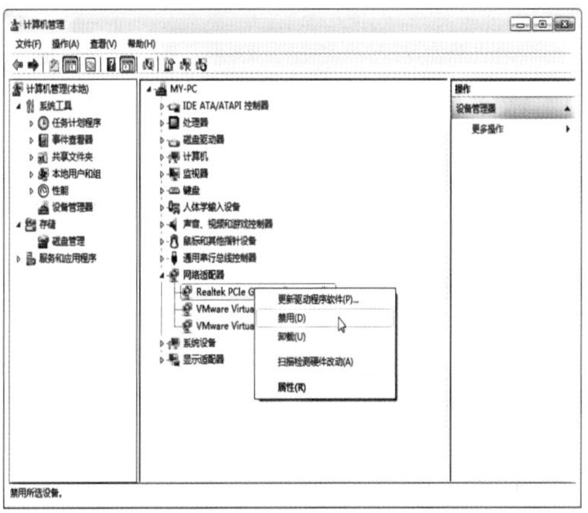

图 9-72 禁用设备判断冲突来源

14. 硬件的质量问题引起的死机

硬件的质量直接影响到系统的稳定性。如使用了装有劣质元器件的设备、没有经过严格的检验测试就投放市场、使用打磨及二手原料进行再加工等。还有一些是因为计算机使用了较长时间，元器件的稳定性已经达到了极限。

在购机安装时，尽量选择大品牌厂商。如果可以的话，在安装完成后，使用第三方工具软件进行全面的测试，如图 9-73 所示。另外因为硬件也是有寿命的，为了安全考虑，也应该在合适的时间完成计算机的更新换代。

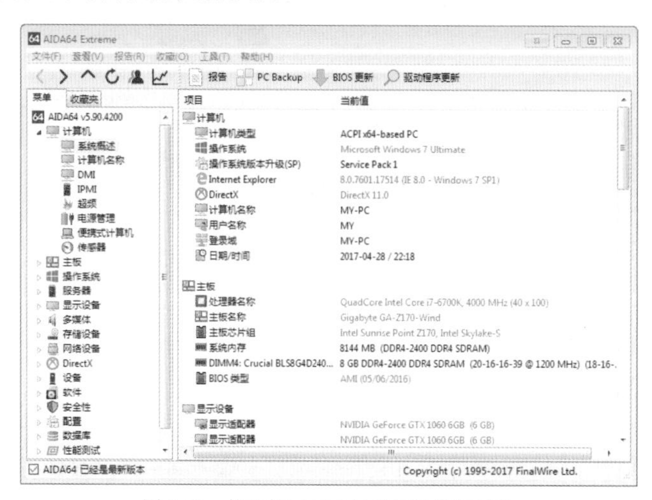

图 9-73 使用第三方工具检测计算机硬件

9.5 Windows 蓝屏故障

计算机蓝屏，又叫蓝屏死机 (Blue Screen Of Death，BSOD)，是微软的 Windows 系列操作系统在无法从一个系统错误中恢复过来时，为保护计算机数据文件不被破坏而强制显示的屏幕图像。Windows 操作系统的蓝屏死机提示已经成为标志性的画面。大部分是系统崩溃的现象，如图 9-74 所示。

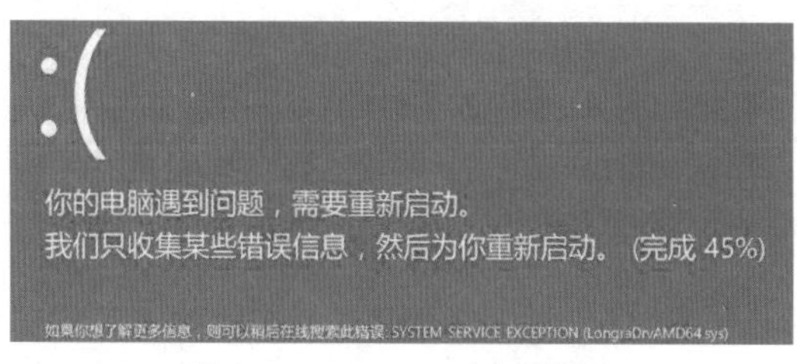

图 9-74 Windows 10 出现蓝屏

9.5.1 计算机蓝屏故障的原因

产生蓝屏的原因有很多，既包括硬件方面的，也包括软件方面的。产生故障的常见原因有:

◎ 不正确的 CPU 运算；

◎ 运算返回了不正确的代码；

◎ 系统找不到指定文件或者路径；

◎ 硬盘找不到指定扇区或磁道；

◎ 系统无法打开文件；

◎ 系统运行了非法程序；

◎ 系统无法将文件写入指定位置；

◎ 开启共享过多或者访问过多；

◎ 内存控制模块读取错误，内存控制模块地址错误或无效，内存拒绝读取；

◎ 物理内存或虚拟内存空间不足，无法处理相关数据；

◎ 网络出现故障；

◎ 无法中止系统关机；

◎ 指定的程序不是 Windows 可识别的程序；

◎ 错误更新显卡驱动；

◎ 计算机超频过度；

◎ 软件不兼容或有冲突；

◎ 计算机病毒破坏；

◎ 计算机温度过高。

9.5.2 计算机蓝屏故障的修复

发生蓝屏故障时，需要了解发生的原因并根据具体的情况选择不同的修复方法。

1. 虚拟内存不足造成系统多任务运算错误

虚拟内存是系统解决资源不足的方法。虚拟内存的大小一般为物理内存的 2～3 倍。如果内存不足，则无法正常接收系统数据，从而导致虚拟内存因硬盘空间不足而出现运算错误，出现蓝屏故障。

用户需要经常关注系统盘剩余空间的大小，如果出现过小的问题，则应清理空间、删除临时文件。手动配置虚拟内存空间到其他具有足够容量的分区，如图 9-75 所示。

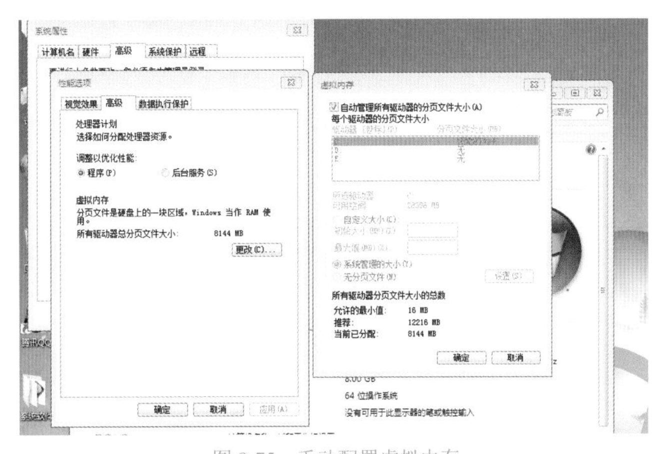

图 9-75　手动配置虚拟内存

2. CPU 超频过度导致蓝屏

超频过度是导致蓝屏的一个主要硬件问题。由于进行了超载运算，造成内部运算过多，使 CPU 过热，从而导致系统运算错误。如果既想超频，又不想出现蓝屏，只有采取散热措施了，换个强力风扇，再加上一些硅胶之类的散热材料会好许多。另外，适量超频或干脆不超频也是解决的办法之一。对于大多数用户来说一般都不建议进行超频操作。

3. 内存条问题导致蓝屏

在实际的工作中最常见的蓝屏现象就是内存条接触不良(主要是由于计算机内部灰尘太多导致，老计算机常发生)以及硬盘故障导致的计算机蓝屏。可尝试打开计算机机箱，将内存条拔出，清理下插槽并且擦干净内存条金手指后再装回去。如果问题没解决，确定是内存故障，更换内存条即可。

使用不同品牌的内存条或者内存条时序有差异也有可能造成蓝屏现象。根据原因更换内存条即可。

4. 系统硬件冲突导致蓝屏

硬件冲突产生蓝屏的原因与解决方法与死机情况相同。

5. 遇到病毒或者木马破坏

有些病毒或者木马感染系统文件，造成系统文件错误，或导致系统资源耗尽，也可能造成蓝屏现象的发生。建议重新启动计算机进行杀毒操作，选用目前主流的杀毒软件查杀，如果遇到恶意病毒，建议系统还原或者重装系统。

6. 软硬件不兼容导致蓝屏故障

安装了新的硬件后出现蓝屏，可以尝试对老 BIOS 进行版本更新。另外错误安装或更新驱动后导致计算机蓝屏故障也是主要原因之一。

用户需要在重启计算机后进入安全模式，在安全模式的控制面板添加删除中把相应驱动删除干净，然后重启计算机，正常进入系统后，重新安装驱动或换另一个版本的驱动。用户可以使用之前介绍的自动安装驱动软件，一键检测安装，根据用户的计算机型号与配置，推荐安装与计算机兼容的计算机驱动软件，可以有效防止用户错误操作使驱动程序安装错误导致的计算机蓝屏故障。

7. 硬盘故障导致蓝屏

硬盘出现问题也会导致计算机蓝屏，如硬盘出现坏道，计算机读取数据错误导致蓝屏现象，因为硬盘和内存一样，承载一些数据的存取操作，如果存取或读取系统文件所在的区域出现坏道，也会造成系统无法正常运行，导致系统或计算机蓝屏。

用户需要首先检测硬盘坏道情况，如果硬盘出现大量坏道，建议备份数据更换硬盘。如果出现坏道比较少，建议备份数据，重新低级格式化分区磁盘，还可以将坏道硬盘区进行隔离操作，之后再重新安装系统。

9.5.3 部分蓝屏代码及解决方法

1. 蓝屏代码 0x000008e

◎ 更改、升级显卡、声卡、网卡驱动程序。

◎ 安装系统补丁。

◎ 给计算机杀毒。

◎ 检查内存是否插紧，质量是否有问题或不兼容。

◎ 升级显卡驱动；降低分辨率 (800×600)、颜色质量 (16)、刷新率 (75)；降低硬件加速。通过选择“桌面属性”→“设置”→“高级”→“疑难解答”选项将“硬件加速”降到“无”(或适中)，必要时换个档次高一点的显卡。

◎ 打开主机机箱，除尘，将所有的连接插紧，插牢，给风扇上油，或换新风扇。台式机在主机机箱内加临时风扇，辅助散热。如果是笔记本计算机，加个散热垫。

◎ 拔下内存用橡皮擦清理一下内存的金手指，清理插槽，再将内存条插紧。如果主板上有两条内存，有可能是内存不兼容或损坏，拔下一条然后开机试试看，再换上另一条试试看。

2. 蓝屏代码 0x00000050

◎ 先对计算机上每个硬件使用逐一替换排除法，测试是否硬件出现了故障。如果检测出哪个硬件出现故障的话，更换或者维修硬件即可。当然一般出现这个蓝屏现象很多情况是硬件出现了故障。首先换一块硬盘试一下机器能不能正常启动，如果测试硬盘没问题，再试内存，内存也试过的话，换 CPU，总之这种故障是硬件故障的可能性很大。

◎ 如果是内存出现故障的话，特别有针对性地对内存进行检测排除。可通过一些系统诊断软件。系统诊断软件，比如 360 系统诊断工具等工具都可以在网上下载，然后对计算机进行检测修复故障。

◎ 如果是计算机中病毒和软件兼容性造成的话，解决方法就是卸载一些不常用的软件，找到是哪款软件具有不兼容性，进行卸载，然后对计算机进行杀毒。

3. 蓝屏代码 0x0000000a

◎ 检查 BIOS 和硬件的兼容性，对于新装的计算机就会经常出现蓝屏问题的话，应该首先检查并升级 BIOS 到最新版本，同时关闭其中的内存相关项，比如：缓存和映射，同时应该对照微软的硬件兼容列表检查自己的硬件，如果主板 BIOS 无法支持大容量硬盘也会导致蓝屏，需要采取的措施就是对其进行升级。

◎ 检查新硬件是否插牢，并安装最新的驱动程序，同时还应该对照一下微软网站的硬件兼容类别，检查硬件是否与使用的操作系统兼容；如果硬件没有在列表中，就要到硬件厂商网站进行查询了。

◎ 恢复到最近一次正确的配置，一般情况下，蓝屏都出现于更新了硬件驱动或新加硬件并安装其驱动后，这时候可以重启系统，在出现启动菜单时按下 F8 键就会出现高级启动选项菜单，接着选择“最近一次正确的配置”还原到没问题之前的设置。

◎ 安装最新的系统补丁和 Service Pack，有些蓝屏是 Windows 本身存在的缺陷造成的，可以通过安装最新的系统补丁和 Service Pack 来解决。

◎ 如果刚安装完某个硬件的新驱动或安装了某个软件，而它又在系统服务中添加了相应项目(比如：杀毒软件、CPU 降温软件、防火墙软件等)，然后导致在重启或使用中出现了蓝屏故障，可以到安全模式来卸载或禁用它们。

◎ 不少用户对蓝屏代码都不知道是什么意思，这里推荐下载 Windows 蓝屏代码查询工具，知道蓝屏代码的原因才能对症下药。

9.6 计算机开机黑屏故障

计算机黑屏是比较容易出现的现象，尤其在一些较老的计算机或组装计算机中。计算机黑屏的故障原因有多种，如显示器损坏、主板损坏、显卡损坏、显卡接触不良、电源损坏、CPU 损坏、零部件温度过高等。

9.6.1 快速诊断计算机开机黑屏故障

快速诊断计算机开机黑屏故障的具体方法如下。

(1) 检查计算机外接电源，如果正常，则需要排查主板电源接口以及机箱开关连接线是否出现故障。

(2) 查看主机箱有无多余金属物，或者观察主板是否与机箱外壳接触，造成短路现象，引起了主板的短路保护，无法开机。

(3) 拔掉前面板跳线，使用短接法直接开机，如图 9-76 所示。

图 9-76 短接开机接线柱

(4) 如果可以开机，则说明前面板电源开关或者跳线出现问题。否则说明电源或者主板电路出现问题。

(5) 使用短接法或者使用电源检测专业工具，排查计算机电源是否有损坏。短接法即用金属线连接 ATX 电源 20Pin 中的绿线接口和旁边的黑线接口，观察电源风扇是否转动，如图 9-77 所示。

(6) 如果 ATX 电源无反应，则说明电源损坏；如果电源正常，则说明主板供电模块可能有故障或者损坏。

图 9-77　短接法测试电源

9.6.2 常见计算机开机黑屏故障及解决方法

1. 主板供电问题

计算机当然是必须要有电才能工作，所以计算机无法开机首先需要考虑的就是电路问题。

1) 检查线路是否正常连接在插座上

用户通常将主机电源线、显示器电源线、音箱电源线、光纤猫电源适配器、打印机等插在同一个插排上，很容易造成线路没有插好的情况。首先要检查的就是这些设备是否正确地、紧密地插在了插排上。

2) 检查插座是否完好

在确认了计算机各设备及电源线无故障后，需要考虑插排本身的问题。因为雷电、电压或者电流过大都有可能造成插座短路或者损坏。可以使用电笔测试插座是否工作正常。在选择插排时一定要选择正规厂家生产的安全插座，给计算机供电的插排最好选择防静电、防雷型。

3) 检查机箱电源

有些机箱电源在外面会配备一个电源开关，起到安全保障作用。用户在连接主电源后，打开该开关才能正常供电。但是某些时候，用户关闭该处电源开关后，忘记打开了。在排查计算机黑屏不启动的情况时，需要检查该处开关是否打开，如图 9-78 所示。

图 9-78　机箱电源开关

4) 检查主机电源问题

主机电源故障会出现两种情况，一种是正常启动后，电源风扇完全不动，另外一种是风扇转动一两下便停下来。

如果风扇完全不动，可能是电源内部元器件损坏或短路，还可能是主板开机电路有故障。如果是另一种情况，则可能是电源内部或者主板等其他设备短路、连接异常，使电源开启了保护机制，无法正常工作。

可以采取短接法进行测试。使用镊子或者导线将电源接口中的绿线孔和旁边的黑线孔短接，查看风扇是否转动。如果没有反应，则可能是电源内部损坏；如果转动，说明电源正常，可能是主板的电路问题引起的故障。也可以使用前面介绍的电源检测器（见图 9-79），检查电源，并且查看输出电压是否正常。

2. 显示器问题

显示器出现问题也可能造成黑屏。检测显示器的前提是主机正常加电，主机电源指示灯和硬盘指示灯正常显示，也就是说主机可以正常工作。

1) 显示器电源线和信号线问题

如果打开显示器的电源开关，显示器没有反应，则说明显示器电源线没有电或者接触不良。如果显示器可以加电，但是显示器的提示是无信号输入，如图 9-80 所示，则应该检测显示器信号线是否接触不良。

图 9-79 机箱电源检测器

图 9-80 显示器无信号输入

2) 设备损坏

如果电源线或者信号线损坏，则使用替换法进行测试。如果信号线的接口插针弯曲或者损坏，则应更换信号线。如果使用了替换法，显示器仍然没有显示，则应考虑显示器损坏的情况。

3. 计算机主机问题

最后要考虑的是计算机主机的问题。

◎ 查看主机箱内是否有金属物使主板与机箱相连，造成短路，使主板启动短路保护。

◎ 内存与主板接触不良，需要清理内存金手指。

◎ 机箱灰尘影响设备运行，从而造成黑屏现象。需要定期清理机箱灰尘。

◎ 显卡、CPU、硬盘等接触不良。由于氧化或者移动、震动等原因，造成黑屏现象。需要定期清除氧化部分，重新插拔一下即可。

◎ 硬件与电源线的连接。需要定期检查硬件与电源的连接是否正确、通畅。

◎ 在更换了硬件之后，也可能出现黑屏现象。主要是硬件之间存在兼容性问题，如内存与主板的兼容性，显卡与主板的兼容性等。使用原先的硬件进行加电启动，如果可以正常启动，则说明新硬件兼容性出现了问题。

◎ 主板跳线如果出现问题，也会造成黑屏。需要检查硬件的跳线，可以将跳线拔出，使用短接法进行开机测试。如果可以开机，则说明前面板跳线一直处于短接状态或者无法短接。可以更换损坏的跳线。

◎ 硬件本身的损坏也可能造成无法开机，如主板、显卡、内存等。可以使用最小系统法进行测试，如果可以开机，则逐渐增加设备，以确定故障设备。

◎ 开机检查电路板元器件是否有爆浆、烧坏等故障。如有，应及时更换元器件或者设备。

9.7 “内存不足”故障

如果是比较旧的机器，在 Windows 中打开了过多的程序，往往会出现“内存不足”的故障提示，如图 9-81 所示。

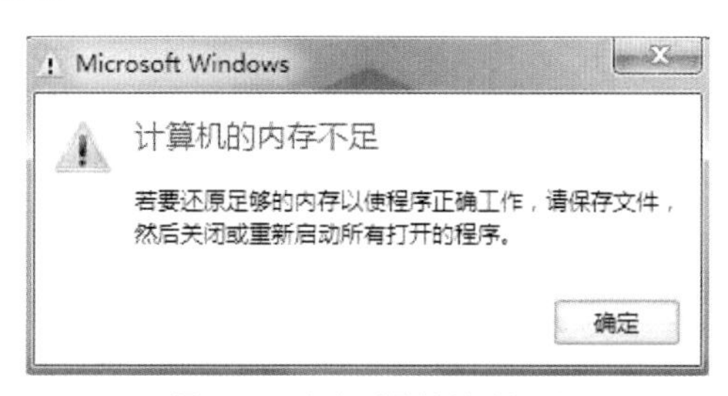

图 9-81 内存不足的故障提示

产生“内存不足”故障的原因主要有以下几项。

◎ 磁盘剩余空间不足。

◎ 同时运行了过多的程序或者页面文件。

◎ 计算机感染了病毒。

可以使用下面的方法解决该故障。

◎ 关闭不需要的应用软件或者页面文件。

◎ 删除剪贴板中的内容。

◎ 释放系统资源。

◎ 增加虚拟内存的容量，如图 9-82 所示。

如果所有方法都使用过了，还是建议增加内存，毕竟价钱也不是太高。但是用户需要按照前文介绍中提到的挑选规则，选择自己计算机可以使用的合适的内存条。

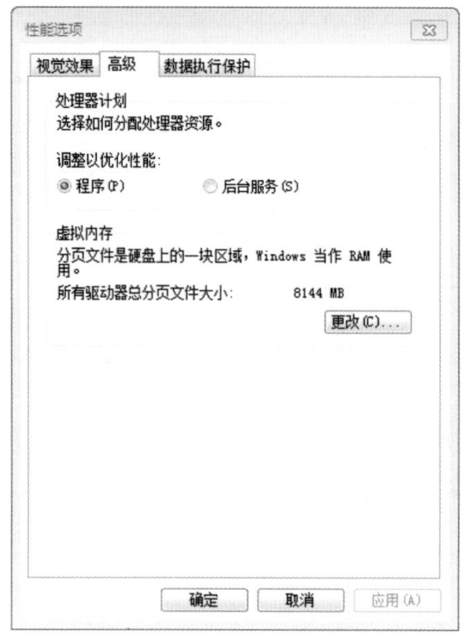

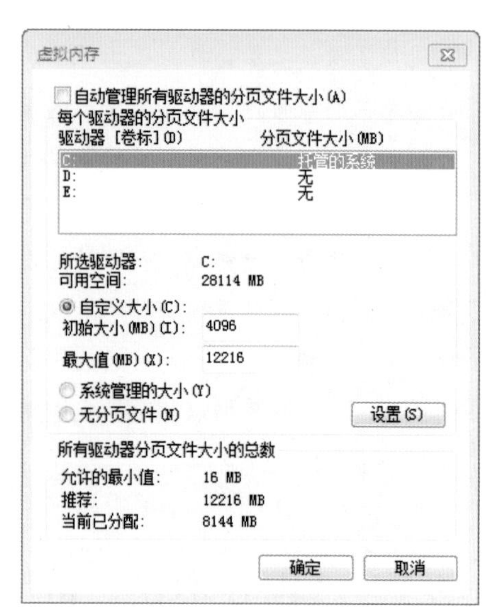

图 9-82　手动增加虚拟内存的大小

9.8 计算机自动重启故障

在使用计算机时，有时会遇到偶然的计算机重启现象，那么用户需要定期保存手头的工作。但是重复性重启故障就需要查找故障原因，及时排除，以免影响计算机的稳定性。

9.8.1 软件原因造成重启的故障排除

1. 病毒造成重启

使用最新版杀毒软件进行病毒排查，如果发现病毒，及时杀毒。如果有入侵提示，需要及时安装 Windows 补丁程序，安装最新的防火墙。

2. 系统文件被破坏造成重启

用户使用时误删除系统文件，也会造成运行程序时找不到关键的系统文件，从而造成重启故障。需要找到被破坏的系统文件，进行修复操作，或者重新安装系统。

3. 定时软件或者计划任务造成重启

一些软件需要按时进行重启操作以完成功能的正常使用。计划任务也是同样的效果。最常见的重启就是 Windows 的自动更新补丁。一旦安装了关键补丁，需要进行重新操作。可以使用第三方软件查看计划任务或者定时启动软件，如图 9-83 所示，取消计划任务或者定时软件。建议按时安装补丁，并在空闲时进行重启操作。如果确实不需要安装补丁，可以在系统设置中禁用自动更新程序，如图 9-84 所示。

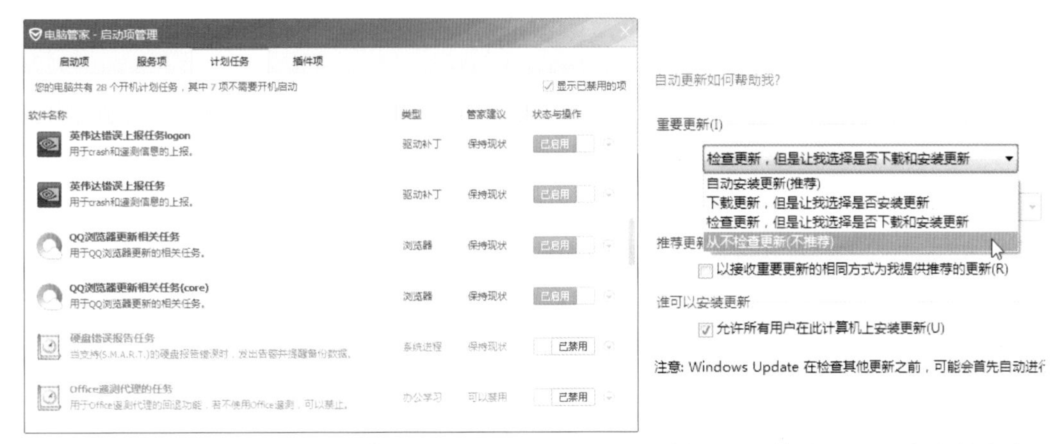

图 9-83 设置计划任务　　图 9-84 不启用 Windows 自动更新程序

9.8.2 硬件原因造成重启的故障排除

硬件原因造成重启的故障很多，可以按照下面的方法排除故障。

1. 电压不稳

计算机电源的工作范围一般在 170V ～ 210V，但是，当市电电压低于 170V 时，会造成计算机自动重启或者关机。在供电不稳的地区，可以购置 UPS 电源来保证计算机的正常运行。

2. 计算机电源供电不足

在更换了新型显卡、增加了硬盘等设备，在运行大型软件时，由于电源未更换为大功率电源，造成了供电不足，造成断电，当计算机关机后，功率恢复到正常，又可以启动计算机。以致造成反复重启故障。另一种情况就是电源性能太差、虚标功率、以峰值功率代替额定功率欺骗消费者，因为本身质量造成了重启。

在更换或者添加新设备时，需要了解机器原有电源的额定功率以及更换后的功率。如果不满足，就需要购置新电源，而不应该继续使用原有电源，以免埋下安全隐患。购买新电源时，一定要认准品牌及相关参数，千万不能只图便宜。

3. 电源线出现问题

当电源线因为老化或者不匹配，造成接口松动，很容易在正常使用时产生接触不良，造成重启现象，并伴有很明显的打火现象，十分危险。此时，需要更换电源线，可以考虑经过 3C 认证的电源线。

4. CPU 出现问题

当 CPU 出现故障，尤其是内部部分功能电路损坏，二级缓存出现故障时，计算机有可能能正常启动并进入桌面环境，但是当处理某一特定运算或指令时，就会重启或者死机。

可以在 BIOS 中试着屏蔽二级缓存或者一级缓存，再查看故障是否排除。若仍出现重启现象，建议更换 CPU。

5. 内存问题

当内存条上某个内存颗粒出现故障，仍能通过自检，但是一旦使用时，就会因为内存发热量大而导致功能失效，并重启。

可以使用第三方工具，启动到PE环境中，使用工具对内存进行测试，如图9-85所示。如果发现问题，及时更换内存条。

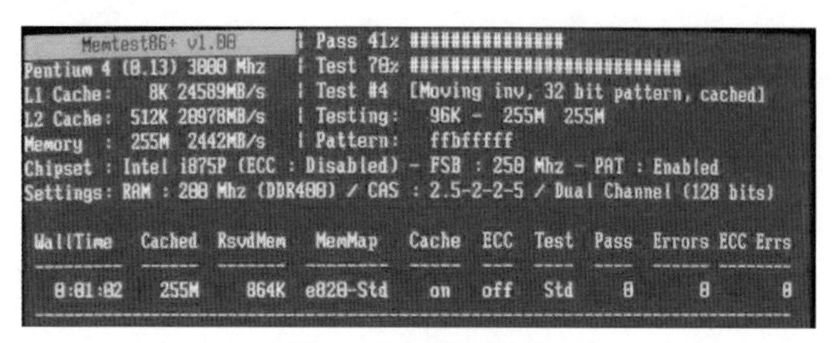

图9-85　内存测试软件

6. 机箱开关问题

机箱前面板跳线，尤其是RESET开关或者跳线出现问题，会造成RESET开关一直处于短接状态或者连接不良状态，从而造成不规则重启。可以从主板上拔掉该跳线，查看故障是否会消失。如果确定是跳线问题，可以通过更换跳线解决问题。

7. 添加了新的外接设备

添加了新的外接设备造成重启，一般属于接口损坏造成故障，或者某一接脚对地短路、USB设备损坏等情况。当用户使用这些设备时，就会造成重启。使用排除法找到设备并更换设备即可。

8. 散热不良或传感器损坏

CPU散热不良，散热器与CPU之间不是紧密连接，热量不能及时散发出去，或者风扇故障，或者机箱灰尘太多，传感器损坏造成传感器温度显示到达警戒值就会重启。

可以检查并重新安装散热装置完成故障排除。当传感器损坏，只能在BIOS设置中，将警戒温度提高，或者关闭CPU保护温度，如图9-86所示，使CPU保护温度失效。

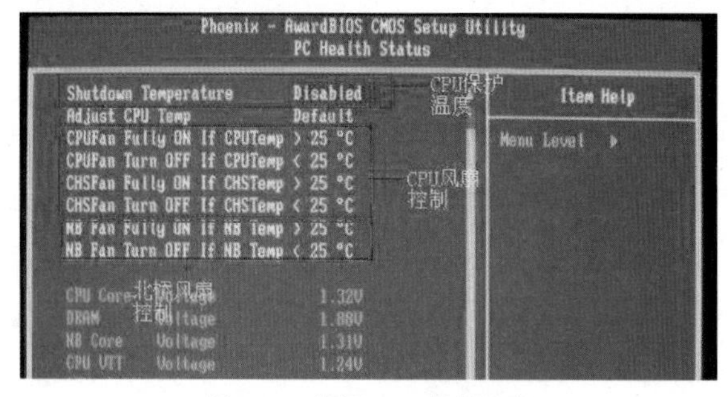

图9-86　关闭CPU保护温度

9. 强磁干扰

强磁干扰来自CPU风扇、机箱风扇、显卡风扇、显卡、主板、硬盘干扰，外部的电源线，以及连接到同一主线的空调等大型用电设备。如果主机的抗干扰性能较差时，就会出现主机意外重启或者死机现象。

9.9 计算机病毒故障

计算机病毒 (Computer Virus) 是编制者在计算机程序中插入的破坏计算机功能或者数据的代码。病毒具有传播性、隐蔽性、感染性、潜伏性、可激发性、表现性或破坏性。计算机病毒的生命周期为：开发期→传染期→潜伏期→发作期→发现期→消化期→消亡期。计算机病毒就像生物病毒一样，具有自我繁殖、互相传染以及激活再生等生物病毒特征。计算机病毒具有独特的复制能力，它们能够快速蔓延，又常常难以根除。它们能把自身附着在各种类型的文件上，当文件被复制或从一个用户传送到另一个用户时，它们就随同文件一起蔓延开来。

9.9.1 计算机病毒的特征及种类

1. 计算机病毒的特征

电脑病毒具有以下特征。

1) 寄生性

计算机病毒寄生在其他程序之中，当执行这个程序时，病毒就起破坏作用，而在未启动这个程序之前，它是不易被人发觉的。

2) 传染性

计算机病毒不但本身具有破坏性，更有害的是其具有传染性，一旦病毒被复制或产生变种，其速度之快令人难以预防。这段程序代码一旦进入计算机并得以执行，它就会搜寻其他符合其传染条件的程序或存储介质，确定目标后再将自身代码插入其中，达到自我繁殖的目的。如不及时处理，病毒会在这台机子上迅速扩散，其中的大量文件 (一般是可执行文件) 会被感染。而被感染的文件又成了新的传染源，再与其他机器进行数据交换或通过网络接触，病毒会继续进行传染。病毒能使自身的代码强行传染到一切符合其传染条件的未受到传染的程序之上。计算机病毒可通过各种可能的渠道，如计算机网络，去传染其他的计算机。当在一台机器上发现了病毒时，往往曾在这台计算机上用过的各种介质都已感染上了病毒。

3) 潜伏性

有些病毒像定时炸弹一样，让它什么时间发作是预先设计好的。比如黑色星期五病毒，不到预定时间一点都觉察不出来，等到条件具备的时候一下子就爆炸开来，对系统进行破坏。一个编制精巧的计算机病毒程序，进入系统之后一般不会马上发作，可以在几周或者几个月内甚至几年内隐藏在合法文件中，对其他系统进行传染，而不被人发现。潜伏性愈好，其在系统中的存在时间就会愈长，病毒的传染范围就会愈大。潜伏性的第一种表现是指，病毒程序不用专用检测程序是检查不出来的，因此病毒可以静静地躲在磁盘里待上几天，甚至几年，一旦时机成熟，得到运行机会，就会四处繁殖、扩散。潜伏性的第二种表现是指，计算机病毒的内部往往有一种触发机制，不满足触发条件时，计算机病毒除了传染外不进行什么破坏。触发条件一旦得到满足，有的在屏幕上显示信息、图形或特殊标识，有的则执行破坏系统的操作，如格式化磁盘、删除磁盘文件、对数据文件进行加密、封锁键盘以及使系统锁死等。

4) 隐蔽性

计算机病毒具有很强的隐蔽性，有的可以通过病毒软件检查出来，有的根本就查不出来，有的时隐时现、变化无常，这类病毒处理起来通常很困难。

5) 破坏性

计算机中毒后，可能会导致正常的程序无法运行，把计算机内的文件删除或受到不同程度的损坏。

6) 可触发性

病毒因某个事件或数值的出现，诱使病毒实施感染或进行攻击的特性称为可触发性。为了隐蔽自己，病毒必须潜伏，少做动作。如果完全不动，一直潜伏的话，病毒既不能感染也不能进行破坏，便失去了杀伤力。病毒既要隐蔽又要维持杀伤力，它必须具有可触发性。病毒的触发机制就是用来控制感染和破坏动作的频率的。病毒需要预定的触发条件，这些条件可能是时间、日期、文件类型或某些特定数据等。病毒运行时，触发机制检查预定条件是否满足，如果满足，启动感染或破坏动作，使病毒进行感染或攻击；如果不满足，病毒继续潜伏。

2. 计算机病毒的种类

依据病毒特有的算法，病毒可以分为以下几类。

(1) 伴随型病毒。这一类病毒并不改变文件本身，它们根据算法产生 .EXE 文件的伴随体，具有同样的名字和不同的扩展名 (.COM)，例如：XCOPY.EXE 的伴随体是 XCOPY.COM。病毒把自身写入 .COM 文件并不改变 .EXE 文件，当 DOS 加载文件时，伴随体优先被执行，再由伴随体加载执行原来的 .EXE 文件。

(2)“蠕虫”型病毒。这一类病毒通过计算机网络传播，不改变文件和资料信息，利用网络从一台机器的内存传播到其他机器的内存，计算网络地址，将自身的病毒通过网络发送。一般除了内存不占用其他资源。

(3) 寄生型病毒。除了伴随型病毒和“蠕虫”型病毒，其他病毒均可称为寄生型病毒。它们依附在系统的引导扇区或文件中，通过系统的功能进行传播。按其算法不同可分为：练习型病毒，这一类病毒自身包含错误，不能进行很好的传播。诡秘型病毒，它们一般不直接修改 DOS 中断和扇区数据，而是通过设备技术和文件缓冲区等 DOS 内部修改，不易看到资源，使用比较高级的技术。利用 DOS 空闲的数据区进行工作。变型病毒 (又称幽灵病毒)，这一类病毒使用一个复杂的算法，使自己每传播一份都具有不同的内容和长度。它们一般的做法是一段混有无关指令的解码算法和被变化过的病毒体组成。

9.9.2 计算机病毒的表现形式

计算机病毒的表现形式具体如下。

◎ 计算机系统运行速度减慢。

◎ 计算机系统经常无故发生死机。

◎ 文件长度发生变化。

◎ 计算机存储的容量异常减少。

◎ 系统引导速度减慢。

◎ 丢失文件或文件损坏。

◎ 计算机屏幕上出现异常显示。

◎ 蜂鸣器出现异常声响。

◎ 磁盘卷标发生变化。

◎ 系统不识别硬盘。

◎ 对存储系统异常访问。

◎ 键盘输入异常。

◎ 文件日期、时间、属性发生变化。

◎ 文件无法正确读取、复制或打开。

◎ 命令执行出现错误。

◎ 虚假报警。

◎ 有些病毒会将当前盘切换到 C 盘。

◎ 时钟倒转，逆向计时。

◎ 操作系统无故频繁出现错误。

◎ 系统异常重新启动。

◎ 一些外部设备工作异常。

◎ 异常要求用户输入密码。

◎ Word 或 Excel 提示执行“宏”。

◎ 不应驻留内存的程序驻留内存。

9.9.3 计算机病毒的防治方法

计算机病毒的防治方法具体如下。

◎ 安装杀毒软件。

◎ 定期做好数据备份工作，以免被病毒造成损失。

◎ 杀毒软件经常更新，以快速检测到可能入侵计算机的新病毒或者其变种。

◎ 使用安全监视软件，防止浏览器被异常修改，安装不安全的插件。

◎ 使用防火墙或者杀毒软件自带防火墙。

◎ 关闭计算机自动播放并对计算机和移动储存工具进行定时杀毒。

◎ 定时全盘病毒木马扫描。

9.10 其他常见系统故障实例及排除方法

下面介绍一些比较常见的系统故障及排除方法。

9.10.1 升级了 Windows 10，但开机后卡顿，磁盘使用率 100%

“升级了 Windows 10，但开机后卡顿，磁盘使用率 100%”，这种情况一般出现于刚刚升级完的计算机。刚升级完的 Windows 10 是要安装驱动的，所以磁盘占有率满了基本属于正常，建议刚刚升级完的用户连着网多开一会儿计算机。这样 Windows 10 会自动安装很多东西，而且重启完后也不卡了。或者启动任务管理器，在“启动”选项卡中，选择不需要启动的程序，单击“禁用”按钮，把不用启动的软件都禁用，其实就是禁止自启，如图 9-87 所示，这样的话开机也会变快。

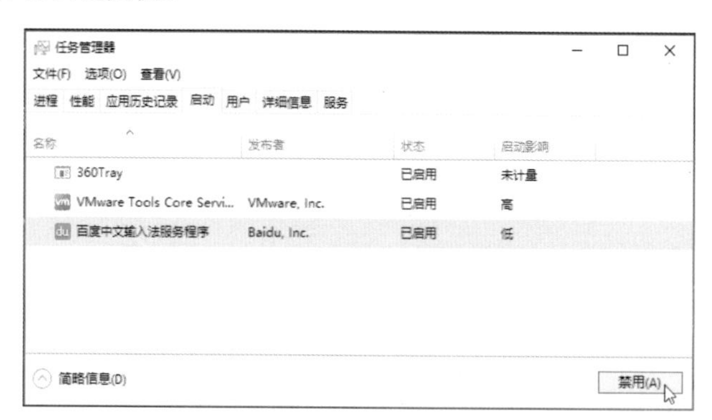

图 9-87　禁用自启动程序

9.10.2 不让 Windows 10 自动更新

不让 Windows 10 自动更新的具体步骤如下。

步骤 01：使用“Win+R”组合键，启动“打开”对话框，输入命令“gpedit.msc”，按 Enter 键打开“组策略编辑器”。

步骤 02：选择“计算机配置”→“管理模板”→“Windows 组件”→“Windows 更新”。

步骤 03：将“配置自动更新”选项设置为“2- 通知下载并通知安装”，如图 9-88 所示。这样就可以在需要的时候手动安装更新了。

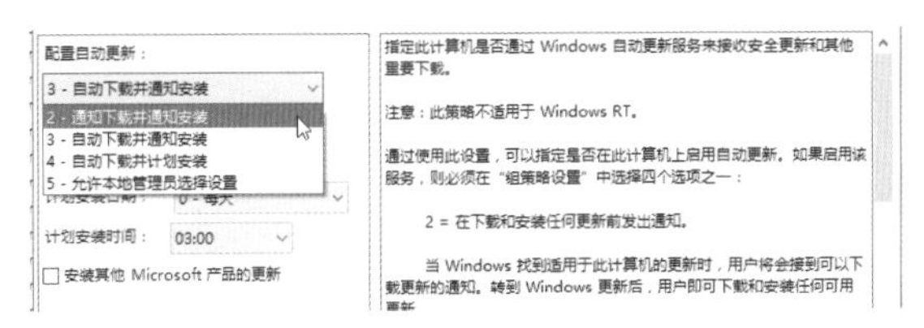

图 9-88　配置 Windows 10 自动更新选项

9.10.3 MBR 故障

1) 故障现象

开机后出现类似 press F11 start to system restore 的错误提示。

2) 故障分析

许多一键 Ghost 之类的软件，为了达到优先启动的目的，在安装时往往会修改硬盘 MBR，这样在开机时就会出现相应的启动菜单信息。要是此类软件有缺陷或与 Windows 7 不兼容，就非常容易导致 Windows 7 无法正常启动。

3) 故障修复

对于硬盘主引导记录 (即 MBR) 的修复操作，利用 Windows 7 安装光盘中自带的修复工具 Bootrec.exe 即可轻松完成。其具体操作步骤是：先以 Windows 7 安装光盘启动计算机，当光盘启动完成之后，按 Shift+F10 键，调出命令提示符窗口并输入 DOS 命令“bootrec /fixmbr”，如图 9-89 所示，然后按下 Enter 键，按照提示完成硬盘主引导记录的重写操作就可以了。

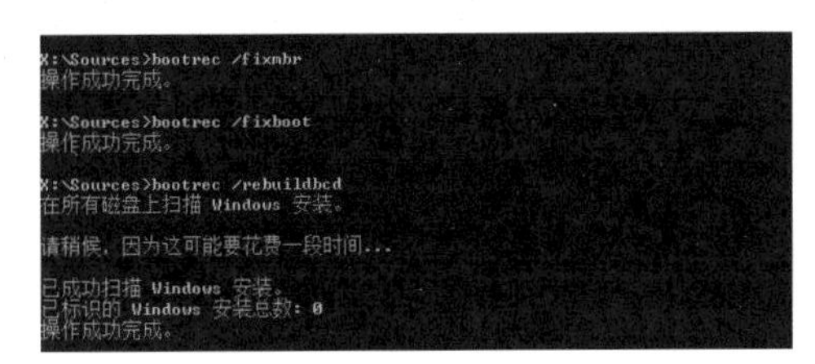

图 9-89　修复 MBR

9.10.4 Oxc000000e 故障

1) 故障现象

开机时不能正常地登录系统，而是直接弹出 Oxc000000e 故障提示，如图 9-90 所示。

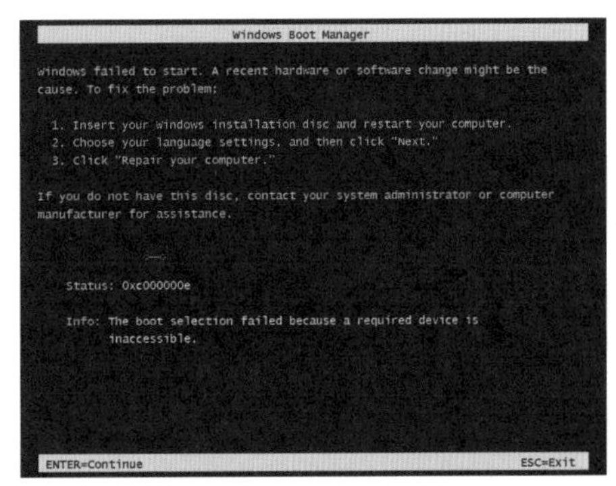

图 9-90　Oxc000000e 故障

2) 故障分析

由于安装或卸载某些比较特殊的软件，往往会对 Windows 7 的引导程序造成非常严重的破坏，这样 Windows 7 在启动时就会出现 Oxc000000e 错误从而导致无法正常启动系统。在这种情况下，按 F8 键也无法调出 Windows 7 的高级启动菜单，当然也就无法在安全模式下执行修复操作。

3) 解决方法

依次执行以下五条 DOS 命令，C 盘是 Windows 7 所安装的系统盘。如果读者没有 Windows 7 安装光盘，亦可进入 Windows PE 环境中执行命令。

```
c:
cd windowssystem32
bcdedit /set {default} osdevice boot
bcdedit /set {default} device boot
bcdedit /set {default} detecthal 1
```

9.10.5 BOOTMGR is missing 错误

1) 故障现象

每当开机时，都会出现错误提示信息，如图 9-91 所示。同样不能正常地登录系统。该错误提示，翻译过来就是 Bootmgr 丢失，按 Ctrl+Alt+Delete 键重新启动。

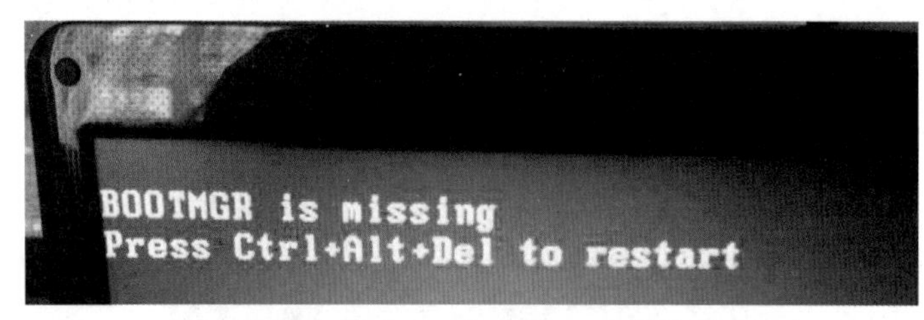

图 9-91　BOOTMGR is missing 错误

2) 故障分析

这种启动故障产生的原因，或者是由于 Bootmgr 文件确实丢失了，这是最为常见的；还有一种可能则是由于磁盘错误导致的。

3) 故障修复

如果是 Bootmgr 文件丢失，采用重建 Windows 7 引导文件的方法来解决问题即可。依次执行以下两条 DOS 命令：

```
C:
bcdboot C：windows /s C:
```

接着重启系统，就可以看到 Windows 7 熟悉的开机菜单了，然后选择第一个 Windows 7 菜单选项，经过一番初始化操作，就可以正常地使用 Windows 7 系统了。

如果经过以上步骤仍然不能解决问题的话，故障很可能是由于磁盘错误所引起的，此时可尝试在 WinPE 环境中，运行一下 chkdsk /f 命令，故障就可以得到很好的解决。

9.10.6 开机没有声音的故障

开机没有声音的故障，可能基于以下原因。

1. 外置音响连接线错误或电源没有开启

有好多台式机的用户用的是外接的声音播放设备。在连接音频线的时候连接的是麦克风的孔，造成没有声音，只要更换插孔就可以了。一般台式机的插孔是绿色的，而且都有小图标提示。连接包括扬声器和耳机、HDMI 电缆、USB 音频设备以及其他音频设备。最后，别忘记开音响电源。

2. 驱动程序没有安装或安装不正确

驱动程序没有安装，有的声卡由于系统没有相对应的驱动，所以安装 Windows 7 后没有声音。可以在设备管理器中查看驱动的情况，如图 9-92 所示。如果没有安装就安装对应的驱动。有的声卡要求先安装补丁才可以安装驱动，参见官方说明，也可以使用驱动精灵进行检测。

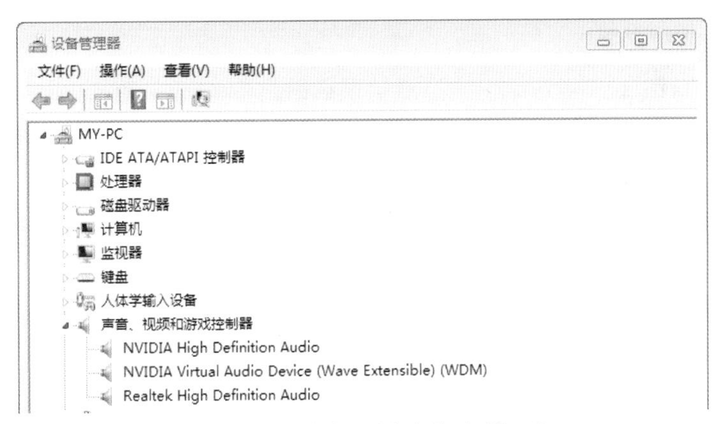

图 9-92 查看声卡驱动程序是否正常工作

3. 驱动程序不兼容

有的时候驱动程序不兼容，也有的笔记本电脑安装驱动顺序不正确，也会造成安装 Windows 7 后没有声音，这时需要更新驱动。例如华硕和 DELL 的计算机最好按官方的驱动程序安装顺序安装，一般是优先安装主板、芯片和显卡的驱动。

4. 声音设置出错

如果是声音设置出错，可以依次单击“开始”按钮—“控制面板”—“硬件和声音 ”，然后在“声音”下单击“调整系统音量”，向上移动滑块，可增大音量。确保“静音”按钮未开启。

5. 声卡本身问题

老旧的计算机声卡本身已经有问题，不能发现声卡设备，或驱动找不到，可以更换声卡。

课后作业

一. 填空题

1. 系统还原使用不了的最主要原因是 ______________。
2. 计算机在发生问题的情况下，可以使用 _____、_____、_____ 等进行还原。
3. 计算机病毒的特征主要有 _____、_____、_____、_____、_____、_____。
4. 计算机死机故障的主要现象有 _____、_____、_____、_____、_____。
5. 对于 4GB 以下的内存，虚拟内存的大小一般设置为内存大小的 _____ 倍。

二. 选择题

1. 进入安全模式可以修复的错误不包括 (　　)。
   A. 注册表错误　　B. 驱动错误
   C. Windows 设置错误　　D. 电源错误
2. Windows 修复系统错误的常见方法有 (　　)。
   A. 最近一次正确的配置　　B. 安全模式
   C. 启动修复　　D. 重装
3. 产生蓝屏故障的原因不包括 (　　)。
   A. CPU 错误　　B. 硬盘错误
   C. 内存错误　　D. 服务器错误
4. 引起内存不足故障的主要原因有 (　　)。
   A. 磁盘空间不足　　B. 内存故障
   C. 病毒引起　　D. 共享问题
5. 计算机重启故障的主要原因有 (　　)。
   A. 电压不稳　　B. CPU 故障
   C. 内存故障　　D. 硬盘坏道

三. 动手操作与扩展训练

1. 练习在 Windows 10 及 Windows 7 的系统中，进入安全模式的步骤。
2. 对计算机使用 3 种模式进行数据的备份操作。
3. 使用重置功能重置计算机，了解其过程并与安装系统比较一下时间。

第10章 修复各组件常见故障

知识概述

第9章介绍了系统故障的产生原因与解决方法，本章将从计算机各组成部件着手，介绍各个组件的故障产生原因、修复方法及一些常见的故障实例。希望读者通过本章的学习，能够处理一些计算机组件的常见故障。

要点难点

- CPU的常见故障、产生原因及维修方法
- 主板的常见故障、产生原因及维修方法
- 内存的常见故障、产生原因及维修方法
- 硬盘的常见故障、产生原因及维修方法
- 显卡的常见故障、产生原因及维修方法

10.1 CPU的常见故障及维修方法

CPU是计算机的大脑，CPU出现问题往往会导致系统无法启动、死机、重启、运行缓慢。

10.1.1 CPU常见故障的现象

一般CPU出现故障后常见现象有：

(1) 加电后系统没有任何反应，也就是经常所说的主机点不亮。

(2) 计算机频繁死机，即使在CMOS或DOS下也会出现死机的情况。(这种情况在其他配件出现问题之后也会出现，可以利用排除法查找故障出处。)

(3) 计算机不断重启，特别是开机不久便连续出现重启的现象。

(4) 不定时蓝屏。

(5) 计算机性能下降，下降的幅度相当大。

10.1.2 CPU故障的检测方法

观察现象或者使用检测工具可以快速定位故障方向及位置。

1. 查看自检信息

如果计算机可以开机，在自检过程中，如果是CPU方面出现问题，计算机会通过显示及声音进行提示。比如在显示器上提示“CPU Fan Error！”，如图10-1所示，说明CPU风扇发生错误，需要用户进行排查。

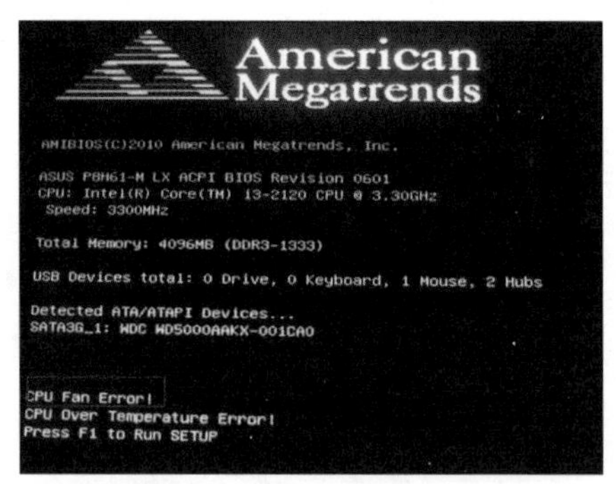

图10-1　CPU风扇发生故障

2. 通过查看CPU风扇判断问题

CPU运行是否正常与CPU风扇关系很大。风扇一旦出现故障，则很可能导致CPU因温度过高而被烧坏。平时使用时，不应忽视对CPU风扇的保养，比如在气温较低的情况下，风扇的润滑油容易凝固，导致运行噪声大，甚至风扇坏掉，这时就应该将风扇拆下清理并加油。

3. 检查CPU的安装问题

CPU在运输过程及用户的安装过程中，特别需要注意CPU的完好性。在检查时，不仅要检查CPU与插槽之间是否连接通畅，而且要注意CPU底座是否因损坏或者安装不牢固而产生问题。

要查看CPU及主板引脚有无弯曲，如图10-2所示；有无安装错误的情况发生。现在的CPU，都是采用的Socket架构。CPU通过引脚直接插入主板上的CPU插槽，尽管号称是“零插拔力”插槽，但如果插槽质量不好，CPU插入时的阻力还是很大。读者在拆除或者安装时应注意保持CPU的平衡，尤其安装前要注意检查针脚是否弯曲，不要一味地用力压或拔，否则就有可能折断CPU引脚。

图10-2　CPU针脚弯曲故障

另外，还要查看散热器与CPU之间是否紧密连接，硅脂涂抹是否规范，有没有接触不良或者短路的情况发生。

在CPU使用一段时间后，要清除散热器上的灰尘，并重新涂抹硅脂，以防止因阻塞、老化等原因造成散热不良。这一点往往在夏季散热条件不是很好的情况下尤为重要。

还有一条就是在清理完成后，一定要插上风扇或者散热器的电源跳线，否则可能因无法散热造成死机等故障。

4. 使用测试软件检测CPU

如果不太确定故障是否为CPU的问题，可以通过检测软件，检查CPU的工作状态、频率、电压等情况，如图10-3所示。

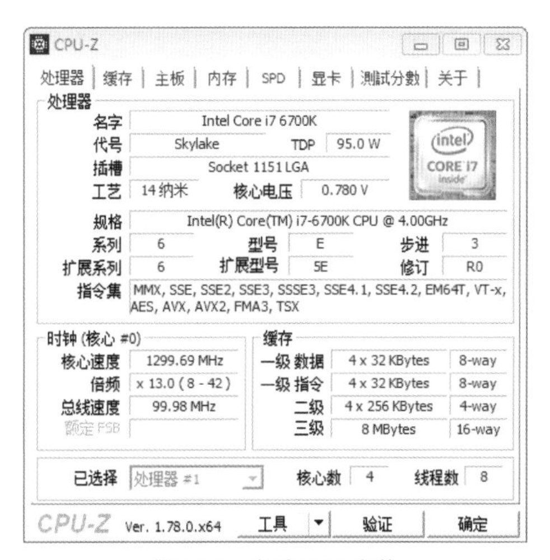

图10-3　查看CPU参数

对于CPU稳定性及性能测试，可以使用CPU-Z中的测试，如图10-4所示。在这里也可以判断CPU的真假。

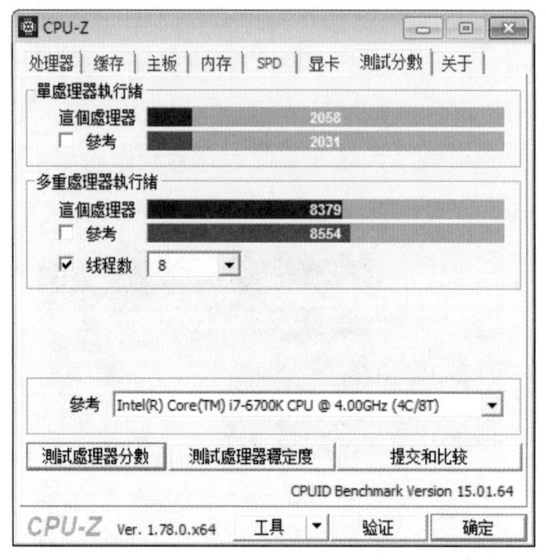

图10-4 CPU-Z中的测试

10.1.3 CPU常见故障的产生原因及排除方法

CPU常见故障的排除方法根据现象的不同而不同。

1. CPU散热系统工作不正常引起的故障

当CPU的散热不良时，会造成CPU温度过高，一般都会造成主机故障。故障主要表现有：死机、黑屏、机器变慢、在CMOS和DOS下死机、主机反复重启等。

CPU风扇安装不当造成风扇与CPU接触不够紧密，而使CPU散热不良。解决方法：在CPU上涂抹薄薄一层散热膏后，正确安装CPU风扇。

主机里面的灰尘过多。解决方法：将CPU风扇卸下，用毛笔或软毛的刷子将灰尘清除。

CPU风扇的功率不够大或老化。解决方法：更换CPU风扇。

环境温度太高，无法将产生的热量及时散去。解决方法：更换更为先进的散热系统。

2. 重启故障

引起计算机重启故障的原因很多，有软件和硬件原因之分。硬件方面，内存、主板、CPU、电源等都会引起计算机的频繁重启。CPU是引起重启故障的重要元素之一。当主板侦测到CPU过热，就会重启系统，以此来保护CPU不被烧毁。所以如果系统频繁重启请检查CPU散热是否正常。

3. 超频造成CPU出现问题

一般超频后的CPU在性能上有一定提升，但是对计算机稳定性和CPU的使用寿命都是有害的。超频后，如果散热条件达不到散发的热量需要的标准，将出现无法开机、死机、无法进入系统、经常蓝屏等情况。

在发生该问题时，可以通过增加散热条件、提高 CPU 工作电压，增加稳定性。如果故障依旧，建议普通用户恢复 CPU 默认工作频率。

10.1.4 CPU 故障修复实例

下面介绍一些在日常生活中经常出现的 CPU 故障及故障的修复方法。

1. 主机不断重启

1) 故障描述

为使爱机安全渡过暑期，用户在 6 月份重新购买了一个 CPU 散热器，在安装之后机器稳定运行了一个月左右，由于用户用计算机的频率一直不高，因此也没有遇到什么问题。但随着利用频率的增高和天气越来越热，问题出现了：机器开机之后只能正常工作 40 分钟，然后便是重新启动，随着利用时间的越来越长，重启的频率越来越高。于是将故障的根源锁定在更换的散热器上。

2) 故障分析

CPU 产生的热量不能及时地散发出去，会发生由于温度过高而出现频繁死机的现象。一般情况下，如果主机工作一段时间后出现频繁死机的现象，首先要检查 CPU 的散热情况。

3) 故障排除

既然断定问题的根源与散热器有关，在开机的情况下查看散热器风扇的运转情况，一切正常，说明风扇没有问题。于是将散热器重新拆下后，通过认真的清洗后重新装上，开机后问题如故。于是更换了散热风扇后，一切恢复正常。难道散热片有问题？经反复对比终于发现，原来是扣具方向装反了。结果造成散热片与 CPU 核心部分接触有空隙，CPU 过热，主板侦测 CPU 过热，重启保护。

原来 CPU 散热风扇安装不当，也会造成 Windows 自动重启或无法开机。

CPU 随着工艺和集成度的不断提高，核心发热已是一个比较严峻的问题，因此目前的 CPU 对散热风扇的要求也越来越高。散热风扇安装不当而引发的问题也是相当普遍和频繁。用户在挑选散热器时，请选择质量过硬的 CPU 风扇，并且一定注意其正确的安装方法。否则，轻则造成机器重启，严重的会造成 CPU 烧毁。

另外，如果在 BIOS 中检测发现 CPU 温度上升过快，也可能是 CPU 散热器出现了问题，抑或是安装不正确。过高的工作温度会出现电子迁移现象，从而缩短 CPU 寿命。对于 CPU 来说 53℃温度太高了，长时间使用易造成系统不稳定和硬件损坏。

2. 导热硅胶造成 CPU 温度升高

1) 故障现象

要让 CPU 更好地散热，在芯片表面和散热片之间涂了很多硅胶，但是 CPU 的温度没有下降，反而升高了。

2) 故障修复

硅胶是用来提升散热效果的，正确的方法是在 CPU 芯片表面薄薄地涂上一层，基本能覆盖芯片即可。涂多了反而不利于热量传导，而且硅胶容易吸收灰尘，硅胶和灰尘的混合物会大大地影响散热效果。

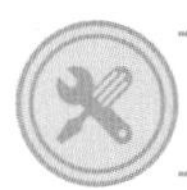

10.2 主板的常见故障及维修方法

主板是计算机的核心部件，是计算机故障率较高的设备。

10.2.1 主板常见故障的现象

主板属于计算机的中枢神经，连接了各种计算机设备。主板的稳定性直接影响了计算机工作的稳定性。由于主板集成了大量电子元件，作为计算机工作平台，主板的故障也是多种多样，而且牵扯了大量不确定性因素。主板的主要故障现象有以下几种。

1. 人为原因引起的故障

由于静电，造成元器件被击穿。

插拔各种设备时，因为用力不当，造成对接口或者芯片的损害。

2. 工作环境引起的故障

静电、不稳定的电压等会造成元器件被击穿、爆浆、损害等故障。大量的灰尘也会造成氧化、短路，从而影响主板的稳定性。

3. 元器件质量问题引起的故障

劣质的元器件经常造成供电电路、开机电路、时钟电路、复位电路以及接口电路出现各种故障。

常见的故障包括：无法开机、死机、重启、接口无法使用等。

10.2.2 主板故障的主要原因

主板故障主要原因具体如下。

◎ 主板驱动程序有缺陷。

◎ 主板元器件接触不良。

◎ 主板元器件短路或者损坏。

◎ CMOS 电池没电。

◎ 主板兼容性较差。

◎ 主板芯片组散热出现问题。

◎ 主板 BIOS 损坏。

10.2.3 主板故障的修复流程

如果主板出故障了，可以按照下面的方法进行判断及维修。

(1) 检查主板外观，有无短路、断路、烧焦，电容有无爆浆、鼓起、松动等。如果发现

元器件出现问题，则直接更换对应元器件或者主板。

(2) 如果主板外观没有问题，则检查电源插座有无短路，如果有则检查主板供电电路。

(3) 插入电源，并试着点亮主板尝试开机。如果不能开机，则：

◎ 检查 CPU 电压对地阻值有无短路。

◎ 检查 CMOS 跳线有无跳错。

◎ 检查南桥旁小晶振有无损坏。

◎ 检查 PS-ON 信号连线是否损坏。

◎ 测量 I/O 南桥供电是否正常。

◎ 检查 POWERON 到南桥电路或 I/O 连线是否正常。

(4) 如果可以开机，则测量主板元器件有无发热元器件。如果有，检查散热是否正常，修复因散热造成的故障。

(5) 测量 CPU 供电输出是否正常：

◎ 测量三极管有无损坏。

◎ 测量电源芯片有无工作电压。

◎ 测量三极管与芯片之间连接是否正常。

(6) 测量时钟信号是否正常，测量并修复：

◎ 时钟芯片是否工作正常。

◎ 晶振是否有信号波形。

(7) 测量有无复位信号，测量并修复：

◎ 测量 RESET 排针电压是否足够高。

◎ 测量时钟芯片有无时钟输出。

◎ 测量排针与门电路或南桥的连线。

◎ 测量南桥是否损坏。

(8) 查看是否可以启动到系统界面，如果不能，则：

◎ 排查北桥供电。

◎ 排查南桥芯片是否有问题。

◎ 排查北桥芯片是否有问题。

◎ 检测 BIOS。

◎ 检测南桥旁电阻、排阻。

◎ 检测时钟发生器。

◎ 排查 I/O 是否有问题。

10.2.4 主板故障的诊断方法

可以通过以下手段判断主板是否存在故障。

1. 通过BIOS报警声和主板诊断卡进行排查

可以采用之前介绍过的根据开机报警声来初步诊断错误来源。也可以使用主板诊断卡的显示数字进行故障的排查工作。主板诊断卡的常用代码及代表的故障原因如下，其他代码用户可以上网进行查找。

◎ BIOS灯：为BIOS运行灯，正常工作时应不停闪动；

◎ CLK灯：为时钟灯，正常为常亮；

◎ OSC灯：为基准时钟灯，正常为常亮；

◎ RESET灯：为复位灯，正常为开机瞬间闪一下，然后熄灭；

◎ RUN灯：为运行灯，工作时应不停闪动；

◎ +12V、-12V、+5V、+3.3V灯：正常为常亮。

1) 代码00、CO、CF、FF或D1

测BIOS芯片CS有无片选。

有片选: 换BIOS、测BIOS的OE是否有效、测PCI的AD线、测CPU复位有无1.5V~0V跳变。

无片选：测PCI的FRAME、测CPU的DBSY ADS#，如不正常则北桥坏，若帧周期信号不正常则南桥坏。

这种故障较麻烦，原因可能是主板或CPU没有正常工作。一般遇到这种情况，可首先将计算机上除CPU外的所有部件全部取下，并检查主板电压、倍频和外频设置是否正确，然后再对CMOS进行放电处理，再开机检测故障是否排除。

2) 代码C0、C1

CPU插槽脏、针脚坏、接触不好。

换电源、换CPU、换转接卡，有时可解决问题。

刷BIOS、检查BIOS座，检测I/O是否损坏、北桥是否虚焊、南桥是否损坏，检查PCB是否断线、板上是否粘有导电物。

代码说明CPU本身没有通过测试，这时应检查CPU相关设备。如对CPU进行过超频，请将CPU的频率还原至默认频率，并检查CPU电压、外频和倍频是否设置正确。如一切正常，故障依旧，可更换CPU再试。

3) 代码C1、C3、C6、A7或E1

内存接触不良(用镊子划内存槽)。

检测内存工作电压，测时钟(CLK0~CLK3)，检查CPU旁排阻是否损坏，检测CPU地址线和数据线，检测DDR的负载排阻和数据排阻，检测北桥坏。

2. 通过电源工作状态判断主板故障

启动计算机，然后观察电源风扇有没有转动。如果电源风扇正常转动，说明电源工作正常，那么说明主板供电部分或者时钟部分有故障，修复后再进行下一步的排查。

如果电源风扇没有转动，说明电源没有正常工作。那么可以使用短接法先判断是不是电源故障引起的无法开机，然后再进行主板故障的排查。

3. 通过自检判断主板故障

开机后，BIOS 自检，通过代码判断主板是否出现故障，先进行故障的排除再继续判断。

4. 判断 CMOS 电池的故障

主板的很多问题都与 BIOS 的设置及 CMOS 部分有关。可以对 CMOS 电池进行排查，如图 10-5 所示，确定是不是该原因引起的故障。

5. 检查主板是否有物理损坏

因为主板集成了大量元器件、接口、芯片，一旦出现撞击、雷击、异物、灰尘等情况，很容易造成损坏、短路等。

在检查主板时，要检查电路板、芯片是否有烧焦 (见图 10-6) 或者划痕，电容等电子元器件是否有开焊或者爆浆的现象。

图 10-5　检查 CMOS 电池

图 10-6　主板烧焦

6. 检查主板接触不良的问题

主板上有灰尘、异物等，会造成主板接触不良或者死机现象。查看硬件与主板的连接部分、连接线部分等。可以使用万用表对主板进行短路的测试。

10.2.5 主板常见故障的维修方法

下面介绍一些主板的常见故障。

1. 主板驱动程序造成使用故障

因为误操作、病毒等原因，会造成主板芯片组等功能芯片的驱动程序丢失。可以在“设备管理器”中，查看是否有未识别的硬件，如图 10-7 所示，并通过重新安装驱动程序的方法解决驱动程序故障。一般情况下，所有设备的驱动程序都可以安装上，说明主板工作正常，发生故障的可能是计算机其他硬件。

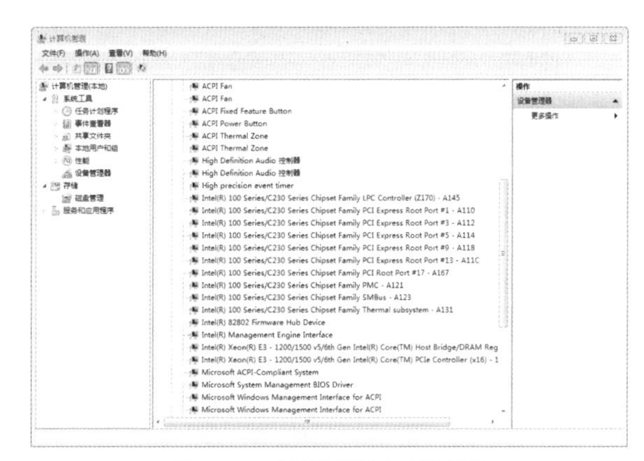

图 10-7　查看设备驱动有无问题

2. 主板保护性故障

所谓保护性故障指主板本身正常的保护性策略在其他因素的影响下，误判断，造成无谓的故障。如由于灰尘较多，造成主板上的传感器热敏电阻附上灰尘，对正常的温度造成高温的报警信息，从而引发了保护性故障。

所以在计算机使用了一段时间后，需要对主机、主板进行清灰，排查异物，如小螺丝钉，去除金属氧化物的操作。

3. CMOS 故障排除

故障主要集中在电池部分上。如果纽扣电池没电，很容易造成 BIOS 的设置信息无法保存，造成开机后找不到硬盘、时间不对等故障。

解决方法是检查主板 CMOS 跳线是否为清除模式，如果是的话，需要将跳线设置为正常模式，然后重新设置 BIOS 信息。如果不会跳线，可以查看主板的跳线说明，如图 10-8 所示。如果不是 CMOS 跳线错误，那么很有可能是因为主板电池损坏或者电池电压不足造成，可以更换电池后再进行测试。

另外，对于兼容性等方面的故障，可以通过清除 BIOS 设置进行解决。

4. 主板散热系统不好造成故障

主板正常工作时，南北桥芯片都会发出大量热量，如果散热系统不好，会造成系统状态不稳定，发生随机死机的现象。

可以通过清洁机箱、增加机箱风扇、清除主板灰尘、更换芯片散热片、重新涂抹硅脂等措施增加散热效果，如图 10-9 所示。

图 10-8　CMOS 跳线

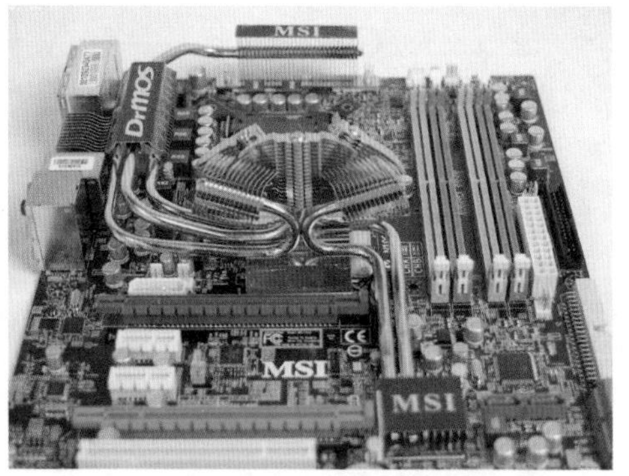

图 10-9　芯片组散热系统

5. 主板电容引起的故障

虽然现在比较主流的计算机使用的都是固态电容，但传统计算机上，电解电容使用率非常高，而且传统计算机使用时间较长，普通用户也不太关心散热及清理的问题，电解电容由于时间、温度、质量等多方面的因素相互作用，很容易发生老化、爆浆现象，导致主板抗干扰能力下降，影响计算机正常工作。在遇到这些故障时，需要用容量相同的电容进行替换，如图 10-10 所示。

图 10-10　手动更换电容

6. BIOS 损坏引起的故障

由于 BIOS 刷新失败或者病毒引起的 BIOS 损坏，会造成主板无法正常工作。

可以自制启动盘重新刷新 BIOS，或者使用热插拔法或者编程器进行修复，如图 10-11 所示。

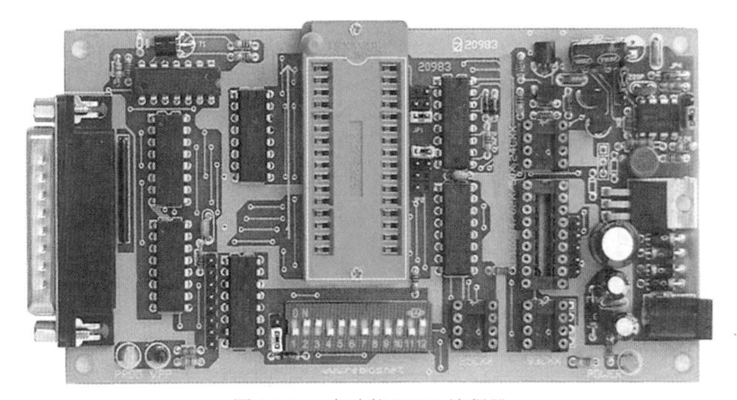

图 10-11　多功能 BIOS 编程器

10.2.6 主板故障修复实例

在正常使用计算机过程中，会遇到各种问题，其中主板的故障占据了很大一部分。

1. 电池故障

1) 故障现象

开机后提示 CMOS Battery State Low，有时可以启动，使用一段时间后死机。

2) 故障分析

这种现象大多是 CMOS 供电不足引起的。对于不同的 CMOS 供电方式，应采取不同的措施。

3) 故障修复

(1) 焊接式电池：用电烙铁重新焊上一颗新电池即可。

(2) 纽扣式电池：直接更换。

(3) 芯片式电池：更换此芯片最好用相同型号芯片替换。如果更换电池后时间不长又出现同样现象的话，很可能是主板漏电，可检查主板上的二极管或电容是否损坏，也可以跳线使用外接电池。

2. 开机后主板报警

1) 故障现象

主板不启动，开机无显示，有内存报警声 (“嘀嘀”地叫个不停)。

2) 故障分析

内存报警的故障较为常见，主要是内存接触不良引起的。例如内存条不规范，内存条有点薄，当内存插入内存插槽时，留有一定的缝隙；内存条的金手指工艺差，金手指的表面镀金不良，时间一长，金手指表面的氧化层逐渐增厚，导致内存接触不良；内存插槽质量低劣，簧片与内存条的金手指接触不实；等等。

3) 故障修复

打开机箱，用橡皮仔细地把内存条的金手指擦干净，把内存条取下来重新插一下，用热熔胶把内存插槽两边的缝隙填平，防止在使用过程中继续氧化。注意：在拔插内存条时一定要拔掉主机的电源线，防止意外烧毁内存。

3. 开机后主板不启动

1) 故障现象

计算机故障时主板不启动，开机无显示，无报警声。

2) 故障分析

原因有很多，主要有以下几种。针对这些原因，逐一排除。要求熟悉数字电路模拟电路，会使用万用表，有时还需要借助 DEBUG 卡检查故障。

3) 故障修复

(1) 主板扩展槽或扩展卡有问题。

因为主板扩展槽或扩展卡有问题，导致插上显卡、声卡等扩展卡后，主板没有响应，所以造成开机无显示。例如蛮力拆装显卡，导致插槽开裂，可造成此类故障。

(2) 主板 BIOS 被破坏。

主板的 BIOS 中储存着重要的硬件数据，同时 BIOS 也是主板中比较脆弱的部分，极易受到破坏，一旦受损就会导致系统无法运行。

出现此类故障一般是因为主板 BIOS 被 CIH 病毒破坏造成。一般 BIOS 被病毒破坏后，硬盘里的数据将全部丢失，可以检测硬盘数据是否完好，以便判断 BIOS 是否被破坏；在有 DEBUG 卡的时候，也可以通过卡上的 BIOS 指示灯是否亮来判断。当 BIOS 的 BOOT 块没有被破坏时，启动后显示器不亮， PC 喇叭有“嘟嘟”的报警声；如果 BOOT 被破坏，加电后，电源和硬盘灯亮，CPU 风扇转，但是不启动，此时只能通过编程器来重写 BIOS。

也可以插上 ISA 显卡，查看是否有显示 (如有提示，按提示步骤操作即可)，倘若没有开机画面，可以自己做一张自动更新 BIOS 的软盘，重新刷新 BIOS，用写码器将 BIOS 更新文件写入 BIOS 中。

(3)CMOS 使用的电池有问题。

按下电源开关时，硬盘和电源灯亮，CPU 风扇转，但是主机不启动。当把电池取下后，就能够正常启动。

(4) 主板自动保护锁定。

有的主板具有自动侦测保护功能，当电源电压有异常，或者 CPU 超频、调整电压过高等情况出现时，会自动锁定停止工作。表现就是主板不启动，这时可把 CMOS 放电后再加电启动，有的主板需要在打开主板电源时，按住 RESET 键即可解除锁定。

(5) 主板上的电容损坏。

检查主板上的电容是否冒泡或炸裂。当电容因电压过高或长时受高温烘烤，会冒泡或淌液，这时电容的容量减小或失容，电容便会失去滤波的功能，使提供负载电流中的交流成分加大，造成 CPU、内存、相关板卡工作不稳定，表现为容易死机或系统不稳定，经常出现蓝屏。

10.3 内存的常见故障及维修方法

内存是容易出故障的组件，基本上很大程度上的计算机开机故障都与内存故障相关。

10.3.1 内存常见故障的现象

内存是计算机的临时存储设备，负责临时数据的高速读取与存储；也是最小化系统启动必不可少的部分。内存出现故障会造成死机、蓝屏、速度变慢等。内存的主要故障现象如下。

◎ 开机无显示，主板报警。

◎ 系统不稳定，经常产生非法错误。

◎ 注册表损坏，提示用户进行恢复。

◎ Windows 自动从安全模式启动。

◎ 随机性死机。

◎ 运行软件时，会提示内存不足。

◎ 系统莫名其妙自动重启。

◎ 系统经常随机性蓝屏。

10.3.2 内存故障的主要原因

内存故障的主要原因如下。

◎ 内存的内存颗粒质量引起故障。

◎ 内存与主板插槽接触不良。

◎ 内存与主板不兼容。

◎ 内存电压过高。

◎ CMOS 设置不当。

◎ 内存损坏。

◎ 超频带来的内存工作不正常。

10.3.3 内存故障的检修流程

内存故障检修流程具体如下。

◎ 将内存插入主板内存插槽，启动计算机电源。

◎ 如果不能开机，则首先检查内存是否插好，最好重新安装内存。

◎ 如果已经插好，则检查内存供电是否正常。如果没有电压，排查机箱电源故障。

◎ 如果电源正常，则检查内存芯片是否损坏，如果损坏，那么请直接更换内存条。

◎ 如果内存芯片完好，那么有可能是内存和主板不兼容，建议使用替换法进行排查。

◎ 如果可以开机，那么可以通过系统自检查看问题。

◎ 如果自检不正常，首先检查内存的大小与主板支持的大小是否有冲突。

◎ 如果没有冲突，那么要考虑内存与主板不兼容的情况。如果超出了主板支持的大小，那么只能更换内存或者主板。

◎ 如果自检正常，那么查看使用时是否有异常，在异常的情况下，发热量是否过大。

◎ 如果是发热量过大，那么需要更进一步查看是否超频，是否散热系统有问题。

10.3.4 内存常见故障的诊断方法

下面介绍内存在使用时经常产生的故障以及排除方法。

1. 通过主板报警诊断内存故障

内存的故障率较高，尤其是老机器随时间和温度，容易造成氧化现象。在开机时，可以通过报警声及主板的种类判断主机问题是否为内存故障所致。而且不同的报警声也可以指引用户如何排除故障。在前文已经罗列了一些主板报警的故障原因。

2. 通过主板自检信息诊断内存故障

如果计算机在自检过程中，发现内存信息不对，或者出现 Memory Test Fail 的提示，则说明内存存在接触不良或者损坏的故障。

3. 通过主板诊断卡诊断内存故障

通过主板诊断卡不止可以发现主板的故障，对于主板无法正常工作的情况，可以检测各种故障源。

一般情况下，C 开头或者 D 开头的故障代码大都代表了内存出现问题，如图 10-12 所示。现在比较流行的中文诊断卡可以显示故障的原因，如图 10-13 所示。

图 10-12　使用主板诊断卡发现故障

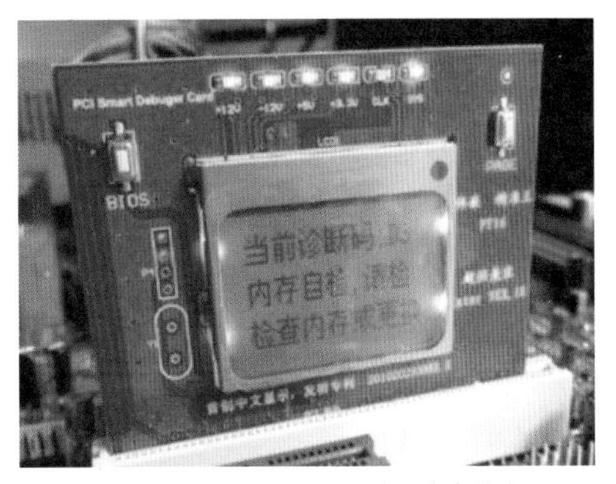

图 10-13　使用中文诊断卡发现内存故障

4. 观察内存发现故障

观察法是发现物理故障最有效、最快捷的方法。

◎ 观察内存上是否有焦黑、发绿等现象，如图 10-14 所示。

◎ 观察内存表面内存颗粒及控制芯片是否有缺损或者异物。

◎ 观察金手指是否有氧化现象。

图 10-14　内存烧焦

5. 金手指氧化故障

内存接触不良，最主要的原因就是金手指氧化、内存插槽有异物、损坏等。

内存接触不良，最主要的表现就是系统黑屏现象。处理方式就是清除异物、对金手指的氧化部分进行处理。

◎ 用橡皮擦轻轻擦拭金手指。

◎ 用铅笔对氧化部分进行处理，提高导电性能。

◎ 用棉球沾无水酒精擦拭金手指，但是要等酒精挥发完毕再进行安装。

◎ 使用砂纸轻轻擦拭金手指，但一定要注意力度。

◎ 使用毛刷及吹风机清理内存插槽，如图 10-15 所示。

图 10-15　清理内存插槽

6. BIOS 导致内存故障

使用超频软件或者用户手动调整内存时序或者频率后，会使内存工作不正常，导致黑屏、死机、速度变慢等故障。在遇到该问题时，可以进入到 BIOS 内，查看内存的参数是否更改，如图 10-16 所示。可以恢复到默认值，查看故障现象是否消失。

7. 使用测试软件对内存进行测试

可以使用专业的测试软件，对可能发生问题的内存条进行读写的测试，根据测试报告综合判断内存是否发生了故障，如图 10-17 所示。

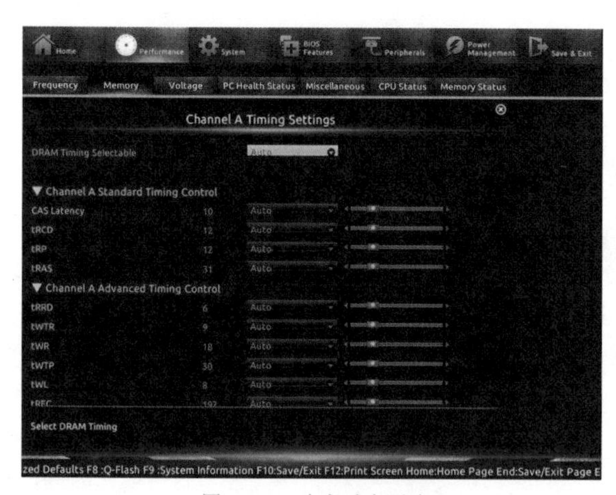

图 10-16　内存时序更改

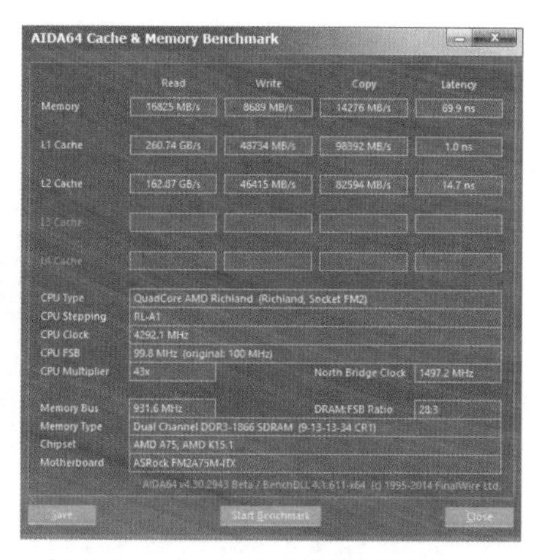

图 10-17　AIDA64 软件的缓存及内存测试

10.3.5 内存故障修复实例

下面根据用户经常遇到的内存问题，做了故障分析及修复方法汇总。

1. 内存检测时出现死机

1) 故障现象

内存检测时出现随机性错误或死机。

2) 故障分析

检测内存时，发生随机性错误、死机、蓝屏等故障，主要是因为存储器芯片控制电路速度较低，输入信号也不稳定，延时器延时输出不正常及有些芯片处于即将损坏的临界值。其中延时器的延时不准确，会使控制时序发生偏移，而产生读写错误。

3) 故障修复

可以在BIOS中重新设置CAS值为3，对主板上的硬跳线增加电压。如果仍然发生故障，建议更换内存条。

2. 接触不良现象

1) 故障现象

有时打开计算机电源后显示器无显示，并且听到持续的蜂鸣声。有的计算机会表现为一直重启。

2) 故障分析

此类故障一般是由于内存条和主板内存槽接触不良所引起的。

3) 故障修复

拆下内存，用橡皮擦来回擦拭金手指部位，然后重新插到主板上。如果多次擦拭内存条上的金手指并更换了内存槽，但是故障仍不能排除，则可能是内存损坏，此时可以另外找一条内存来试试，或者将本机上的内存换到其他计算机上测试，以便找出问题之所在。

3. 死机现象

1) 故障现象

一台正常运行的计算机上突然提示“内存不可读”，然后是一串英文提示信息，如图10-18所示。这种问题经常出现，而且出现的时间没有规律，天气较热时出现此故障的概率较大。

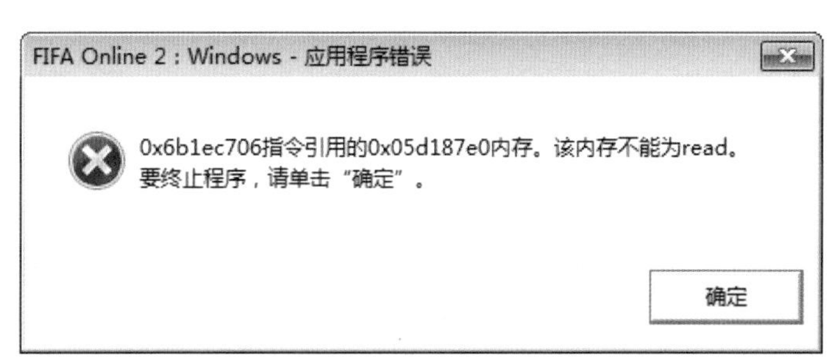

图10-18　内存不可读错误

2) 故障分析

由于系统已经提示了“内存不可读”，因此可以先从内存方面来寻找解决问题的办法。由于天气热时该故障出现的概率较大，一般是由于内存条过热而导致系统工作不稳定。

3) 故障修复

对于该问题的处理，可以自己动手加装机箱风扇，加强机箱内的空气流通，还可以给内存加装铝制或者铜制的散热片来解决故障。

4. 内存检测时间过长

1) 故障现象

开机时计算机内存自检需要重复 3 遍才可通过。

2) 故障分析

随着计算机基本配置内存容量的增加，开机内存自检时间越来越长，有时可能需要进行几次检测，才可检测完内存，此时可使用 Esc 键直接跳过检测。

3) 故障修复

开机时，按 Delete 键进入 BIOS 设置程序，选择 BIOS Features Setup 选项，把其中的 Quick Power On Self Test 设置为 Enabled，如图 10-19 所示。然后存盘退出，系统将跳过内存自检。

5. 系统导致内存条容量问题

1) 故障现象

新购买的主机，4GB 内存，安装系统后，发现可用内存为 3.8GB，如图 10-20 所示。

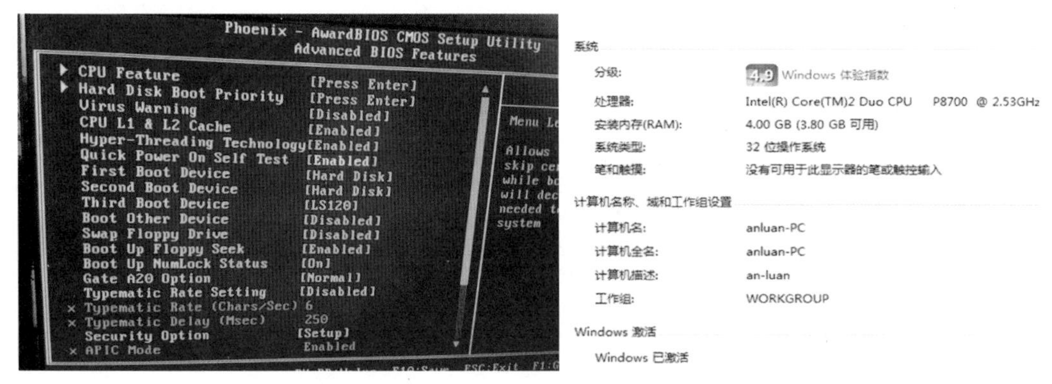

图 10-19 跳过内存自检　　图 10-20 系统不能使用所有内存

2) 故障分析

更换了内存条，发现故障依旧。因为计算机可以正常使用，排除了内存条以及硬件方面的问题。最后将关注点转移到操作系统上。

操作系统分为 32 位及 64 位，本例中，用户安装的是 32 位的 Windows 7。因为 32 位系统寻址最大可以达到 32 位，也就是 232 这么大的内存，就是 4GB 了。

3) 故障修复

重新安装 64 位的 Windows 7 系统，系统完美识别 4GB 内存，故障解除。

6. 升级内存出现问题

1) 故障现象

一台老计算机，使用一直正常，升级为 2GB 的内存条后，自检时显示 1GB 的容量。

2) 故障分析

根据故障现象分析，产生该故障的原因有：

(1) 内存问题。

(2) 主板问题。

(3)BIOS 问题。

3) 故障修复

(1) 仔细检查内存，发现内存正常，更换其他计算机后，可以正常显示 2GB 容量。

(2) 检查主板后，发现主板说明上标出最大支持内存为 1GB，从而得出主板不支持大容量内存引起该故障。

(3) 升级 BIOS 后，故障排除。

10.4 硬盘常见故障及维修方法

硬盘是计算机最主要的外部存储设备，是计算机主要的数据存放位置，硬盘故障可能会造成珍贵数据的丢失。所以硬盘的故障是用户最不愿意看到的情况。而硬盘故障也会导致系统无法启动或者死机现象。

10.4.1 硬盘常见故障的现象

由于操作系统是安装在硬盘上，因此硬盘出现故障，会导致计算机无法正常工作。硬盘的常见故障现象如下：

(1) 计算机 BIOS 无法识别硬盘。

(2) 无法正常启动计算机，出现错误提示 Device Error，Non-system Disk or Error，Replace And Strike Any Key When Ready，如图 10-21 所示。

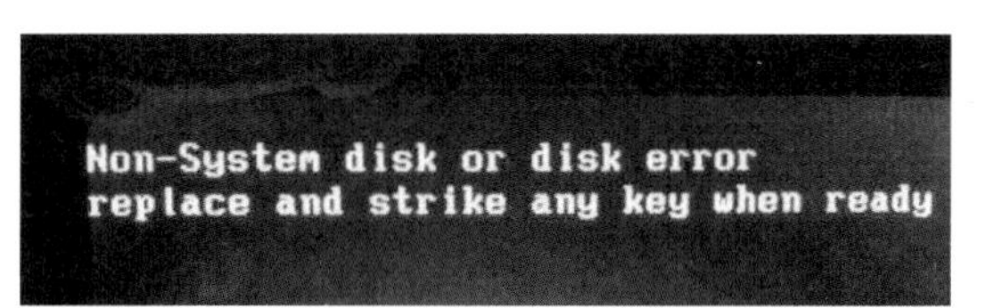

图 10-21 计算机提示硬盘错误

(3) 计算机启动，系统长时间不动，最后显示 HDD Controller failure 的错误提示。

(4) 计算机启动时，出现 Invalid Partition Table 的错误提示，无法启动计算机，如图 10-22 所示。

图 10-22 提示分区表无效

(5) 计算机启动时，出现 No ROM Basic System Halted 的错误提示，无法启动计算机。

(6) 计算机异常死机。

(7) 频繁无故出现蓝屏。

(8) 数据文件无法复制出来或者写入硬盘。

(9) 计算机硬盘工作灯长亮，但是系统速度超慢，并经常无反应。

(10) 读取硬盘文件报错，如图 10-23 所示。

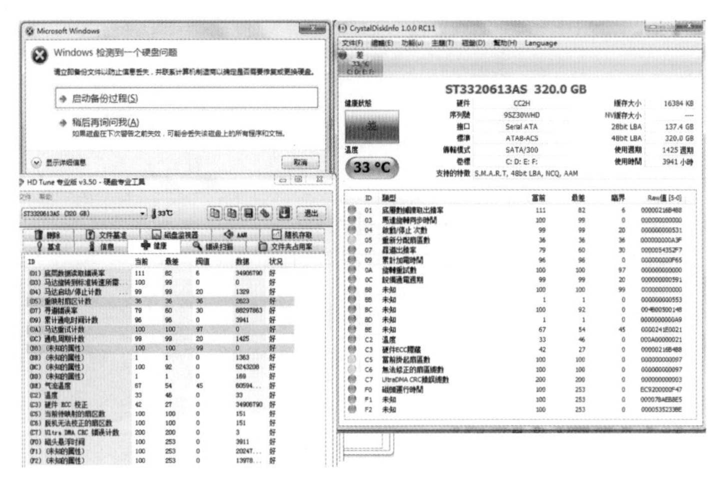

图 10-23　系统提示硬盘需要紧急备份

(11) 无法读取硬盘，无法对硬盘进行任何操作。

(12) “磁盘管理”无法正确显示硬盘状态，无法对硬盘进行操作。

10.4.2 硬盘故障的主要原因

硬盘故障产生的原因有多种，下面介绍一些常见的故障产生原因。

1. 硬盘供电电路出现问题

如果供电电路出现问题，会直接使硬盘不工作。现象有：硬盘不通电、硬盘检测不到、盘片不转动、磁头不寻道。供电电路常出问题的部位有：插座接线柱、滤波电容、二极管、三极管、场效应管、电感、保险电容等。

2. 接口电路出现问题

如果硬盘接口电路出现故障，会导致硬盘无法被计算机检测到，出现乱码、参数被误认等故障。接口电路出现故障的可能原因是接口芯片或者与之匹配的晶振损坏，接口插针折断、虚焊、污损，接口排阻损坏及接口塑料损坏等，如图 10-24 所示。

图 10-24　硬盘接口损坏

3. 缓存出现问题

缓存出现问题会造成：硬盘不能被识别、乱码、进入操作系统后异常死机。

4. 磁头芯片损坏

磁头芯片的作用是放大磁头信号、处理音圈电机反馈信号等。出现该问题可能导致：磁头不能正常寻道、数据不能写入盘片、不能识别硬盘、出现异常响动等故障现象。

5. 电机驱动芯片部分出现故障

电机驱动芯片主要用于驱动硬盘主轴电机及音圈电机，是故障率较高的部件。由于硬盘高速旋转，该芯片发热量较大，因此常因为温度过高而出现故障。

6. 硬盘坏道

因为震动、不正常关机、使用不当等原因造成坏道，会造成计算机系统无法启动或者死机等故障。

7. 分区表出现问题

因为病毒破坏、误操作等原因造成分区表损坏或者丢失，使系统无法启动。

10.4.3 硬盘故障的排查流程

硬盘故障排查流程具体如下。

(1) 硬盘如果无法启动系统，需要查看硬盘是否有异常响动。

(2) 如果有的话，问题可能是硬盘固件损坏、硬盘电路方面出现问题、硬盘盘体出现损坏。

(3) 如果没有异常响动，那么需要进入 BIOS 中，查看是否能够识别到硬盘。

(4) 如果不能检测到硬盘，那么需要检查硬盘电源线有没有接好、硬盘信号线有没有损坏、硬盘电路板有没有损坏。

(5) 如果可以检测到硬盘信息，那么需要查看硬盘系统文件是否损坏；如果没有，那么故障出现在硬盘与主板上，或其他硬件有兼容性问题。

(6) 如果系统文件被损坏，那么只能进行修复或者重新安装操作系统了。

(7) 维修后，如果可以正常进入系统，那么仅仅是系统文件损坏罢了。如果仍不能进入系统，说明硬盘出现了坏道。

(8) 使用低级格式化软件，手动屏蔽掉坏道，或者更换为更为保险的新硬盘。

10.4.4 硬盘常见故障的诊断方法

硬件常见的故障有以下几种，用户可以根据实际情况判断导致故障的因素。

1. 检查外部连接诊断故障

虽然硬盘出现故障的概率较大，但硬盘本身在计算机硬件中，还是相对比较耐用的设备。一般出现的小毛病往往出现在外部连接中。

硬盘外部故障，常常导致系统不能正常工作。硬盘外部连接故障有：主板硬盘接口松动、损坏，连接硬盘的电源线损坏或电源接口损坏，硬盘接口的金手指损坏或者氧化，如图 10-25 所示。

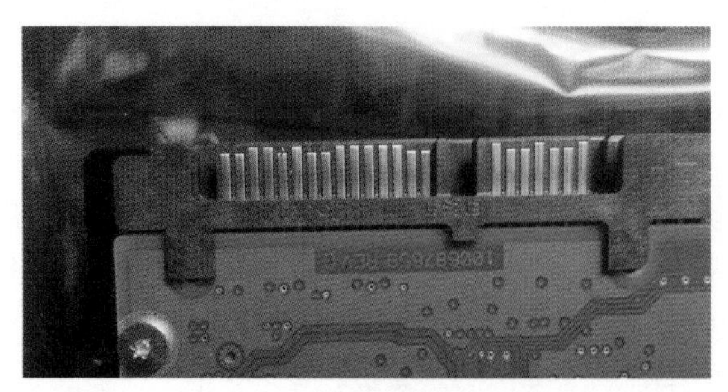

图 10-25　硬盘接口金手指氧化

检测硬盘的外部连接问题，需要对硬盘外部连接线进行排查，包括主板与硬盘的连接、电源与硬盘的连接等。

还需要检查主板的硬盘接口有没有损坏、氧化，连接线是否有折断或者烧焦现象，接口插槽有没有异物。

还可以采用替换法及排除法：更换连接线及硬盘，如果系统还是不能工作，可以将侧重点集中在主板及系统上面。

通过类似的替换及排除法，可以准确地判断出是主板接口、电源、连接线还是硬盘本身出现了问题。

在硬盘外部连接中，容易忽视的金手指也需要仔细检测。可能会因为氧化及损坏的原因，造成系统不能正常工作。

如果硬盘的外接电源不稳定，会出现死机、不断重启或者运行缓慢的状况。所以在检测时，硬盘外接电源是否正常供电也是需要特别关注的。

2.　使用工具软件诊断故障

如果进入系统，而且可以识别到硬盘，可以使用专业的硬盘检测软件对硬盘进行测试。

1) 使用系统自带的扫描修复工具进行检测

在查看硬盘分区时，在分区图标上右击鼠标，选择“属性”选项，在“工具”选项卡中，使用“查错”功能对硬盘进行检查和修复，如图 10-26 所示。

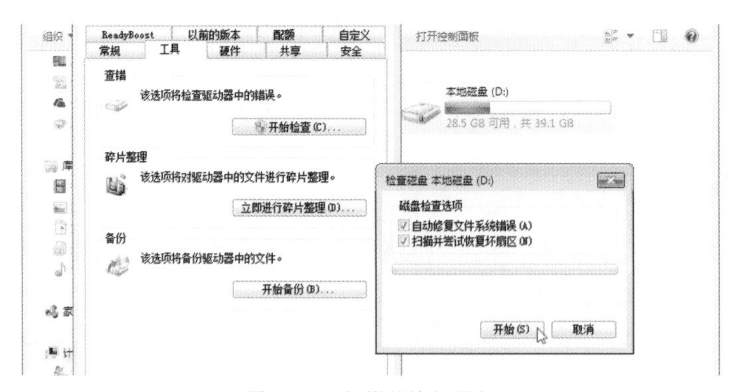

图 10-26　扫描并修复磁盘

2) 使用第三方工具进行检测

经常使用的是之前提到过的 HD Tune 进行检测。该软件是一款硬盘性能检测诊断工具，

可以对硬盘的传输速度、突发数据传输速度、数据存取时间、CPU 使用率、硬盘健康状态、温度等进行检测，还可以扫描硬盘表面，检测坏道等，如图 10-27 所示。另外还可以查看到硬盘的基本信息，如：固件版本、序列号、容量、缓存大小以及当前的传输模式等。

图 10-27 查看硬盘健康状态

3. 综合检测开机无法识别硬盘故障

开机后，计算机的 BIOS 没有检测到硬盘，没有硬盘的参数。该故障一般是因为硬盘接口与主板接口没有连接好，数据线接头接触不良，线缆断裂，跳线设置不当，硬盘硬件损坏造成的。

当发生了开机检测不到硬盘，可以按照下面的步骤进行检测：

(1) 关闭电源，打开机箱，检查硬盘数据线、电源线是否连接正常，如果发现有接反、未插紧等情况，请重新连接。

(2) 如果连接正常，检查硬盘数据线是否连接了多个设备，如硬盘与光驱、硬盘与硬盘，如图 10-28 所示。如果是，请检查设备跳线是否正确。这在老式计算机，尤其是使用了 IDE 数据线的计算机上比较常见。

图 10-28 IDE 数据线连接多硬盘

(3) 如果数据线只连接了硬盘，那么开机，并检查硬盘是否有电机转动的声音。

(4) 如果没有，则可能是硬盘的电路板中的电源电路有故障，需要维修电源电路。

(5) 如果电机运转正常，那么关闭电源，使用替换法，将数据线连接到其他接口上，再开机进行检测。如果仍然检测不到硬盘，那么硬盘的固件可能出现了问题，可以使用专门的工具软件重新更新硬盘固件，如图 10-29 所示。

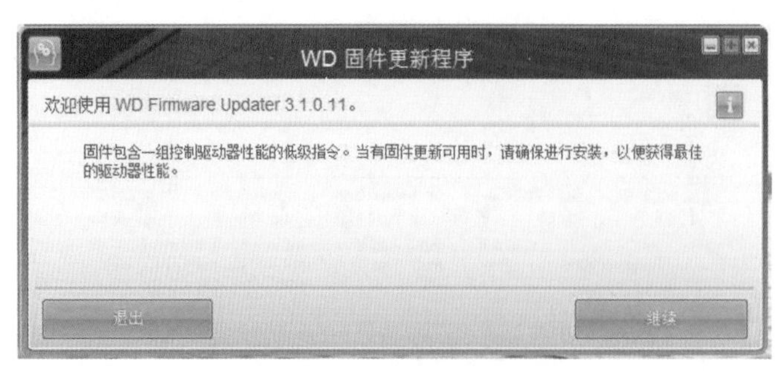

图 10-29　使用 WD 硬盘更新固件

(6) 如果在 BIOS 中可以检测到硬盘，那么可能是主板中的硬盘接口损坏。更换接口即可解决故障。

(7) 如果故障依旧，使用替换法更换数据线进行测试。如果故障消失，那么故障就是数据线损坏造成的。如果故障仍然存在，那么将硬盘接驳到其他机器上进行测试。

(8) 如果在另外一台计算机上，可以检测到该硬盘，那么故障出现在计算机主板上，需更换计算机主板。如果问题依旧，那么故障应该是由于硬盘损坏造成。除了更换硬盘，也可以尝试检查硬盘接口电路等硬盘电路板是否存在故障。

10.4.5 硬盘故障修复实例

硬盘故障产生的原因，有可能是硬件，也有可能是软件，需要仔细检查后再进行判断。

1. 无法检测到硬盘

1) 故障现象

老式计算机，清理灰尘后，无法启动，BIOS 中也看不到硬盘，如图 10-30 所示。

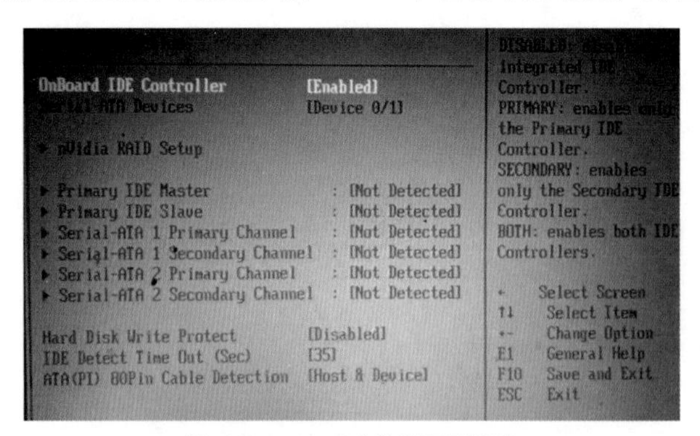

图 10-30　BIOS 中检测不到硬盘

2) 故障分析

无法检测到硬盘的主要故障原因有硬盘数据线接口与硬盘未连接好，或者数据线接触不良，电缆线断裂，跳线设置不当，硬盘损坏。

3) 故障修复

因为计算机之前可以正常使用，经过物理检查后，发现因为数据线出现了断裂，造成了无法检测到硬盘，更换数据线后，故障得到解决。

2. 开机后出错

1) 故障现象

启动时，系统停留很长时间后，出现 HDD Controller Failure 的错误提示。

2) 故障分析

此类故障一般是硬盘线接口接触不良或者连接线错误所导致。

3) 故障修复

先检查硬盘电源线与硬盘的连接状态，再检查数据线的连接状态。

3. 硬盘引起蓝屏

1) 故障现象

正常使用的计算机，某天突然停电，等到再开机，可以正常进入系统，但是不定时出现蓝屏现象。

2) 故障分析

硬盘由于非法关机、使用不当等原因造成坏道，使计算机系统无法启动或者经常死机。出现读取某个文件或者运行某个软件时经常出错，或者要经过很长时间才能操作成功，期间硬盘不断读盘，并发出刺耳的杂音。这种现象将意味着硬盘上载有数据的某些扇区已经损坏。

3) 故障修复

使用工具完全扫描硬盘，使用第三方工具对损坏的扇区进行隔离。

4. 系统给出错误提示

1) 故障现象

正常使用计算机，在下载了破解软件后，再次开机，系统无法启动，并给出错误提示 Missing operating system(丢失操作系统)，如图 10-31 所示。

Missing operating system_

图 10-31　系统提示找不到操作系统

2) 故障分析

此类故障一般为病毒破坏了硬盘分区表所致。

3) 故障修复

使用启动 U 盘启动计算机，进入系统盘。如果出现 Invalid Drive Specitication(无效的驱动器) 提示，则说明感染了病毒，硬盘分区表被破坏。用杀毒软件和备份的硬盘分区表进行恢复，或者使用第三方工具如 DiskGenius 进行分区表的复原也可以，如图 10-32 所示。

图 10-32 重建分区表

网上大量的破解软件含有各种病毒，切莫贪图小利而使自己的计算机受到病毒、木马的侵害。

5. 系统无法启动

1) 故障现象

使用硬盘安装完系统后，系统无法启动。

2) 故障分析

检测后，发现是由于在分区时，没有激活硬盘的主分区造成的。

3) 故障修复

使用 PQ 等硬盘管理软件激活硬盘主分区，故障排除。

6. 无法引导系统

1) 故障现象

计算机在启动时出现故障，无法引导操作系统，系统提示“TRACK 0 BAD”(零磁道损坏)。

2) 故障分析

由于硬盘的零磁道包含了许多信息，如果零磁道损坏，硬盘就会无法正常使用。

3) 故障修复

遇到这种情况可将硬盘的零磁道变成其他的磁道来代替使用。如通过诺顿工具包 DOS 下的中文 PUN 工具来修复硬盘的零磁道，然后格式化硬盘即可正常使用。

10.5 显卡常见故障及维修方法

显卡故障比较少见，但故障涉及的范围仍然比较广。

10.5.1 显卡常见故障的现象

显卡是提供显示输出的设备，一旦出现故障，会直接使计算机无法显示，或者显示异常；

开机无显示，主板报警，提示显卡故障；系统工作时发生死机现象。具体如下。

◎ 系统工作时发生蓝屏现象。

◎ 显示不正常，出现偏色现象。

◎ 显示画面不正常，出现花屏现象。

◎ 屏幕出现杂点或者不规则图案。

◎ 运行游戏时发生卡顿、死机现象。

◎ 显示不正常分辨率，无法调节。

10.5.2 显卡故障的主要原因

1. 接触不良

接触不良主要是因为灰尘、金手指氧化等，在开机时有报警提示音。可以重新安装显卡，清除显卡及主板的灰尘。拆下的显卡仔细观察金手指，是否发黑、氧化，板卡是否变形。

2. 散热引起故障

同 CPU 及主板芯片类似，显卡在工作时，显示核心、显存颗粒会产生大量热量，而这些热量如果不能及时散发出去，往往会造成显卡工作不稳定。所以出现故障后，需要检查显卡的散热，风扇是否正常运行，散热片是否可以正常散发热量，如图 10-33 所示。

图 10-33 检查显卡散热器

3. BIOS 中的设置不当

BIOS 中的设置不当，主要指和显卡相关的各种参数的设置。如果设置出现问题，会造成很多故障。包括设置集成显卡、显存大小、快速写入支持、显卡 BIOS 缓存等，如图 10-34 所示。

VT-d	[Disabled]
Initate Graphic Adapter	[PEG/IGD]
IGD Memory	[512M]
Render Standby	[Enabled]
IGD Multi-Monitor	[Disabled]
DVMT Mode Select	[DVMT Mode]
DVMT/FIXED Memory	[256MB]

图 10-34 设置显卡显存大小

4. 显卡显存造成故障

如果挑选显卡时，选择了劣质显卡，显存质量不过关，散热不良、损坏等原因，会引起计算机死机现象。

5. 显卡工作电压造成故障

现在的显卡已经不满足于主板的供电，稍微高端一点的显卡都需要额外的电源供电，如图 10-35 所示。如果电源不能满足显卡的工作，会输出低于或者高于标准的电压，从而导致计算机随机发生故障。

图 10-35　显卡双 6PIN 供电

6. 兼容问题造成故障

兼容问题通常发生在升级或者刚组装计算机的时候。主要表现为主板与显卡不兼容，或者主板插槽与显卡不能完全接触所产生的物理故障造成的。

10.5.3 显卡故障的主要排查流程

显卡故障主要排查流程具体如下。

(1) 安装好显卡开机启动，检查是否有报警。

(2) 如果有，需要检查：

◎ 接触不良造成的故障；

◎ 不兼容造成的故障；

◎ 散热不良造成的故障；

◎ 显卡供电造成的故障。

(3) 如果没有报警，那么检查计算机启动时是否死机。如果死机，检查显卡供电电压是否正常。

(4) 如果供电正常，那么故障的原因集中在芯片过热或者是有元器件的损坏。

(5) 如果启动时没有死机，那么检查图像显示是否正常，然后检查玩游戏会不会频繁死机。如果有死机现象，那么故障主要集中在 DirectX 上，可以检查 DirectX 信息，并进行测试，如图 10-36 所示。

(6) 如果图像不能正常显示，那么检查驱动程序是否已经装好。

(7) 如果程序未装好，那么重新安装显卡驱动即可。

(8) 如果程序已经安装完成，那么故障主要集中在兼容性方面。如果可以，建议更换显卡进行测试。

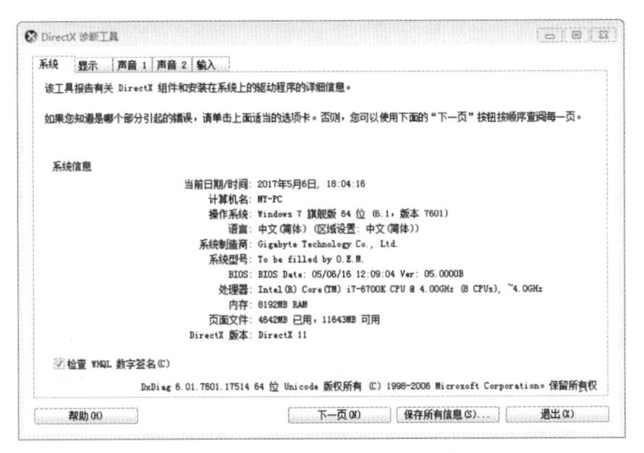

图 10-36 检查 DirectX 信息

10.5.4 显卡常见故障的诊断

显卡发生故障比较容易判断，就是显示出现了问题。

1. 通过主板报警声判断故障

三种不同的 BIOS 关于显卡故障，会发出不同的报警声。

1)Award BIOS

1 长 2 短响声：显卡或者显示器错误。

短响声：显示器或者显卡未连接。

2)AMI BIOS

1 长 8 短响声：显卡测试错误。

3)Phoenix BIOS

3 短、4 短、2 短响声：显示错误。

2. 通过自检信息判断故障

如果在加电自检过程中，显示画面一直停留在显卡信息处，不能继续进行其他自检，如图 10-37 所示，说明显卡可能出现了故障。

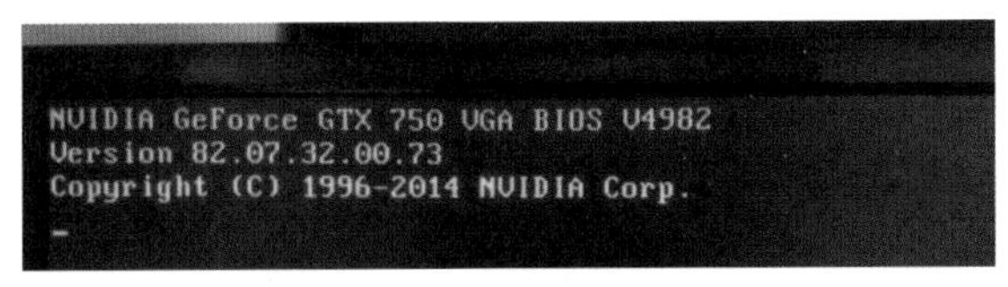

图 10-37 显卡通过不了自检

这时，需要检查显卡是否有接触不良或者损坏的情况。

3. 通过显示画面判断故障

计算机显示出现问题，最为直观的判断就是查看显示画面是否有异常。

显示器花屏、显示模糊或者黑屏现象，是显示故障的主要表现形式。但这些并不都是显示器的问题。所以在判断故障源的时候，重点需要判断是显卡的故障还是显示器本身的故障。

导致显示器花屏、显示模糊等故障的主要原因有显卡接触不良、显卡散热不良，导致显卡温度过高等。

另外，显卡驱动、显卡与主板不兼容、分辨率设置错误、没有开启特效、显示模式设置等原因也可能造成显示故障。

4. 通过主板诊断卡判断故障

当计算机主机不能正常启动或者显示黑屏时，使用主板检测卡是一个比较便捷的手段。

如果诊断卡显示的故障代码为 0B、26、31 等，代表显卡可能存在问题。这时需要重点检查显卡与主板是否接触不良、显卡是否损坏等问题。

5. 通过显卡外观判断故障

拆下显卡，观察显卡表面是否有划痕，电容、电感、显示核心是否有烧焦或者损坏的现象，如图 10-38 所示；查看金手指是否有氧化、脱落、折断的现象。

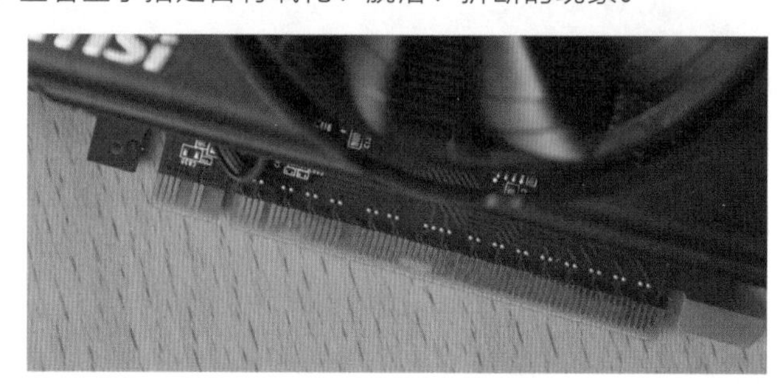

图 10-38 显卡金手指损坏

10.5.5 显卡的主要维修步骤

在遇到出现故障的显卡后，可以按照下面的通用流程进行维修及判断。该方法是从故障率最高的原因开始，进行解决。

1. 擦拭金手指

首先解决显卡的金手指氧化问题。使用橡皮擦擦拭金手指，清除金手指氧化部分，可以解决由于金手指氧化引起的显卡与主板接触不良的问题。在实际中，有很多故障可以通过清理金手指氧化得到修复，如图 10-39 所示。

图 10-39 清理显卡金手指

2. 检查显卡表面

仔细查看显卡表面是否有元器件损坏或烧焦，并以此为线索，快速查到显卡的故障源，快速修复故障。

3. 检查显卡各参数

该步骤似乎可有可无，但是在显卡出现故障后，通过查看显卡说明的介绍，可以了解显卡的各工作参数、正常值范围，并快速判断出显卡的工作异常点，以此为线索，找到故障位置。

4. 测量显卡的供电及 AD 线

使用万用表检测显卡供电电路的电压输出端对地阻值、AD 线 (地址数据线) 对地阻值。测量显卡独立输入电路的电压是否正常，测量显卡各元器件阻值是否正常。

5. 检查显存芯片

如果计算机可以进入系统，但是经常遇到死机或者花屏现象，可以使用 MATS 等第三方测试软件对显卡的显存进行测试。如果显存出现故障，可以更换相同型号的显存芯片。

6. 刷新显卡 BIOS

显卡 BIOS 芯片用于存放显示芯片与驱动程序间的控制程序，以及显卡的型号、规格、生产厂家、出厂信息等参数。当其内部的程序损坏后，会造成显卡无法正常工作、显示黑屏等故障。对于此类故障，可以使用专业的工具对 BIOS 程序进行刷新来排除，如图 10-40 所示。

图 10-40 显卡 BIOS 更新工具

10.5.6 显卡故障修复实例

常见的显卡故障及修复手段如下。

1. 显示花屏

显示花屏的具体原因及处理方法如下。

(1) 计算机日常使用中由于显卡造成的死机花屏故障对于初学者来说通常是不容易判断的，尤其是在未确定软硬件故障的前提下，如图 10-41 所示。

此类故障多为显示器或者显卡不能够支持高分辨率，显示器分辨率设置不当引起的花屏。处理方法：花屏时可切换启动模式到安全模式，重新设置显示器的显示模式即可。

(2) 显示卡与中文系统冲突。此种情况在退出中文系统时就会出现花屏，随意击键均无反应，类似死机。处理方法：输入“MODE C080”可得到解决。

(3) 显示卡的主控芯片散热效果不良，也会出现花屏现象。处理方法：调节改善显卡风扇的散热效能。

(4) 显存损坏。当显存损坏后，在系统启动时就会出现花屏、字符混乱的现象。处理方法：更换显存，或者直接更换显卡。

图 10-41　显卡花屏故障

2. 开机黑屏

1) 故障现象

正常使用的计算机，在清理完灰尘后，开机，发现始终处于黑屏状态。

2) 故障分析

此类故障一般是因为显卡与主板接触不良或主板插槽有问题造成。对于一些集成显卡的主板，如果显存共用主内存，则需注意内存条的位置，一般在第一个内存条插槽上应插有内存条。由于显卡原因造成的开机无显示故障，开机后一般会发出一长两短的蜂鸣声。

3) 故障修复

打开机箱，把显卡重新插好即可。要检查 AGP/PCIE 插槽内是否有小异物，否则会使显卡不能插接到位；对于使用语音报警的主板，应仔细辨别语音提示的内容，再根据内容解决相应故障。

如果用以上办法处理后还报警，就可能是显卡的芯片坏了，需要更换或修理显卡。如果开机后听到嘀的一声自检通过，显示器正常但就是没有图像，把该显卡插在其他主板上，如果使用正常，那就是显卡与主板不兼容，应该更换显卡。

3. 显卡驱动出现错误

1) 故障现象

正常使用的计算机，在安装了游戏加速软件，并优化后，经常出现死机的现象，打开设备管理器，发现显卡驱动出现了问题。

2) 故障分析

此类问题在 DIY 机器中比较常见，主要原因是显卡与主板不兼容，会经常出现开机驱动程序丢失，图标变大，要不就是死机，花屏等问题。

3) 故障修复

先尝试更新显卡驱动程序，如果问题不能解决，可以尝试刷新显卡和主板的BIOS版本。但是刷新BIOS有一定风险，要在刷新前做好备份工作。

还有一类特殊情况，以前能载入显卡驱动程序，但在显卡驱动程序载入后，进入Windows时出现死机。可更换其他型号的显卡，在载入其驱动程序后，插入旧显卡解决。

4. 颜色显示不正常

机器显示的颜色不正常，或者过分鲜艳或者缺色等，如图10-42所示。此类故障一般有以下原因：

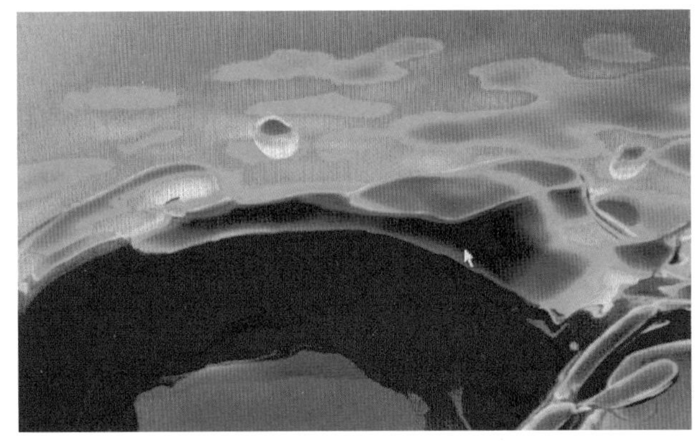

图10-42 颜色显示不正常

- ◎ 显示卡与显示器信号线接触不良；
- ◎ 显示器自身故障；
- ◎ 在某些软件里运行时颜色不正常，一般常见于老式机，在BIOS里有一项校验颜色的选项，将其开启即可；
- ◎ 显卡损坏；
- ◎ 显示器被磁化，此类现象一般是由于与有磁性的物体过分接近所致，磁化后还可能引起显示画面出现偏转的现象。
- ◎ 开机后屏幕显示颜色不正常，但使用一段时间后又恢复正常颜色，这类属于显示器使用的时间过长而导致显像管老化，可以到专门维修显示器的地方维修。不过维修后效果未必能改善多少，而且费用也不少，不如更换一台新显示器。
- ◎ 开机后屏幕显示的颜色不正常，而且无论等多长时间也无法恢复正常的颜色，这种情况可能是显示器与显示卡之间的连接插头有缺针（断针）或某些针弯曲导致接触不良，可以检查显示器连接插头是否出现了问题。需要注意的是，检查时最好与一台正常工作的显示器进行比较，如果确定是显示器连接插头有问题，可以尝试着到计算机商处购买一个插头自己替换即可。购买时还应注意与显示器连接接头的形状是否吻合，以防止购买后无法与显示器连接。

课后作业

一、填空题

1. 风扇一旦出现故障，则很可能导致 CPU 因 ________________ 而被烧坏。
2. 可以在 _____________ 中，查看是否有未识别的硬件。
3. 内存诊断可以通过 _____、_____、_____、_____、_____ 等方法进行。
4. 硬盘故障的主要原因有 _____、_____、_____、_____、_____、_____、_____ 等。
5. 如果图像不能正常显示，那么首先应该检查 __________ 是否已经装好。

二、选择题

1. 电源发生故障后，主要的原因有 (　　)。

   A. 保险丝烧坏　　B. 电容损坏

   C. 风扇损坏　　D. 主板不兼容

2. 显示器无显示，那么最可能的原因有 (　　) 出现故障。

   A. 显卡　　B. 硬盘

   C. 信号线　　D. 背光灯管

3. 金手指氧化后，可以进行的操作有 (　　)。

   A. 使用橡皮擦擦拭　　B. 用铅笔处理

   C. 使用无水酒精擦拭　　D. 使用毛刷清理插槽

4. CPU 散热不良，可以采取的措施不包括 (　　)。

   A. 重新涂抹硅脂　　B. 更换散热器

   C. 增加机箱风扇　　D. 更换电源

5. 由于显卡导致显示器花屏、显示模糊等故障的主要原因不包括 (　　)。

   A. 显卡接触不良　　B. 显卡散热不良

   C. 显卡频率低　　D. 显卡安装问题

三、动手操作与扩展训练

1. 到交流群中，进行经验交流并针对群友提出的问题谈下个人的见解。
2. 网购一些损坏的计算机部件进行拆解，了解内部构造并尝试修复。
3. 为自己的计算机来一次彻底的清灰工作，安装后保证计算机可以正常启动。

参考文献

[1] 杜思深 . 综合布线 (第 2 版). 北京: 清华大学出版社，2009

[2] 王磊 . 网络综合布线实训教程 (第 3 版). 北京: 中国铁道出版社，2012

[3] 方水平，王怀群，王臻 . 综合布线实训教程 (第 2 版). 北京: 机械工业出版社，2012

[4] 黎连业 . 网络综合布线系统与施工技术 (第 4 版). 北京: 机械工业出版社，2011

[5] 本书编写组 . 数据中心综合布线系统工程应用技术 . 北京: 电子工业出版社，2016